ECOLOGICAL ENVIRONMENT

生态环境产教融合系列教材

环境化学

主编 解晓华 封享华

编委 万邦江 肖 萍 陈 银

中国科学技术大学出版社

内 容 简 介

本书按照大气、水、土等环境要素,阐述了各环境要素中污染物的存在情况、特性、行为、效应及基本的控制措施,在传统环境化学研究内容方面,增设了"碳达峰、碳中和"背景下的节能环保技术、土壤修复等内容。

本书适合作为高等院校环境类专业的参考书,也适合初从事环保行业的工作者参考。

图书在版编目(CIP)数据

环境化学/解晓华,封享华主编. —合肥:中国科学技术大学出版社,2024.1
ISBN 978-7-312-05842-4

Ⅰ.环… Ⅱ.① 解… ② 封… Ⅲ.环境化学—高等学校—教材 Ⅳ.X13

中国国家版本馆 CIP 数据核字(2023)第 228986 号

环境化学

HUANJING HUAXUE

出版	中国科学技术大学出版社
	安徽省合肥市金寨路 96 号,230026
	http://press.ustc.edu.cn
	https://zgkxjsdxcbs.tmall.com
印刷	合肥市宏基印刷有限公司
发行	中国科学技术大学出版社
开本	787 mm×1092 mm 1/16
印张	14.25
字数	352 千
版次	2024 年 1 月第 1 版
印次	2024 年 1 月第 1 次印刷
定价	58.00 元

前　　言

　　人类社会的发展历程与自然环境的变迁紧密相连,从原始的狩猎采集,到农业革命,再到工业革命,每一次重大的社会进步都伴随着对自然环境的深刻影响。如今,我们身处一个科技进步、经济腾飞的时代,与此同时,解决生态环境问题也成为全球共同面临的挑战,加强环境保护和可持续发展已成为社会的共识。在这样的背景下,生态环境产教融合系列教材应运而生,这套教材不仅是对环境保护领域知识的一次全面梳理,更是对产教融合教育模式的一种实践与探索,让知识更好地服务于环保产业的创新与发展。

　　环境化学是环境科学与化学的交叉学科,既能研究化学污染物在环境中的存在、特性、行为、效应,也能够阐述如何通过化学的方法对污染物进行控制。本书按照大气、水、土等环境要素,阐述了各环境要素中污染物的存在情况、特性、行为、效应及基本的控制措施,同时,引入了近年来各地区的一些环境案例。

　　本书共有5章:第一章主要介绍环境化学的研究内容、特点、元素地球化学循环、环境效应等知识;第二章主要介绍大气中的主要污染物的来源、特性、迁移转化机制和污染控制方法,增加了"双碳"背景下国内外的主要举措;第三章主要介绍水环境中主要污染物的来源、特性、迁移转化机制、归趋及处理方法;第四章主要介绍土壤的组成、土壤环境中的污染物,重点介绍重金属、农药等的效应、迁移转化机制,土壤的修复技术;第五章主要介绍污染物在生物体内的转运、累积机制。

　　本书主要由长江师范学院解晓华老师编写完成,长江师范学院封享华老师对书内理论表述进行了指导,书中的案例由陈银高级工程师提供,长江师范学院万邦江老师、肖萍老师对书稿进行了完善。

　　限于学识和水平,疏漏在所难免,请读者批评指正。

编　者

2023 年 9 月

目　　录

第一章　绪　　论

内容提要

1. 环境化学的任务、内容、特点及发展方向。
2. 环境污染物的类别、环境效应及其影响因素、环境污染物在环境各圈层迁移转化的简要过程。

第一节　环境化学简介

当今,世界各地大气、水、土壤都存在不同程度的污染,这对人类的生存构成了威胁。环境化学是以对人体、环境有害的污染物为研究对象,研究污染物在环境介质中的存在、化学特性、行为、效应及控制的化学原理和方法的学科。环境化学属于自然科学,是环境科学、环境工程、环境生态工程、资源与环境等专业的必修课程,与其并列的有环境地学、环境生态学、环境生物学、环境物理学、环境工程学、环境医学等。

一、环境化学的发展历程

环境化学的发展主要历经 3 个阶段,如图 1.1 所示。

图 1.1　环境化学发展的三个阶段

第一阶段是 1970 年以前,为孕育阶段,即从第二次世界大战至 20 世纪 60 年代。这一时期,发达国家的经济从恢复逐步走向高速发展,其只注意经济发展,而忽视了环境保护,重大环境污染事件和危害人体健康的事件接连发生,这促使人们研究和寻找污染控制途径,力求人与自然的和谐发展。在 20 世纪 60 年代初已出现有机氯农药的污染,对农药环境残留行为的研究已经开始。

第二阶段是 20 世纪 70 年代初至 80 年代初,为形成阶段。为推动国际重大环境前沿性问题的研究,国际科联于 1969 年成立了环境问题专门委员会(SCOPE),1971 年出版了第一部专著《全球环境监测》,随后陆续出版了一系列与化学有关的专著,这些专著在 20 世纪 70 年代环境化学研究和发展中起了重要作用。1972 年在瑞典斯德哥尔摩召开了联合国人类环境会议,成立了联合国环境规划署,确立了一系列研究计划,并相继建立了全球环境监测系统(GEMS)和国际潜在有毒化学品登记机构(IRPTC),同时促进各国建立相应的环境保护机构和学术研究机构。这一系列的举措在人类的环境保护事业中起到了里程碑式的作用。

第三阶段是 20 世纪 80 年代至今为发展阶段。科研人员全面地开展了对各主要元素,尤其是生命必需元素的生物地球化学循环和各主要元素之间的相互作用,人类活动对这些循环产生的干扰和影响以及对这些循环有重大影响的种种因素的研究;重视了化学品安全性评价;开展了全球变化研究,涉及酸雨、臭氧层破坏、温室效应等全球性环境问题。同时加强了污染控制化学的研究范围,例如,1970 年,Crutzen 提出了 NO_x 理论;1974 年,Rowland 和 Molina 提出了 CFCs 理论,这几位化学家的实验室模拟结果在现实环境中得到验证;1992 年,联合国环境与发展会议(UNCED)在巴西的里约热内卢召开,国际科联组织了数十个学科的国际学术机构开展环境问题研究;1991 年和 1993 年在我国北京召开的亚洲化学大会和 IUPAC 会议上,环境化学均是重要议题;1995 年诺贝尔化学奖第一次授予 3 位环境化学家 Crutzen,Rowland 和 Molina,他们首先提出平流层臭氧破坏的化学机制,从发现平流层中氧化氮可以被紫外辐射分解而破坏全球范围的臭氧层开始,追踪对流层大气中十分稳定的 CFCs 类化学物质扩散进入平流层的同样归宿,阐明了影响臭氧层厚度的化学机理,使人类可以对耗损臭氧的化学物质进行控制。这些理论的研究成果因 1985 年南极"臭氧洞"的发现而引起全世界的"震动",从而导致 1987 年《蒙特利尔议定书》的签订。这充分表明环境化学家的工作已经引起全人类的重视,环境化学已经开始走向全面发展。

二、环境化学的研究内容

环境化学的主要研究对象是有害化学物质及其在环境介质中的由包含大气圈、水圈和岩石圈各圈层的自然环境和以生物圈为代表的生态环境组成地球环境系统,再与反映人类生产、生活和技术活动的人类活动圈形成彼此相互间存在错综复杂关系的综合体系。

"人类活动圈"之所以要单独作为一个圈层来考虑,主要是因为人类的生产生活对环境造成了压倒一切的影响。人类活动内容主要包括:

(1) 用于居住的建筑设施;

(2) 用于生产、商业、教育和其他活动的建筑结构,包括供水、燃料、布电系统和废物处置系统如下水道等设施;

(3) 用于交通运输的包括道路、铁路、机场以及水路交通水道的建设或改造;

(4) 生产食物的建筑结构,如用于作物生长的农田和用于灌溉的输水系统;

(5) 各类机械产品,包括汽车、农业机械和飞机、轮船等;

（6）用于通信的器材和基本设施，如电话线路、无线电发射塔及电脑信息网络等；

（7）与采掘工业有关的矿山、油井和海上采油平台等。

人类活动圈实际上是一个因人类活动产生多种多样污染物副产品的庞大仓库。

化学物质进入各环境介质后通过迁移、转化，除在各个介质中表现出其特有的环境化学行为和化学生态效应外，还动态地把不同介质联系起来。

环境化学研究的内容如下：有害物质在环境介质中存在的浓度水平和形态；潜在有害物质的来源以及它们在个别环境介质中和不同介质间的环境化学行为；有害物质对环境和生态系统以及人体健康产生效应的机制和风险性；有害物质已造成影响的缓解和消除以及防止产生危害的方法和途径。

三、环境化学的特点

环境化学的特点是从微观的原子、分子水平上来研究宏观的环境现象与变化的化学机制及其防治途径，其核心是研究化学污染物在环境中的化学转化和效应。

环境化学研究的内容复杂且抽象，与基础化学研究的方式方法不同，环境化学所研究的环境本身是一个多因素的开放性体系，变量多、条件较复杂，许多化学原理和方法不易直接运用。化学污染物在环境中的含量很低，一般只有 mg/kg 或 µg/kg 的水平，有时甚至更低。环境样品一般组成比较复杂，化学污染物在环境介质中还会发生形态的变化。它们分布广泛，迁移转化速率较快，在不同的时空条件下有明显的动态变化。

环境化学可分为环境分析化学、各圈层环境化学、环境生态化学、环境理论化学、污染控制化学（表 1.1）。

表 1.1 环境化学的分类及主要涉及的研究领域

分 类	主要涉及的研究领域
环境分析化学	环境有机分析化学、环境无机分析化学、环境中化学物质的形态分析
各圈层环境化学（按要素分类）	大气环境化学、水环境化学、土壤环境化学、复合污染物的多介质环境化学行为
污染（环境）生态化学	生态毒理学研究、环境污染对陆地生态系统的影响、环境污染对水生生态系统的影响、化学物质的生态风险评价
环境理论化学	环境界面化学、定量结构活性相关研究（构效关系）、环境污染预测模型
污染控制化学	大气污染控制、水污染控制、固体废物污染控制与资源化、绿色化学与清洁生产

四、元素的生物地球化学循环

广义的物质循环可分为内生的循环和外生的循环：前者主要包含地球表面下的各种岩石，如沉积岩、火成岩、变形岩和岩浆；后者大部分存在于地球表面以上，包括水圈、生物圈和大气圈。一般来说，沉积物和土壤可看成共属于此两类循环并组成两者的主要界面。

物质循环常基于元素的循环,主要包括氧、碳、氮、磷和硫等营养元素的生物地球化学循环,这些元素的地球化学循环对人类健康及环境的影响是非常大的。

（一）氧的地球化学循环

氧在大气中主要以氧气的形式存在。氧循环是地球上生态系统中最为重要的循环,它维持着生命的延续和生态系统的稳定。通过大气、水体和生物体之间的交互作用,氧在环境中进行循环,参与生态系统中的各类生命活动,以保证生物多样性和生态环境健康。氧的循环主要分为在大气中的氧循环、水体中的氧循环、生物体内的氧循环。

大气中的氧循环又可分为生态系统内的氧循环和化学反应中的氧循环。生态系统内的氧循环是指植物通过光合作用产生氧气,并将其释放到大气中。同时,植物也会吸收大气中的氧气,供它们的生长和代谢活动。一些微生物也可以进行光合作用,进一步向大气中释放氧气。动物通过呼吸吸入氧气,将其转化为能量,并释放二氧化碳到大气中。此外,在水中生活的水生动物也可以呼吸氧气,从水中吸氧。化学反应中的氧循环是指大气中的氧气通过与其他物质反应形成氧化物。

水体中的氧气主要来自于大气中的氧气,也可以来自水生植物的光合作用。水生生物又通过呼吸作用,将氧气转化为二氧化碳,在水中释放,从而形成了氧在水中的循环。水体中的氧气浓度与水温、盐度、有机物的含量等密切相关。

生物体内的氧循环主要是指细胞的呼吸及光合作用。

（二）碳的地球化学循环

自然界碳循环的基本过程如下:大气中的二氧化碳(CO_2)被陆地和海洋中的植物吸收,然后通过生物或地质过程以及人类活动,又以二氧化碳的形式返回大气中。主要分为生物和大气之间的循环、大气和海洋之间的交换。

在生物和大气之间,绿色植物从空气中获得二氧化碳,经过光合作用转化为葡萄糖,再合成为植物体的碳化合物,经过食物链的传递,成为动物体的碳化合物。植物和动物的呼吸作用把摄入体内的一部分碳转化为二氧化碳释放入大气中,另一部分则构成生物的机体或在机体内贮存。动、植物死后,残体中的碳通过微生物的分解作用也成为二氧化碳而最终排入大气。大气中的二氧化碳这样循环一次约需 20 年。

一部分(约千分之一)动、植物残体在被分解之前即被沉积物掩埋而成为有机沉积物。这些沉积物经过悠长的年代,在热能和压力作用下转变成矿物燃料——煤、石油和天然气等。当它们在风化过程中或作为燃料燃烧时,其中的碳氧化成为二氧化碳排入大气。人类消耗大量矿物燃料对碳循环产生重大影响。

一方面沉积岩中的碳因自然和人为的各种化学作用分解后进入大气和海洋;另一方面生物体死亡以及其他各种含碳物质又不停地以沉积物的形式返回地壳中,由此构成了全球碳循环的一部分。碳的生物循环虽然对地球的环境有着很大的影响,但是从以百万年计的地质时间上来看,缓慢变化的碳的地球化学大循环才是地球环境最主要的控制因素。碳循环示意图如图 1.2 所示。

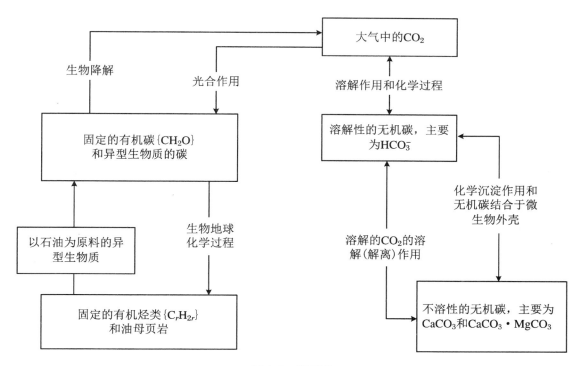

图 1.2 碳循环

（三）氮的地球化学循环

氮循环是指氮元素在地球大气圈、生物圈、土壤圈、水圈之间迁移转化和周转循环的过程。

大气中的氮素主要以惰性的氮气（N_2）的形式存在。自然生态系统中的氮输入主要通过固氮作用——闪电固氮和生物固氮完成。硝酸盐和铵盐通过植物的吸收作用进入有机体来维持生长。有机体通过微生物的分解和矿化作用，将有机氮转化为铵盐，重新回到土壤中。铵盐大多在硝化细菌作用和有氧条件下被氧化为亚硝酸盐及硝酸盐，硝酸盐则往往在缺氧条件下通过反硝化细菌被还原为氮氧化物和氮气，重新回到大气中去，完成氮的循环过程。

生态系统氮循环过程可分为生物固氮、生物固持、氮矿化、硝化作用、反硝化作用、硝酸盐异化还原成铵、厌氧氨氧化等过程。

生物固氮指固氮微生物以自生固氮、共生固氮和联合固氮的形式将大气中的氮气转化为氨的过程。

氮固持指无机态氮化合物转化成有机态氮化合物的过程。如微生物的氮固持指微生物在氧化含碳底物获取能量生长的过程中，从土壤环境中吸收 NH^{4+}，NO^{3-} 和简单的有机氮化合物作为构成细胞的材料，将其同化为细胞内生物大分子的过程。

氮的矿化作用（mineralization），是指土壤中有机态氮在土壤微生物的作用下转化为无机氮的过程。

硝化作用（Nitrification）是由微生物主导的氮素生物地球化学循环的重要环节，其广泛发生于水体、陆地、污泥沉积物等各种生态环境中,对生态系统氮素的平衡起到至关重要的作用。微生物主导的硝化作用是生态系统中氮素循环的关键过程,其不仅与酸雨、温室气体、水体富营养化等环境问题的发生有关,还与土壤中氮素营养的转化有关,与人类生产生活密切相关。土壤生态系统中进行硝化作用的微生物包括细菌、古细菌、真菌等,它们利用不同的生物酶进行着不同机制的硝化作用。

反硝化作用又称脱氮作用,是指反硝化微生物在一定条件下,将硝酸盐、亚硝酸盐逐步还原,最终将氮以一氧化氮(NO)、氧化亚氮(N_2O)或分子态氮(N_2)的形式释放出来的过程。反硝化微生物是一个大的生理类群,广泛分布于细菌、真菌和古细菌中,其利用 NO_3^- 和 NO_3^- 为呼吸作用的最终电子受体,电子供体为有机碳源。

硝酸盐的还原,除反硝化之外,另一种途径以 NH_4^+ 为产物,称为硝态氮异化还原成铵,即微生物通过异化性硝酸盐还原成铵(Dissimilatory nitrate reduction to ammonium,DNRA)途径,使硝态氮转化为可生物再利用的铵盐。反硝化和 DNRA 过程是硝态氮异化还原过程的重要环节,两者在底物和发生环境等方面较为相似,在土壤环境条件及微生物的影响下,呈现出协同竞争的关系。

厌氧氨氧化是指在厌氧条件下,以亚硝酸盐作为氧化剂将氨氧化成氮气的生物反应,称为厌氧氧化。

氮循环示意图如图 1.3 所示。

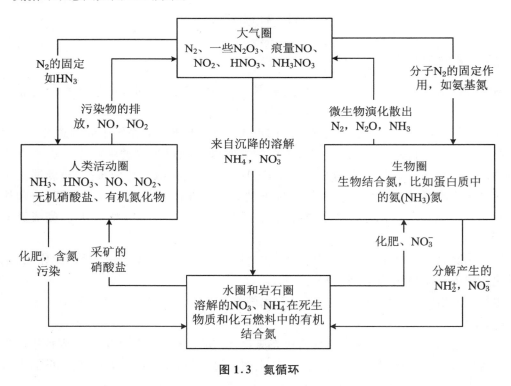

图 1.3 氮循环

(四)磷的地球化学循环

磷主要以磷酸盐形式贮存于沉积物中,以磷酸盐溶液形式被植物吸收。但土壤中的磷酸根在碱性环境中易与钙结合,在酸性环境中易与铁、铝结合,都会形成难以溶解的磷酸盐,不能被植物利用。而且磷酸盐易被径流携带而沉积于海底。磷质离开生物圈即不易返回,除非有地质变动或生物搬运。因此磷的全球循环是不完善的。磷与氮、硫不同,在生物体内和环境中都以磷酸根的形式存在,因此其不同价态的转化都无需微生物参与,是比较简单的生物地球化学循环(图1.4)。

磷是生命必需的元素,又是易于流失而不易返回的元素,因此很受重视。据观察,某些含磷废物排入水体后竟致藻类暴发性生长,这说明自然界中可利用的磷质已相当缺乏。岩石风化逐渐释放的磷质远不敷人类的需要,而且磷质在地表的分布很不均匀。目前开采的磷肥主要来自地表的磷酸盐沉积物,因此应该合理开采和节约使用,同时应注意保护植被,改造农林业操作方法,避免磷质流失。

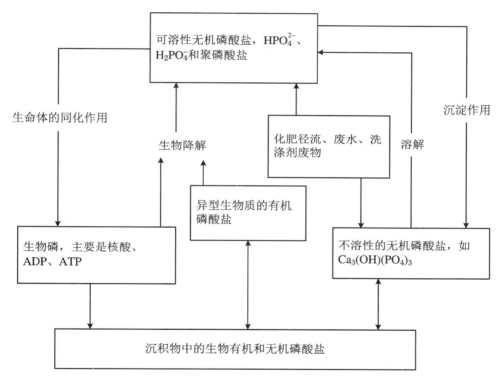

图1.4　磷循环

(五)硫的地球化学循环

硫循环是指硫在大气、陆地生命体和土壤等中的迁移和转化过程。化石燃料的燃烧、火山爆发和微生物的分解作用是它的来源。在自然状态下,大气中的二氧化硫,一部分被绿色植物吸收,一部分则与大气中的水结合,形成硫酸,随降水落入土壤或水体中,以硫酸盐的形式被植物的根系吸收,转变成蛋白质等有机物,进而被各级消费者所利用;动植物的遗体被微生物分解后,又能将硫元素释放到土壤或大气中,这样就形成一个完整的循环回路(图1.5)。人类活动使局部地区大气中的二氧化硫浓度大幅升高,形成酸雨,对人和动植物产生伤害作用。

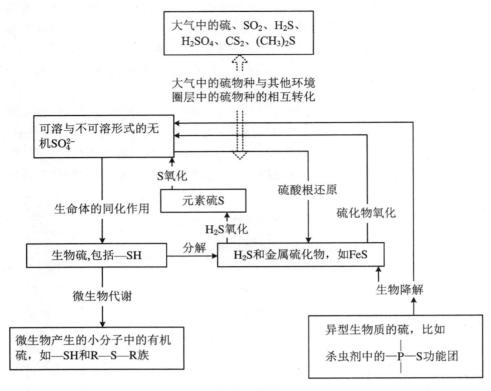

图 1.5 硫循环

五、环境化学的发展动向

环境问题和人们对其的洞察力是随着时间而改变的。显然,对环境化学的研究也随着环境问题日益严峻和人们认识的提高,而在各个领域深入发展,出现了新的趋势。目前,国际上较为重视对元素,尤其是碳、氮、氧、硫、磷的生物地球化学循环及其相互耦合的研究;重视对化学品的安全评价;重视臭氧层破坏、气候变暖等全球气候问题。对于我国来说,环境化学研究工作主要是围绕我国环境保护的需要进行的。当前,我国优先考虑的环境问题中与环境化学密切相关的是:以有机物污染为主的水质污染;以大气颗粒物和二氧化硫为主的城市空气污染;以工业有毒有害废弃物和城市垃圾对大气、水、土壤的污染等。并且,今后一段时间环境保护工作的重点是防治环境污染和保护自然生态两个方面。

(一)环境分析化学

污染物的性质和环境化学行为取决于它们的化学结构和在环境中的存在状态。所以,研究污染物形态、价态和结构分析方法是环境化学的一个重要发展方向。在环境有机分析方面,20 世纪 80 年代出现了环境样品前处理技术,如超临界流体萃取法、固相萃取法。目前,有机污染物分析测试方法研究的重要对象包括多环芳烃和有机氯等全球性污染物;与空气污染有关的挥发性有机物、胺类化合物,与水污染有关的表面活性剂,砷、汞、锡等金属有机污染物也是主要的研究对象；联用仪器技术、连续自动分析和遥感分析同样是热门课题。

（二）各圈层环境化学

本分支学科研究化学污染物在大气、水体和土壤环境中的形成、迁移、转化和归趋过程中的化学行为和生态效应。由于研究对象已扩展到过去认为无害的化学物质，如二氧化碳、甲烷、氧化亚氮等温室气体，含氟氯烃等损耗臭氧层的物质以及营养物等，故其研究领域由原各环境要素的污染化学发展成为相应的环境化学。

在大气环境化学方面，研究对象涉及大气颗粒物、酸沉降、大气有机物、痕量气体、臭氧损耗及全球气候变暖等。空间尺度为从室内空气、城市、区域环境、远距离乃至全球。大气环境化学过程研究主要涉及大气光化学过程、大气自由基反应。在模型研究方面侧重于光化学烟雾和酸雨。

在水环境化学方面，水体研究较多的是河流、湖泊、水库，其次是河口、海湾、近海域。近年来，由于大量填埋固体废弃物引起有害有毒物质污染地下水，国外对地下水研究也十分重视。天然水体污染过程和废水净化过程是水环境化学的主要研究范围，对水环境中化学物质的重点研究对象主线转向某些重金属（含准金属）及持久性有毒有机污染物。从应用基础的研究来看，当前主要集中在水体界面化学过程、金属形态转化动力学过程、有机物的化学降解过程、金属和准金属甲基化等方面的研究。

土壤环境化学主要研究农用化学品在土壤环境中的迁移转化和归趋及其对土壤和人体健康的影响，包括有机污染物在土壤中的吸附、降解过程机制，土壤环境负荷污染问题以及污染土壤修复的化学基础等。

污染（环境）生态化学主要研究化学污染物的生态毒理学基础和作用机制、环境污染对陆地生态系统和水生生态系统的影响以及化学物质的生态风险评价问题。

环境理论化学主要研究环境界面吸附的热力学和动力学、定量结构与活性惯性研究和环境污染预测模型。

（三）污染控制化学

主要研究控制污染的化学机制和工艺技术中的基础性化学问题，过去主要围绕终端污染控制模式及污染控制化学研究。终端污染控制对发展控制污染技术和治理环境产生了积极作用，但这种模式只能在废弃物排放后处理或减少污染物排放而不能阻止污染发生。按照可持续发展战略方针的要求，20世纪80年代后人们对污染预防和清洁生产的认识逐步提高，将以污染的全过程控制模式逐步代替终端污染控制模式。所谓全过程控制模式主要是通过改变产品设计和生产工艺路线，不生成有害的中间产物和副产品，实现废物或排放物的内部循环，达到污染最小量化并节约资源和能源的目的，最终实现"循环经济""可持续发展"的目标。

第二节　环境污染物

环境污染物是指进入环境后使环境的正常组成和性质发生变化、直接或间接有害于人类生存或造成自然生态环境衰退的物质。有些物质原本是生产中的有用物质,甚至是人和生物必需的营养元素,由于未充分利用而大量排放,就可能成为环境污染物。有的污染物进入环境后,通过物理或化学反应或在生物作用下会转变成危害更大的新污染物,也可能降解成无害物质。不同污染物同时存在时,可因拮抗或协同作用使毒性降低或增大。

一、环境污染物的类别

环境污染物按接受影响的环境要素可分为大气污染物、水体污染物、土壤污染物等;按污染物的形态可分为气体污染物、液体污染物、固体废弃物;按污染物的性质可分为化学污染物、物理污染物、生物污染物。

(一)根据人类社会功能产生的污染物

1. 源于工业的污染

工业污染主要源于对自然资源的过量开采,造成多种化学元素在生态系统中的超量循环,能源和水资源的消耗与利用;生产过程中产生的"三废"。工业生产中产生的污染物特点是数量大、成分复杂、毒性强。常见的有酸、碱、油、重金属、有机物、毒物、放射性物质等。有的工业生产过程还排放致癌物质,如苯并[α]芘、亚硝基化合物。食品、发酵、制药、制革等一些生物制品加工工业,除排放大量耗氧有机物外,还会产生微生物、寄生虫等。

2. 源于农业的污染物

农业污染物主要源于农药、化肥、农业机械等工业品,农业本身造成的水土流失和农业废弃物,农家肥料中常含有细菌和微生物。

3. 源于交通运输业的污染物

汽车、火车、飞机、船舶都具有可移动性的特点。它的污染主要是噪声、汽油(柴油)等燃料燃烧产物的排放和有毒有害物的泄漏、清洗、扬尘和污水等。石油燃烧排放的废气中含有一氧化碳、氮氧化物、碳氢化合物、铅、硫氧化物和苯并[α]芘等。

4. 源于生活的污染物

生活活动也能产生物理的、化学的和生物的污染,排放"三废"。分散取暖和炊事燃煤是城市主要的大气污染源之一。生活污水主要包括洗涤、粪便污水,它含有耗氧有机物和病菌、病毒与寄生虫等病原体。城市垃圾中含有大量废纸、玻璃、塑料、金属、动植物食品的废弃物等。

（二）根据化学性质分类的污染物

1. 元素类

如铅、锡、铬、汞、砷等重金属和准金属，卤素，氧（臭氧），黄磷等。

2. 无机物类

如氰化物、一氧化碳、氮氧化物、卤化氢、卤间化合物（如 CIF，BrF_3，IF_5，$BrCl$，IBr_3 等）、卤氧化物（ClO_2）、次氯酸及其盐、硅的无机化合物（如石棉）、无机磷化合物（如 pH_3，PX_3，PX_5）、硫的无机化合物（如 H_2S，SO_2，H_2SO_3，H_2SO_4）等。

3. 有机化合物及烃类

包括烷烃，不饱和非芳香烃、芳烃、多环芳烃（PAH）等。

4. 金属有机和准金属有机化合物

如四乙基铅、羰基镍、二苯铬、三丁基锡、单甲基或二甲基胂酸、三苯基锡等。

5. 含氧有机化合物

包括环氧乙烷、醚、醇、酮、醛、有机酸、酯、酐、酚类化合物等。

6. 有机氮化合物

如胺、腈、硝基甲烷、硝基苯、三硝基甲苯（TNT）、亚硝胺等。

7. 有机卤化物

如四氯化碳、脂肪基和烯烃的卤化物（如氯乙烯）、芳香族卤化物（如氯代苯）、氯代苯酚、多氯联苯（PCBs）、氯代二噁英类等。

8. 有机硫化合物

如烷基硫化物、硫醇、巯基甲烷、二甲砜、硫酸二甲酯等。

9. 有机磷化合物

主要是磷酸酯类化合物（如磷酸三甲酯、磷酸三乙酯、磷酸三邻甲苯酯、焦磷酸四乙酯）、有机磷农药、有机磷军用毒气等。

目前，越来越多的化学品占据人们的生活，而我国对化学品的治理是严谨且严格把关的，防治有毒污染物流入市场。由于化学污染物种类繁多，世界各国都筛选出了一些毒性强、难降解、残留时间长、在环境中分布广的污染物，称为优先污染物（优控污染物）。

中国水中优先控制污染物黑名单列有 68 种，包括卤代烃、苯系物、氯代苯类、多氯联苯类、酚类、硝基苯类、苯胺类、多环芳烃、酞酸酯类、农药、丙烯腈、亚硝胺类、氰化物、重金属及其化合物。

① 挥发性卤代烃类：二氯甲烷、三氯甲烷、四氯化碳、1,2-二氯乙烷、1,1,1-三氯乙烷、1,1,2-三氯乙烷、1,1,2,2-四氯乙烷、三氯乙烯、四氯乙烯、三溴甲烷，共计 10 个。

② 苯系物：苯、甲苯、乙苯、邻二甲苯、间二甲苯、对二甲苯，共计 6 个。

③ 氯代苯类：氯苯、邻二氯苯、对二氯苯、六氯苯，共计 4 个。

④ 多氯联苯，1 个。

⑤ 酚类：苯酚、间甲酚、2,4-二氯酚、2,4,6-三氯酚、五氯酚、对硝基酚，共计 6 个。

⑥ 硝基苯类：硝基苯、对硝基甲苯、2,4-二硝基甲苯、三硝基甲苯、对硝基氯苯、2,4-苯一硝基氯苯，共计 6 个。

⑦ 苯胺类：苯胺、二硝基苯胺、对硝基苯胺、2,6-二氯硝基苯胺，共计 4 个。

⑧ 多环芳烃类：萘、荧蒽、苯并[b]荧蒽、苯并[k]荧蒽、苯并[a]芘、茚并[1,2,3-cd]芘、苯并[g,h,l]芘，共计 7 个。

⑨ 酞酸酯类：酞酸二甲酯、酞酸二丁酯、酞酸二辛酯，共计 3 个。

⑩ 农药类：六六六、DDT、敌敌畏、乐果、对硫磷、甲基对硫磷、除草醚、敌百虫，共计 8 个。

⑪ 丙烯腈，1 个。

⑫ 亚硝胺类：N-亚硝基二乙胺、N-亚硝基二正丙胺，共计 2 个。

⑬ 氰化物，1 个。

⑭ 重金属及其化合物：砷及其化合物、铍及其化合物、镉及其化合物、铬及其化合物、铜及其化合物、铅及其化合物、汞及其化合物、镍及其化合物、铊及其化合物，共计 9 个。

二、环境效应及其影响因素

自然过程或人类的生产和生活活动会对环境造成污染和破坏，从而导致环境系统的结构和功能发生变化，谓之环境效应，并可分为自然环境效应和人为环境效应。如按环境变化的性质划分，则可分为环境物理效应、环境化学效应和环境生物效应。

（一）环境物理效应

环境物理效应是由物理作用引起的，比如噪声、光污染、电磁辐射污染、地面沉降、热岛效应、温室效应等。因燃料的燃烧而放出大量热量，再加街道和建筑群辐射的热量，使城市气温高于周围地带，称为热岛效应。大气中二氧化碳和其他温室气体的不断增加，产生温室效应。工业烟尘和风沙会使大气能见度下降。大气中颗粒物的大量存在增加了云雾的凝结核，增加了城市降水的机会。在冲积平原上建设的城市如过量开采地下水，将会引起地面沉降。

（二）环境化学效应

在各种环境因素影响下，物质间发生化学反应产生的环境效应即为环境化学效应，如湖泊的酸化、土壤的盐碱化、地下水硬度升高、局部地区发生光化学烟雾、有毒有害固体废弃物的填埋造成地下水污染等。酸雨造成地面水体和土壤酸化，会使水生生物遭到破坏、土壤肥力降低，各种建筑物受到腐蚀。大量碱性物质或可溶性盐在水体和土壤中长期积累，或受到海水长期浸渍，或长期用含盐碱成分的废水灌溉农田，都会造成土壤碱化，导致农业减产。土壤和沉积物中的碳酸盐矿物和大量的交换性钙、镁离子在耗氧有机物降解产生的二氧化碳、酸、碱、盐等的作用下，将增加在水中的溶解度，使地下水的硬度升高，造成水处理的成本提高。光化学烟雾是在特定的条件下发生大气光化学效应而形成的，它直接危害生物的生长和人体健康。填埋于地下的有毒有害废弃物经土壤的渗透传输可使地下水受到污染，甚至引起特殊疾病的流行。

（三）环境生物效应

环境因素变化导致生态系统变异而产生的后果即为环境生物效应。大型水利工程可能破坏水生生物的洄游途径，从而影响它们的繁殖。大量工业废水排入江、河、湖、海，对水生生态系统产生毒性效应，使鱼类受害而减少甚至灭绝。任意砍伐森林，会造成水土流失，产生干旱、风沙灾害，同时使鸟类减少，害虫增多。致畸、致癌、致突变物质的污染引起畸形和癌症患者增多，这是对人体健康的严重威胁。

第二章 大气环境化学

 **内容提要**

1. 主要污染物及其特点。
2. 影响大气污染迁移的主要因素。
3. 自由基反应和光化学反应的基础知识；氮氧化物、碳氢化合物、硫氧化物等的光化学转化过程；光化学烟雾、温室效应、臭氧层破坏、硫酸烟雾、酸雨等重要环境问题的形成机制。
4. 大气颗粒物的迁移转化规律。

第一节 大气的组成及其主要污染物

一、大气的主要成分

大气的主要成分为 N_2(78.08%)，O_2(20.95%)，Ar(0.934%)和 CO_2(0.0314%)。此外稀有气体 He(5.24×10^{-4})，Ne(1.81×10^{-3})，Kr(1.14×10^{-4})，Xe(8.7×10^{-6})的含量相对来说也是比较高的。上述气体占空气总量的 99.9%以上。水在大气中的含量是一个变化的数值，在不同的时间、不同的地点以及不同的气候条件下，水的含量也是不一样的，其数值一般在 1%~3%之间变化。除此之外，大气中还包括很多痕量组分，如 H_2(5.0×10^{-5})，CH_4(2.0×10^{-4})，CO(1.0×10^{-5})，SO_2(2.0×10^{-7})，NH_3(6.0×10^{-7})，N_2O(2.5×10^{-5})，NO_2(2.0×10^{-6})，O_3(4.0×10^{-6})等（括号里代表体积分数）。

地表大气的平均压力为 101 300 Pa，相当于每平方厘米地球表面包围着 1 034 g 的空气。地球的总表面积为 510 100 934 km^2，所以大气总质量约为 5.3×10^8 kg，相当于地球质量的 1×10^{-6}倍。大气随高度的增加而逐渐稀薄，其质量的 99.9%集中在 50 km 以下的范围内。海拔高度大于 100 km 的大气中，大气质量仅是整个大气圈质量的百万分之一。

二、大气层的结构

随着距地面的高度不同，大气层的物理和化学性质有很大的变化。按气温的垂直变化特点，可将大气层自下而上分为对流层、平流层、中间层（上界为 85 km 左右）、热层（上界为 800 km 左右）和散逸层（没有明显的上界）（表 2.1）。

表 2.1　大气层结的结构及性质

大气层次	海拔高度(km)	温度(℃)	主要成分
对流层	0～(10～16)	-56～15	N_2,O_2,CO_2,H_2O
平流层	(10～16)～50	-56～-2	O_3
中间层	50～80	-92～-2	NO^+,O_2^+
热层	80～800	-92～1200	NO^+,O_2^+,O^+

（一）对流层

对流层是大气圈中距离地面最近的一层,平均厚度约 12 km,其厚度随纬度、季节均发生变化:在赤道附近为 16～18 km;在中纬度为 10～12 km;在两极为 8～9 km;于夏季较厚,冬季较薄。

对流层是如何形成的? 地球表面吸收了太阳的能量,又将能量以红外长波辐射的形式向大气散发出来,使得地球表面附近的空气温度升高,下面的热空气膨胀上升,上面的冷空气下降,从而形成对流。该层的特点如下:

① 气温随着高度的增加而降低(降低速度为 0.6 ℃/100 m)。这是由于对流层的大气不能直接吸收太阳辐射的能量,但能吸收地面反射的能量所致。

② 空气具有强烈的对流运动。近地表的空气接受地面的热辐射后温度升高,与高空的冷空气形成垂直对流。

③ 对流层气体质量约占空气总质量的 75%,并集结了几乎全部的水蒸气量,是天气变化最复杂的层次。

人类活动排入大气的污染物绝大多数在对流层聚集。因此,对流层的状况对人类生活的影响最大,与人类关系最密切。

（二）平流层

平流层位于对流层之上,其上界伸展至约 55 km 处。其特点如下:

① 空气没有对流运动,平流运动占显著优势。

② 空气比对流层稀薄,水汽、尘埃的含量甚微,很少出现天气现象。

③ 在平流层的上层,即高度在 30～35 km 以上,温度随高度升高而升高;在 30～35 km 以下时,温度随高度增加的变化不大,气温趋于稳定,该亚层亦称为同温层。

④ 在高 15～35 km 处有厚约 20 km 的臭氧层,其分布有季节性变动。臭氧层能吸收太阳的短波紫外线和宇宙射线,使地球上的生物免受这些射线的危害,能够生存繁衍。

平流层中发生的反应有:

$$O_2 \longrightarrow O\cdot + O\cdot$$
$$O\cdot + O_2 \longrightarrow O_3$$
$$O_3 \longrightarrow O\cdot + O_2$$
$$O_3 + O\cdot \longrightarrow 2O_2$$

（三）中间层

从平流层顶至 85 km 高度之间称为中间层,该层的气温随高度增加而迅速降低,该层也存在明显的空气垂直对流运动。

（四）热层

热层为 80～800 km 之间的大气层。该层的气体在宇宙射线作用下处于电离状态,该层也叫电离层。电离后的氧能强烈吸收太阳的短波辐射,使空气迅速升温,因而该层的气温随高度的增加而增加。该层能反射无线电波,对于无线电通信有重要意义。

（五）逸散层

高度 800 km 以上的区域统称为逸散层,也称为外层大气。该层大气稀薄,气温高,分子运动速度快,地球对气体分子的吸引力小,因此气体及微粒可飞出地球引力场进入太空,该层也成外大气层。

气压随海拔高度增加而减小,可用下列公式描述:

$$p_h = p_0 e^{-Mgh/(RT)} \tag{2.1}$$

式中,p_h 为高度为 h 的大气压力;

P_0 为地面大气压力;

M 为空气的平均摩尔质量,大小为 28.97 g/mol;

g 为重力加速度,大小为 9.81 m/s²;

R 为气体摩尔常数,大小为 8.314 J/(mol·K);

T 为海平面热力学温度,单位为 K。

三、大气中的主要污染物

人类活动及自然界都不断地向大气排放各种各样的物质,这些物质在大气中会存在一定的时间,当大气中某种物质的含量超过了正常水平而对人类和生态环境产生不良影响时,就构成了大气污染物。环境中的大气污染物种类很多,按物理状态可分为气态污染物和颗粒物;若按形成过程,则可分为一次污染物和二次污染物。所谓一次污染物是指直接从污染源排放的污染物质,如 CO,SO_2,NO 等;而二次污染物是指由一次污染物经化学反应形成的污染物质,如臭氧(O_3)、硫酸盐颗粒物等。此外,大气污染物按照化学组成还可以分为含硫化合物、含氮化合物、含碳化合物和含卤素化合物。

（一）含硫化合物

大气中的含硫化合物主要包括氧硫化碳(COS)、二硫化碳(CS_2)、二甲基硫[$(CH_3)_2S$]、硫化氢(H_2S)、二氧化硫(SO_2)、三氧化硫(SO_3)、硫酸(H_2SO_4)、亚硫酸盐(MSO_3)和硫酸盐(MSO_4)等。

1. SO_2

SO_2 是无色、有刺激性气味的气体,不仅会带来酸雨等环境问题,如果人体过量摄入,还可能引发过敏反应,出现呼吸困难、呕吐等症状。SO_2 的体积分数达 500×10^{-6} 就会致人死亡,但动物实验表明体积分数为 5×10^{-6} 不会对动物造成损害。1990—2019 年 SO_2 的年排放量如图 2.1 所示。

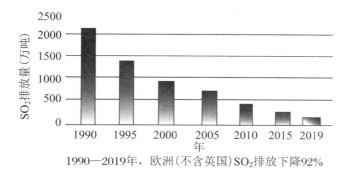

1990—2019年,欧洲(不含英国)SO_2排放下降92%

图 2.1 1990—2019 年欧洲 SO_2 的年排放量示意图

重庆主城区 SO_2 日变化量如图 2.2 所示,其 SO_2 主要有下列 3 个来源:

① 含硫燃料(如煤和石油)的燃烧;含硫化氢油气井作业中硫化氢的燃烧排放。

② 含硫矿石(特别是含硫较多的有色金属矿石)的冶炼。

③ 化工、炼油和硫酸厂等的生产过程。

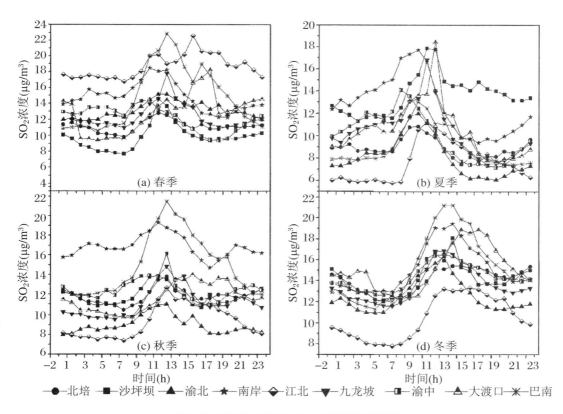

图 2.2 重庆主城各区 SO_2 浓度日变化特征

(高月,等,2018)

煤炭燃烧与 SO_2 排放量示意图如图 2.3 所示。

影响 SO_2 迁移的主要因素有季节、气象条件、水平运输作用。

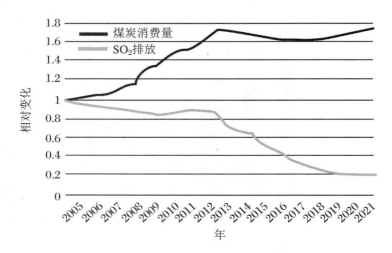

图 2.3　2005—2021 年中国 SO_2 排放变化趋势

SO_2 本底浓度一般在 0.2～10 μL/m 之间,随地区和高度发生变化,一般在大气中的停留时间为 3～6.5 天。主要检测手段有地面检测、卫星遥感监测、记载观测。

2. 低价硫化物

含硫化合物主要来自火山喷发、海水浪花和生物活动等天然源。其中火山喷发的含硫化合物大部分以 SO_2 形式存在,少量以 H_2S 和 $(CH_3)_2S$（DMS）形式存在;海浪带出的含硫化合物主要是硫酸盐;生物活动产生的含硫化合物主要以 H_2S 和 DMS 形式存在,少量以 CS_2,CH_3SSCH_3 及 CH_3SH 形式存在。天然源排放的含硫化合物主要以低价态形式存在,包括 H_2S,DMS,COS 和 CS_2,以 CH_3SSCH_3 和 CH_3SH 次之,如海洋排放的低价硫化物主要为 DMS,其在全球硫循环中起较重要的作用。

大气中的 H_2S 主要来自天然源排放$(100×10^6 t/a)$。除火山活动外,H_2S 主要来自动植物体的腐烂,即主要由动植物体中的硫酸盐经微生物的厌氧活动还原产生。大气中 H_2S 的人为源排放量不大$(3×10^6 t/a)$。清洁大气中的 H_2S 可能主要来自 COS,CS_2 的氧化:

$$·OH + COS \longrightarrow ·SH + CO_2$$
$$·OH + CS_2 \longrightarrow COS + ·SH$$
$$·SH + HO_2· \longrightarrow H_2S + O_2$$
$$·SH + CH_2O \longrightarrow H_2S + HCO·$$
$$·SH + H_2O_2 \longrightarrow H_2S + HO_2·$$
$$·SH + ·SH \longrightarrow H_2S + S$$

H_2S 在大气中易被 ·OH,O,O_3 氧化成 SO_2,而 H_2S 的主要去除反应为

$$·OH + H_2S \longrightarrow H_2O + ·SH$$

大气中 H_2S 的本底含量(体积分数)一般为$(0.2～20)×10^{-9}$,停留时间为 1～4 天。H_2S 与 O_3 的反应也是较为重要的氧化反应:

$$H_2S + O_3 \longrightarrow H_2O + SO_2$$

该反应在均匀气相中进行得很慢，若有气溶胶质点存在则反应要快得多。如 1 μL/m 的 H_2S，在含 0.05 mL/m³ 的 O_3 及颗粒含量为 10 000 个/cm³ 的大气中的寿命估计为 28 h。由于 H_2S，SO_2 及 O_3 均溶于水，故在有云和雾时，大气中的 H_2S 的氧化速率更快。

大气中硫的迁移途径如下：

① 降水的云内清除（雨除）和云下清除（冲刷）。

② 土壤和植物的扩散吸收。

③ 固体颗粒的沉降。SO_4^{2-} 的干沉降速度一般为 0.1～0.8 cm/s。

（三）主要含氮化合物

空气中含氮的氧化物有 N_2O，NO，NO_2，N_2O_3 等，其中的主要成分是一氧化氮和二氧化氮，以 NO_x（氮氧化物）表示。NO_x 污染主要来源于生产、生活中所用的煤、石油等矿物燃料燃烧的产物（包括汽车及一切内燃机燃烧排放的 NO_x）；其次是来自生产或使用硝酸的工厂排放的尾气。当 NO_x 与碳氢化物共存于空气中时，经阳光紫外线照射，会发生光化学反应，产生一种光化学烟雾，它是一种有毒性的二次污染物。

氮氧化物主要是对呼吸器官有刺激作用。由于氮氧化物较难溶于水，因而能侵入呼吸道深部细支气管及肺泡，并缓慢地溶于肺泡表面的水分中，形成亚硝酸、硝酸，对肺组织产生强烈的刺激及腐蚀作用，引起肺水肿。亚硝酸盐进入血液后，与血红蛋白结合生成高铁血红蛋白，引起组织缺氧。在一般情况，当污染物以二氧化氮为主时，对肺的损害比较明显，二氧化氮与支气管哮喘的发病也有一定的关系；当污染物以一氧化氮为主时，高铁血红蛋白症和中枢神经系统损害比较明显。

1. 氧化亚氮

N_2O 为无色气体，难溶于水，低层大气中含量最高的氮氧化物；天然源为海洋和热带雨林，人为源为农田氮肥、工业生产、家畜养殖；化学活性低，在低层大气中能长期、稳定存在；能吸收辐射，是温室气体之一；可传至平流层而发生光解，是平流层 NO 的天然源，NO 能破坏臭氧。

大气中 90% 的 N_2O 来自土壤中硝酸盐经细菌的脱氮作用：

$$NO_3^- + 2H_2 + H^+ \longrightarrow \frac{1}{2}N_2O + \frac{5}{2}H_2O（反硝化反应之一）$$

2. NO_x

NO_x 是大气中主要的含氮污染物，其人为源与天然源均非常重要：天然源主要为雷电、森林草原火灾，氧化大气中的氮、土壤中微生物的硝化作用，这些氮氧化物在大气系统中均匀分散，并参与了环境中的氮循环。

NO_x 的人为源主要是燃料的燃烧，包括固定源的工业窑炉和氮肥生产，移动源的汽车尾气排放等。城市大气中的 NO_x 的 2/3 来自汽车流动源的排放，1/2 来自固定燃烧源的排放，燃烧过程中产生的 NO 占 90% 以上，NO_2 占 0.5%～10%。

燃烧过程中 NO_x 的形成一般有两种途径：一是燃烧过程中燃料中的含氮化合物热解和氧化生成 NO_x，如石油中的吡啶、哌啶、喹啉和煤中的链状、环状含氮化合物在燃烧过程中易被氧化成 NO；二是燃烧过程中空气中 N_2 在高温条件下氧化生成 NO_x：

$$O_2 \longrightarrow O \cdot + O \cdot$$

$$O \cdot + N_2 \longrightarrow NO + N \cdot$$

$$N \cdot + O_2 \longrightarrow NO + O \cdot$$

$$N + \cdot OH \longrightarrow NO + H \cdot$$

$$NO + \frac{1}{2}O_2 \longrightarrow NO_2$$

一般条件下，N_2 和 O_2 不能直接反应生成氮的氧化物。

燃烧过程中 NO 的生成量与燃烧温度和空燃比有关。以汽车为例，NO 生成量与燃烧温度的关系如表 2.2 所示。

表 2.2　NO 生成量与燃烧温度的关系表

燃烧温度（K）	NO 生成量（mL/m）
293	<0.001
700	0.3
800	2.0
1811	3700
2473	25000

从表 2.2 可以看出，随着温度的升高 NO 的生成量逐渐增大，这是因为温度升高可以提供更多的能量使得 O—O 键断裂，促进反应的发生。

空燃比指的是空气质量与燃料质量的比值。空燃比与汽车尾气中 NO_x 的排放量的关系如图 2.4 所示，当空燃比低时，燃料燃烧不完全，尾气中碳氢化合物和 CO 含量较高，而氮氧化物含量较低；随着空燃比逐渐升高，氮氧化物含量也逐渐增加；当空燃比等于化学计量空燃比时，氮氧化物达到最大值；当空燃比超过化学计量空燃比时，由于过量的空气使火焰冷却，燃烧温度降低，氮氧化物的含量也随之降低。

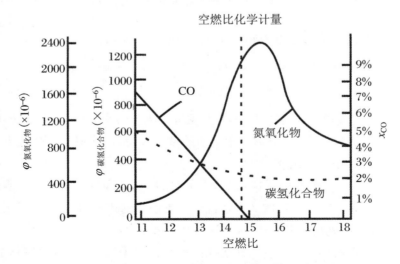

图 2.4　碳氢化合物、CO、氮氧化物排放量随空燃比变化图

NO_x 的主要危害如下：

① NO 的生物化学活性和毒性都不如 NO_2，可与血红蛋白结合，并减弱血液的输氧能力；

② NO_2 使肺部损伤，导致肺炎、纤维组织变性性支气管炎；

③ 植物毒性（植物叶片产生斑点，光合作用的可逆衰减）；

④ NO_x 是导致大气光化学污染的重要污染物质。

（三）含碳化合物

大气中的含碳化合物主要有碳的氧化物（CO，CO_2）、碳氢化合物（甲烷和非甲烷烃）和含氧烃类。

1. 一氧化碳（CO）

CO 是一种毒性极强的无色、无味气体，也是排放量极大的气体污染物之一。

CO 的天然源主要为甲烷转化、海水中 CO 的挥发、森林火灾、农业废弃物焚烧，其中甲烷的转化最为重要。

$$CH_4 + HO \cdot \longrightarrow \cdot CH_3 + H_2O$$

$$\cdot CH_3 + O_2 \longrightarrow HCHO + HO \cdot$$

$$HCHO + h\nu \longrightarrow CO + H_2$$

CO 的人为源主要是燃料不完全燃烧，排放量为 $(600\sim1250)\times10^6$ t/a，其中 80% 来自汽车尾气。

$$C + \frac{1}{2}O_2 \longrightarrow CO$$

$$C + CO_2 \longrightarrow 2CO$$

CO 的去除主要有两种途径，一是通过土壤吸收（土壤微生物：16 种细菌），去除量为 450×10^6 t/a：

$$CO + \frac{1}{2}O_2 \longrightarrow CO_2$$

$$CO + 3H_2 \longrightarrow CH_4 + H_2O$$

二是经与 ·OH 反应去除：

$$CO + HO \cdot \longrightarrow CO_2 + H \cdot$$

$$H \cdot + O_2 + M \longrightarrow HO_2 \cdot + M（其他分子）$$

$$CO + HO_2 \cdot \longrightarrow CO_2 + HO \cdot$$

CO 在大气中的停留时间约为 0.4 a（热带仅为 0.1 a），其环境本底值随纬度和高度不同均有明显的变化，CO 平均值随纬度变化如图 2.5 所示。

CO 随纬度变化的总体趋势是，南半球浓度低，北半球浓度高。CO 的城市浓度较农村高，CO 的浓度与城市交通密度相关性较大，也与地形及气象条件有关。

CO 的危害主要表现在 3 个方面：一是 CO 对人体危害，主要表现在阻碍体内氧气的输送，使人体缺氧窒息，但 CO 排入大气后，由于扩散和氧化作用，一般在大气中不会达到窒息的浓度；二是 CO 能参与光化学烟雾的形成反应，在光化学烟雾中，若有 CO 存在，则可发生以下反应：

$$CO + \cdot OH \longrightarrow CO_2 + H \cdot$$
$$\cdot H + O_2 + M \longrightarrow HO_2 \cdot + M$$
$$NO + HO_2 \cdot \longrightarrow NO_2 + HO \cdot$$
$$CO + 2O_2 \longrightarrow CO_2 + O_3$$

三是 CO 可导致温室效应,主要原因是 CO 本身为温室气体,还可消耗 HO· 使 CH_4 得以积累,间接导致温室效应。

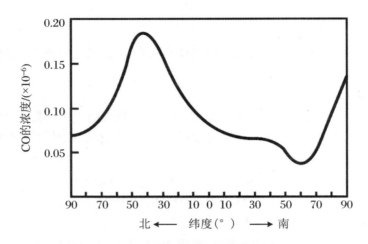

图 2.5 CO 浓度平均值随纬度变化图

2. 二氧化碳(CO_2)

CO_2 是无毒、无味的气体,是温室气体之一。

大气中的 CO_2 浓度伴随着人类工业化进程在不断增加。在 200 多年前,人类进入工业革命之前,空气中的二氧化碳浓度约为 0.028%。随着工业化的发展,人类大量使用化石燃料,导致 CO_2 的排放越来越多,大大改变了大气中的 CO_2 浓度。目前大气中的 CO_2 浓度大约是 0.04%,也就是 CO_2 的体积占空气总体积的 0.04%,换算成 ppm 浓度就是大约 400 ppm(ppm 就是百万分率或百万分之一,对于气体一般指摩尔分数或体积分数,1 ppm 就是体积分数为百万分之一)。

虽然世界各国都提出倡议要控制 CO_2 排放,《联合国气候变化框架公约》《京都议定书》《巴黎协定》等国际公约对应对气候变化、减少温室气体排放都做出了约束,中国也提出了 2030 年碳达峰、2060 年碳中和的目标,但是,工业生产不可能一下子全部停止,清洁能源也不可能一下子完全替代传统化石能源,所以,目前空气中的 CO_2 浓度还在不断上升(图 2.6)。

CO_2 在北半球季节变化大(浓度极小值出现在八九月份),如图 2.7 所示,南半球季节变化不明显。陆地植被的光合作用是造成 CO_2 浓度季节性变化的主要原因。北半球植被多,夏天光合作用强;相反,冬天光合作用弱,而生物圈的吸收、分解作用仍在进行,向大气中释放 CO_2 的量大于植物吸收的量,致使北半球 CO_2 夏天浓度低,冬天浓度高。此外,北半球冬季大量利用化石燃料也是 CO_2 浓度增加的重要因素之一。南半球 CO_2 浓度变化不显著的主要原因是南半球大部分为海洋所占据,陆地仅占 11%,且其主体由荒漠和无植被的冰覆盖,因此,植被的作用较弱。

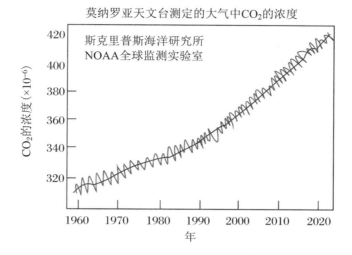

图 2.6　CO_2 浓度随年变化图

（https://laodad.com/study/co2/2852.html）

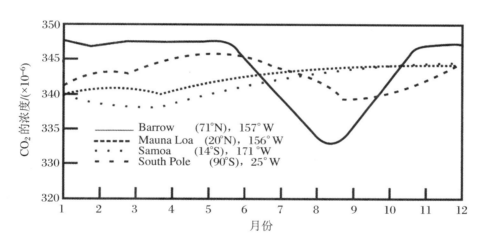

图 2.7　不同纬度大气 CO_2 浓度随季节变化图

（Rechard et al.，1986）

　　CO_2 的天然源主要为海洋脱气、甲烷转化、动植物呼吸、腐败作用和燃烧作用；人为源主要为矿物燃料的燃烧。

　　CO_2 的主要危害是温室效应。人类活动产生的 CO_2 有 3 方面的去向，即进入海洋、进入生物圈和停留在大气中。CO_2 对海洋及生物圈酸度的贡献不大，主要的环境影响是对全球的气候变暖产生贡献。CO_2 是温室气体之一，其对可见光几乎完全透过，但对红外热辐射，特别是波长在 $12\sim18~\mu m$ 范围的红外热辐射却是很强的吸收体，因此，低层大气中的 CO_2 能够有效地吸收地面发射的长波辐射，造成温室效应，使得近地面的大气变暖。

　　CO_2 的捕集与吸收是当前减少 CO_2 在大气中含量的主要技术。CO_2 捕集与吸收是指将大气中的 CO_2 分离并储存起来，以减少 CO_2 在大气中含量的方法。当前，CO_2 的捕集与吸收技术主要有 3 种方法：一是化学吸收法，即利用化学吸附剂将 CO_2 从烟气中分离出来，然后进行储存和利用的方法;二是物理吸收法,即利用吸附剂将 CO_2 从空气中吸附出来,然后进行储存和利用的方法;三是生物吸收法,即利用植物或微生物的方法将 CO_2 收集并转化为有机物,然后储存和利用的方法。

3. 甲烷

碳氢化合物是重要的大气污染物。1~10 个碳原子的碳氢化合物在大气中主要以气态形式存在,包括可挥发性的烃类,是形成光化学烟雾的主要参与者。其他大分子的碳氢化合物因分子量大而容易凝结或吸附在颗粒物上,形成气溶胶。

大气中已经检出的烷烃有 100 多种,其中直链烷烃最多,其碳原子的数目为 1~37 个。带有支链的异构烷烃碳原子数目多在 6 以下。低于 6 个碳原子的烷烃有较高的蒸气压,在大气中多以气态形式存在。碳链长的烃类常形成气溶胶或吸附在其他颗粒物质上。大气中也存在一定数量的烯烃,如乙烯、丙烯、苯乙烯和丁二烯等均为大气中常见的烯烃。在工业生产过程中,通常是用它们的单体作为原料,但排放到大气中以后,它们可形成聚合物,如聚乙烯、聚丙烯、聚苯乙烯等。所有这些化合物在大气中存在量都是比较少的。大气环境中的芳烃主要有两类,即单环芳烃和多环芳烃(PAH)。

在大气研究中心,人们常常根据其在光化学反应过程中的活性大小,把其分为甲烷和非甲烷烃。

甲烷是一种有机化合物,分子式是 CH_4,分子量为 16.043。甲烷是最简单的有机物,也是含碳量最小(含氢量最大)的烃。甲烷在自然界的分布很广,是天然气、沼气、坑气等的主要成分,俗称瓦斯,它可作为燃料及制造氢气、炭黑、一氧化碳、乙炔、氢氰酸及甲醛等物质的原料。

在 20 年的时间内,甲烷在大气中导致的热量是二氧化碳的 86 倍,占迄今为止全球大气变暖的 1/4。

大气中甲烷的去除过程主要是

$$CH_4^+ \cdot OH \longrightarrow \cdot CH_3 + H_2O$$

大气中 CH_4 的寿命约为 11 a。目前排放到大气中的 CH_4 大部分被 $\cdot OH$ 氧化,但每年仍有 0.5×10^8 t 的 CH_4 留在大气中,从而导致大气中 CH_4 浓度上升。因此,如果大气中 CO 等消耗 $\cdot OH$ 的物质增加,会导致 CH_4 浓度的上升。

土壤是大气 CH_4 重要的汇聚方向,排水良好的土壤,如占地球陆地面积 30% 的林地可直接吸收大气中的 CH_4,土壤湿度、孔隙状况、理化特性和枯枝落叶等会影响土壤吸收 CH_4 的特性。对流层中少量 CH_4 会扩散进入平流层,与氯自由基发生反应:

$$CH_4 + Cl \cdot \longrightarrow \cdot CH_3 + HCl$$

形成的 HCl 可扩散至对流层而通过降水去除,同时该反应可间接减少对臭氧的消耗。

4. 非甲烷烃

非甲烷总烃又称非甲烷烃。根据《大气污染物综合排放标准》(GB 16297—1996)以及《大气污染物排放标准详解》,非甲烷总烃指除甲烷以外所有碳氢化合物的总称,主要包括烷烃、烯烃、芳香烃和含氧烃等组分,实际上是指具有 C2~C12 的烃类物质。《固定污染源排气中非甲烷总烃的测定:气相色谱法》(HJ/T 38—1999)将非甲烷总烃定义为"除甲烷以外的碳氢化合物(其中主要是 C2~C8)的总称"。烃类物质在通常条件下,除甲烷外多以液态或固态存在。

非甲烷总烃的来源分为自然来源和人为来源两种。大气中天然来源的有机化合物数量大、种类多。在天然来源中,以植被最为重要。对大气中的有机化合物进行统计表明,植物体向大气中释放的化合物达 367 种。其他天然来源则主要包括微生物、森林火灾、动物排泄物、火山喷发等。乙烯是植物散发的最简单的有机物,许多植物也都产生乙烯,其双键能够与氢氧自由基及其他具有氧化性的物质发生反应。一般来说,植物散发的大多数的烃类属于萜烯类化合物,是非甲烷烃中排放量最大的一类化合物,约占非甲烷烃总量的 65%。萜烯类是构成香精油的一大类有机化合物,能够产生萜烯的植物大多属于松柏科、桃金娘科及柑橘属等。数目散发的最常见的萜烯是 α-蒎烯,它是松节油的主要成分。柑橘及松叶中存在的萜二烯,黑杨类、桉树、栎树、枫香及白云杉中检出异戊二烯。因萜烯类化合物通常含有两个或两个以上的双键,易与氢氧自由基及大气中的其他氧化剂发生反应,尤其易于臭氧发生反应。松节油是一种常见的萜烯类混合物,由于萜烯能与大气中的氧发生反应生成过氧化物,最终形成坚硬的树脂,所以在油漆工业中有着广泛的用途。α-蒎烯和异戊二烯类化合物在大气中也很可能发生类似的反应,最终生成粒径小于 $0.1~\mu m$ 的悬浮颗粒。正是这个原因,在某些植物大量生长的地区上空经常会出现蓝色的烟雾。

当用紫外线照射 α-蒎烯和 NO_x 时,会发现蒎酮酸生成,人们发现蒎酮酸常以气溶胶的形式出现在森林中,因此,几乎可以肯定,大气中的蒎酮酸是通过 α-蒎烯的光化学反应生成的。

非甲烷烃的人为源主要有汽油燃烧(38.5%)、焚烧(28.3%)、溶剂蒸发(11.3%)、石油蒸发和运输损耗(8.8%)、废物提炼(7.1%)。

汽油的典型成分为烷烃、烯烃、芳香烃,此外还有醛类化合物,如甲醛、乙醛、丙醛和丙烯醛、苯、甲醛。相比之下,不饱和烃较饱和烃的活性高,易促进光化学反应,故它们是最重要的污染物。大多数污染源中活性烃类占 15%,而从汽车排放出来的活性烃可达 45%。在未经处理的汽车尾气中,链烷烃只占 1/3,其余皆为活性较高的烯烃和芳烃。

焚烧过程排放的非甲烷烃的数量约占人为来源的 28.3%,但是焚烧炉排出的气体成分是可变的,取决于被焚烧物质的组成。

溶剂蒸发排放的非甲烷烃的数量占人为来源的 11.3%,其成分由所用的有机溶剂的种类所决定。石油蒸发和运输过程中排放的非甲烷烃的数量约占人为来源的 8.8%,其成分主要是碳酸以上的烃,如丙烷、异丁烷、丁烯、正丁烷、异戊烷、戊烯和正戊烷等。

废弃物提炼排放的非甲烷烃的数量约占人为来源的 7.1%。

以上五种来源产生的非甲烷烃的数量约占碳氢化合物人为源的 94%。大气中的非甲烷烃可通过化学反应或转化生成有机气溶胶而去除。非甲烷烃在大气中最主要的化学反应是与氢氧自由基的反应。

5. 多环芳烃

多环芳烃(polycyclic aromatic hydrocarbons,PAH)是指具有两个或两个以上苯的一类有机化合物,属于持久性有机污染物。是环境中广泛存在的持久性有机污染物之一,已被国际癌症研究中心列为致癌物。其主要来自石油、煤等化石燃料及木材、秸秆等的不完全燃烧过程,也可来自食用油加热如炒、烤、炸、煎等烹饪过程。

大气中的 PAHs 经干、湿沉降过程可进入水体、土壤和生物体，并在大气圈、水圈、土壤圈及生物圈中不断进行循环。迄今已发现 200 多种 PAHs，其中相当部分 PAHs 具有致癌、致畸和致突变的"三致"效应，被美国国家环境保护局列入优先污染物名单的有 16 种 PAHs。PAHs 在大气中以气态和颗粒态两种形态存在，其形态分布受本身的物理化学性质和环境的影响，其中 2～3 环小分子 PAHs 主要以气态形式存在；4 环 PAHs 在气态和颗粒态中分布大致相当；5～7 环大分子 PAHs 绝大部分以颗粒态形式存在，但在一定条件下气态与颗粒态可以相互转化。相对分子质量较大的 PAHs 大多具有致癌性，且绝大部分吸附在细颗粒上，因此对人体健康的影响较大。

6. 含卤素化合物

大气中的含卤素化合物主要是有机卤代烃和无机卤化物，其中有机卤代烃对环境影响较大。卤代烃包括卤代脂肪烃和卤代芳烃，其中多氯联苯（PCBs）及有机氯农药（DDT、六六六）等高级卤代烃以颗粒态形式存在，而含有两个或两个以下碳原子的卤代烃则以气态形式存在，对环境影响较大。

（1）氟氯烃类

氟氯烃类化合物或称氟利昂类，是指同时含有氯和氟的烃类化合物，包括 CFC-11、CFC-12、CFC-113、CFC-114、CFC-115 等，简称 CFCs。CFC 是 chloro、fluoro、carbon 的缩写，后面的数字依次代表了 CFC 中含 C，H，F 的原子数，第一个数字表示碳原子数 -1，第二个数字表示氢原子数 +1，第三个数字表示氟原子数。根据分子中 C，H，F 的个数可推断出氯原子的数目，如 CFC-113，其分子式为 $C_2F_3Cl_3$。

而 CFC-11、CFC-22 的分子式分别为 CCl_3F，$CHClF_2$。分子中含溴的卤代烃商业名为哈龙（Halon），常用的特种消防灭火剂有 Halon1211、Halon1301、Halon2401 等，在"Halon"后的 4 位数字依次表示碳、氟、氯、溴的原子数，如 Halon1211 表示 CF_2ClBr。

CFCs 广泛用作制冷剂、气溶胶喷雾剂、泡沫塑料的发泡剂、电子工业清洗剂和消防灭火剂等。自 20 世纪 30 年代生产使用 CFCs 以来，全球已有 1.5×10^7 t 排入大气，其质量浓度已达 600 $\mu g/m^3$。由于生产和使用的限制，CFCs 的排放量在逐渐降低，但因其停留时间较长，大气中 CFCs 浓度仍会很高；由于 CFCs 能够透过波长大于 290 nm 的辐射，故在对流层不会发生光学反应；它们与氢氧自由基的反应为强吸热反应，故在对流层难以被氢氧自由基氧化；由于 CFCs 不溶于水，故不易被降水去除；CFCs 在对流层大气中十分稳定（表 2.3），寿命很长。

表 2.3 大气中 CFCs 寿命表

化合物	大气中的寿命(a)
CFC-11	45
CFC-12	100
CFC-13	85
CFC-15	1700
CFC-22	1.7
CFC-123	1.3

排入对流层的氟氯烃类化合物不易在对流层被去除，它们唯一的去除途径是扩散至平流层，在强紫外线作用下进行光解，其反应式如下：

$$CFXCl_2 + h\nu(175\sim220\ nm) \longrightarrow \cdot CFXCl + Cl \cdot (X 为 F 或 Cl)$$

$$Cl \cdot + O_3 \longrightarrow ClO \cdot + O_2$$

$$ClO \cdot + O \longrightarrow Cl \cdot + O_2$$

上述反应是链式反应,1 个氯自由基可以消耗 100 000 个臭氧分子,从而破坏了平流层的臭氧层。而各种 CFCs 都能在光解时释放氯自由基,因此在大气中寿命越长的 CFCs 的危害越大。各类 CFCs 化合物寿命不同,进入平流层的能力不同,造成臭氧损耗的潜在能力不同。一般采用臭氧损耗潜势能(ODP)表示它们对臭氧损耗的影响。

随着制冷剂的研发生产,越来越多更环保的制冷剂面世,可以替代一些氟利昂制冷剂,在效果和性能方面都很卓越。

R134a(1,1,1,2-四氟乙烷)替代 R12(二氯二氟甲烷)。作为替代氟利昂的制冷剂,R134a 与 R12 有着很多相似的特征,毒性也非常低,其自身不具有毒性,但排放物是有毒性的,在空气中不会燃烧,安全性极高,是安全的制冷剂。

R410a 是一种混合制冷剂,它是由 50% R32(二氟甲烷)和 50% R125(五氟乙烷)组成的混合物,其优点在于可以根据具体的使用要求,对各种性质,如易燃性、容量、排气温度和效能加以考虑,是可按需定制的制冷剂。

R407C 是由 R32、R125、R134a 等制冷剂按一定的比例混合而成的混合制冷剂。对于家用空调,不同地区的国家选择使用的冷媒也有所不同,例如美国和日本倾向于使用 R410a,而欧洲国家则更倾向于使用 R407c,这两种混合工质有利于维修和回收,在高压状态制冷剂的热物性以及与固体壁的换热性能得以提高,形成强化换热,使 R401a 空调机的体积大幅度减小。

R600a 制冷剂是一种新型碳氢类环保冷媒,是天然制冷剂,不会对臭氧层造成破坏,也不会产生温室效应,目前很多家用制冷设备都会使用到这一款制冷剂,其绿色环保的特征受到大众的欢迎,也是替代氟利昂制冷剂的一种不错的选择。

R290 制冷剂与 R600a 制冷剂相似,也是新型环保制冷剂,主要应用的制冷设备有空调和小型制冷设备,高纯优质级制冷剂可以作为氟利昂的替代,与原系统和润滑油兼容,这是需要特别注意的,很多可以替代氟利昂制冷剂在兼容方面也同样要特别注意。

制冷剂由最初的一代氯氟烃到第二代氢氯氟烃到第三代氢氟烃再到第四代氢氟烯烃,这些年的研发生产替代演变过程中越来越向好的方向去发展。

(2) 持久性有机污染物

大气中的含卤素化合物除氟氯体烃以外,还有其他含卤素的持久性有机污染物(POPs)。POPs 是指具有长期残留性、生物累积性、半挥发性和高毒性,能够通过各种环境介质如大气、水、土壤、生物等长距离迁移并长期存在于环境,进而对人类健康和环境具有严重危害的天然或人工合成的有机污染物。这些污染物不仅具有较高的"三致"效应,而且能够导致生物体内的内分泌紊乱、生殖及免疫系统失调以及其他器官的病变等。2001 年 5 月 23 日,92 个国家和地区签署了《关于持久性有机污染物的斯德哥尔摩公约》,首批要控制和消除的 12 类对人类健康和生态环境最具危害的 POPs 分别是艾试剂、狄试剂、异狄试剂、DDT、七氯、氯丹、灭蚁灵、毒杀芬、六氯苯、多氯联苯(PCBs)、多氯代二苯并呋喃、多氯代二苯并二噁英。2009 年又新增了 10 类 POPs,分别是 α-六氯环己烷、β-六氯环己烷、六溴联苯醚和七溴联苯醚、四溴联苯醚和五溴联苯醚、十氯酮、六溴联苯、林丹、五氯苯、全氟辛烷磺酸及其盐、全氟辛基磺酸盐。其中毒性最强、对人体健康和环境影响最大的 POPs 是 PCDDs 和 PCDFs，它们分别有 75 种、135 种同系物，而且 PCBs 有 209 种同系物。

PCDDs 和 PCDFs 主要来自垃圾焚烧、化石燃料燃烧、钢铁冶炼、氯碱工业和纸浆漂白等工业过程。大气中的 POPs 以气态和颗粒态形式存在，其形态分布与 POPs 本身的物理化学性质、环境温度和相对湿度有关。一定条件下，POPs 会发生光解，也会通过干湿沉降进入土壤和水体等环境介质，还可通过大气环流进行远距离的迁移，到达地球两极乃至珠穆朗玛峰。因此，大气中的 POPs 的污染来源、迁移转化、健康风险及控制技术一直是国际上环境领域的研究热点。

7. 汞

汞污染已经给人类的生活健康造成了很大的影响。排放到大气中的单质汞可在区域和全球范围内随着大气的环流长距离传输，并沉降在了一些远离污染源的地区，导致生物体内汞和甲基汞含量的增加。

汞污染是当前全球最重要的环境问题，而大气汞在全球汞循环中占有十分重要的地位。大气中汞污染的来源、迁移、转化、归趋和控制是近年来科学家研究的热点。大气中汞的来源有天然源和人为源，全球天然源向大气排放的汞是 3 000～5 000 t/a，且其中 99% 以上是零价的汞。

人为源主要包括煤和垃圾的燃烧、工业过程的排放与人类生活的影响。工业革命以来，全球大气汞沉降已经增加了 3 倍。目前全球人类活动向大气排放的汞是 3 000～5 000 t/a。

汞的化学形态和物理化学性质影响大气化学行为，决定其在大气中的停留时间和输送范围。汞的化合物具有发挥化性，在大气中以气态和颗粒态存在。零价汞具有挥发性，性质稳定，在大气中停留时间约为一年，可以全球输送。大气中零价汞可以被臭氧、氢氧自由基以及各种卤素氧化成二价的汞。由于二价的汞更容易溶于水，也更容易沉淀，因此零价汞的氧化是大气汞沉降最重要的过程。

8. 气溶胶

气溶胶虽然不是大气的主要成分，但它是大气中普遍存在而无恒定化学组成的聚集体，因来源或形成条件不同，其化学组成和物理性质差异很大，并具有一定的污染源特征。

大气稳定存在的气溶胶，其粒径范围为 0.1～10 μm，粒径大于 10 μm 的气溶胶颗粒受重力沉降作用或撞击沉降到地面而被去除，粒径在 100 μm 以下的气溶胶颗粒称为总悬浮颗粒物，其中粒径在 10 μm 以下的气溶胶颗粒称为飘尘。

气溶胶颗粒的来源非常复杂，有天然源、人文源，其中天然源的量大约是人为源的 5 倍多，既有一次气溶胶颗粒，又有二次气溶胶颗粒。风沙、火山喷发、森林火灾、海水溅沫和生物排放等天然源及人工翻土、开发矿山、燃料燃烧等人为源均排放一次性溶胶颗粒，而上述过程中排放的 H_2S，NH_3，NO_x 和挥发性有机物，经过一系列物理化学过程，可形成新的细粒子及二次气溶胶颗粒。大气中的气溶胶含量随地区气候条件的不同而有所不同，城市大气中气溶胶的质量浓度为 100 μm $\mu g/m^3$，乡村则为 30～50 μm $\mu g/m^3$。

气溶胶的组成与污染源密切相关。大气中气溶胶含有许多金属及非金属元素，它是持久性有机污染物的载体，也是 NO_x、臭氧、二氧化硫及有机污染物等多项载体的反应载体；它参与大气降水过程，对酸雨、及光化学烟雾的形成、臭氧破坏等有重要影响，对海洋生产力及全球气候变化有一定的影响。

第二节　大气中污染物的迁移

一、辐射逆温

（一）大气层的作用

大气层主要有三方面的作用：一是吸收、散射和反射 49% 的太阳辐射；二是吸收地面长波辐射；三是向下辐射加热地面，对地球起到保温保护作用（图 2.8）。

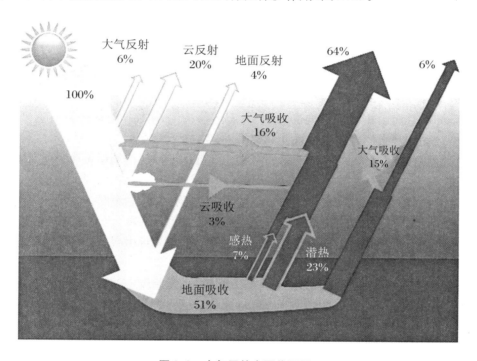

图 2.8　大气层的主要作用图

（二）大气垂直递减率

在对流层中，气温一般随高度增加而下降，但在一定条件下会出现反常现象，这可由大气垂直递减率（Γ）来表示：

$$\Gamma = -\frac{\mathrm{d}T}{\mathrm{d}Z}$$

式中，T 表示热力学温度，单位为 K；

Z 表示高度，单位为 m 或 km。

在对流层中，一般 $\Gamma > 0$；当 $\Gamma = 0$ 时成为等温气层；当 $\Gamma < 0$ 时成为逆温气层。

逆温形成的过程是多种多样的，由于过程的不同，可分为近地面层的逆温和自由大气层的逆温两种。近地面层的逆温有辐射逆温、平流逆温、融雪逆温和地形逆温等,自由大气的逆温有乱流逆温、下沉逆温、锋面逆温等。

近地面层的逆温多由于热力条件形成,以辐射逆温为主。辐射逆温因地面强烈辐射而冷却所形成。这种逆温层都发生在距地面100～150 m的高度。最有利于辐射逆温发展的条件是平静而晴朗的夜晚,有云或者是有风都能够减弱逆温,如风速超过了3 m/s,辐射逆温就不易形成。当白天地面受日光照射而升温时,近地面空气的温度随之而升高,夜晚地面向外辐射而冷却,近地面空气的温度自下而上逐渐降低。上面的空气比下面的空气冷的慢,结果就形成了逆温现象。

二、影响大气污染迁移的因素

(一)风和大气湍流的影响

污染物在大气中的扩散取决于3个因素:风可使污染物向下方向扩散;湍流可使污染物向各个方向扩散;浓度梯度可使污染物发生质量扩散,其中风和湍流起主导作用。大气中任一气块,既能做规则运动,也可做无规则运动,而且这两种不同性质的运动可以共存。气块做规则运动时,其速度在水平方向的分量称为风,竖直方向的分量称为竖直速度。在大尺度,有规则运动的竖直速度在每秒几厘米以下,称为系统性竖直运动;在小尺度有规则运动中的竖直速度可以超过每秒几米,就称为对流。具有乱流特征的气层称摩擦层,因而摩擦层也称为乱流混合层。摩擦层的底部与地面相接触,为1 000～1 500 m,地形、树木、湖泊、河流和山脉等使地面粗糙不平,而受热又不均匀,所以摩擦层具有乱流混合特征。在摩擦层中,大气稳定度较低,污染物可自排放源向下风向迁移从而得到稀释,也可随空气的竖直对流运动,使得污染物升到高空而扩散。摩擦层顶以上的气层称为自由大气,在自由大气中的乱流及其效应通常极微弱,污染物很少到达这里。

在摩擦层,力乱流的起因有两种:一是动力乱流,也为湍流,它起因于有规律水平运动的气流,遇到起伏不平的地形扰动;另一种是热力乱流,也称为对流,它起因于地表面温度与地表面附近的温度不均匀,近地面空气受热膨胀而上升,上面的冷空气下降。在摩擦层内,有时以动力乱流为主,有时动力乱流与热力乱流共存,且主次难分,这些都是使大气中污染物迁移的主要原因。低层大气污染物的分散在很大程度上取决于对流与乱流的混合程度。垂直运动程度越大,用于稀释污染物的大气容量就越大。

(二)天气形势与地理形势的影响

不同地区之间的物理性质存在很大差异,将引起热状况在水平方向上分布不均。这种热力差异在弱的天气系统条件下就有可能产生局地环流,如海陆风、城郊风、山谷风(图2.9)。

1. 海陆风

海陆风的成因是:由于陆地土壤热容量比海水热容量小得多,陆地升温比海洋快得多,因此陆地上的气温显著比附近海洋上的气温高。

在水平气压梯度力的作用下,上空的空气从陆地流向海洋,然后下沉至低空,又由海面流向陆地,再度上升,遂形成低层海风和铅直剖面上的海风环流。

　　白天陆地上空气比海面上的温度增加得快,便在海陆之间形成了指向大陆的气压梯度,较冷的空气从海洋流向大陆生成海风;夜间却相反,由于海水温度降低得比较慢,海面的温度比陆地高,便在海陆之间形成指向海洋的气压梯度,于是陆地上空的空气流向海洋生成陆风。

　　海陆风对空气污染的影响有如下几种作用:一种是循环作用。如果污染源处在局地环流之中,污染物就可能循环积累达到较高的浓度。直接排入上层的反向气流的污染物,有一部分也会随环流重新带回地面,提高了下层上风向的浓度。另一种是往返作用:在海陆风转换期间,原来随陆风输向海洋的污染物又会被发展起来的海风带回陆地。

　　海风发展侵入陆地时,下层海风的温度低,陆地上层气流的温度高,在冷暖空气的交界面上形成一层清晰的逆温顶盖,阻碍了烟气向上扩散,造成封闭型和漫烟型污染。

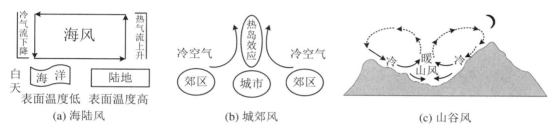

图 2.9　海陆风、城郊风和山谷风示意图

2. 城郊风

　　在城市中,工厂企业和居民要燃烧大量的染料,燃烧过程中会有大量热能排入大气,便造成了市区温度比郊区高的现象,这个现象称为城市热岛效应。城市热岛上暖而轻的空气上升,四周郊区的冷空气向城市流动,于是形成了城郊环流。在这种环流作用下,城市本身排放的烟尘等污染物聚集在城市上空,形成了烟幕,导致市区大气污染加剧。

3. 山谷风

　　山谷地形复杂,局地环流也较复杂。最常见的局地环流是山谷风,它是山坡与谷地受热不均匀而产生的一种局地环流。

　　白天受热的山坡把热量传递给其上面的空气,这部分空气比同高度的谷中的空气温度高、比重轻,于是就产生上升气流。同时,谷底中的冷空气沿坡爬升补充,形成由谷底流向山坡的气流成为谷风。

　　夜间山坡上的空气温度下降比谷底快、比重比谷底大,在重力作用下山坡上的冷空气沿坡下滑形成山风。

　　山谷风转换时往往造成严重的空气污染。山区辐射逆温因地形作用增强,夜间冷空气沿坡下滑,在谷底聚积,逆温发展的速度比平原快,逆温层更厚、强度更大,并且因地形阻挡,河谷和凹地的风速小,更有利于逆温的形成。因此,山区全年逆温天数多、逆温层较厚、逆温强度大、持续时间也较长。

第三节　大气中污染物的转化

大气中的污染物经过光解、氧化、还原等化学反应转化成为无毒化合物,从而基本消除污染或转化成为毒性更大的二次污染物,如大气中的二氧化硫经过光氧化、催化氧化等作用转化为硫酸,从而对酸雨或灰霾等形成产生重要的影响。对流层和平流层大气化学较为重要和普遍存在的反应主要有光化学反应、自由基反应和活性粒子反应。大气中污染物的化学转化大多是由光化学反应所致,较重要的光化学反应包括光解反应、激发态分子的反应及光催化反应。其中光解反应是造成近地面大气二次污染(如光化学烟雾和酸沉降),去除对流层中活泼化学物质而使之不能进入对流层的重要反应,也是导致平流层臭氧损耗的重要反应。光解反应往往是大气中链式反应的引发反应,是产生活性化学物种和自由基的重要来源。因此,光解反应对大气中许多污染物的降解和去除起着举足轻重的作用。

大气光化学是大气污染化学的重要组成部分,是对流层和平流层化学过程研究的核心内容,也是大气化学基础研究的前沿领域。

一、光化学反应基础

迁移过程只是使污染物在大气中的空间分布发生了变化,但它们的化学组成不变。

污染物的转化是污染物在大气中发生化学反应,如光解、氧化还原、酸碱中和以及聚合等反应。转化有两种情况,一是转化为无毒化合物,从而去除了污染;二是转化为毒性更大的二次污染物,加重了污染。

(一)光化学定律

该部分着重介绍两个定律:一是格罗图斯(Grotthuss)与德雷珀(Draper)提出的光化学第一定律(定性),即只有被分子吸收的光,才能有效地引起分子的化学变化;二是朗伯-比尔(Lambert-Beer)定律,该定律为定量定律:

$$\lg\left(\frac{I_0}{I}\right) = \varepsilon \cdot c \cdot l$$

式中,I_0,I 分别为入射光强度和投射光强;

l 为容器的长度;

c 为气体密度。

该定律成立的条件是,待测物为均一的稀溶液、气体等,无溶质、溶剂及悬浊物引起的散射。此定律又称为爱因斯坦光化当量定律,它对激光化学不适用,但仍用于对流层中的光化学过程。

(二)光化学反应过程及量子产率

分子、原子、自由基、离子等吸收光子后发生的化学反应称为光化学反应。化学物质吸收光子后发生的化学反应主要包括初级过程和次级过程。

初级过程：

$$A + h\nu \longrightarrow A^*$$

式中，A^* 为 A 的激发态。

A^* 将继续发生反应，主要为解离、直接、辐射跃迁、碰撞失活等过程。

解离过程（化学过程）：

$$A^* \longrightarrow B_1 + B_2 + \cdots$$

直接反应（化学过程）：

$$A^* + B \longrightarrow C_1 + C_2$$

辐射跃迁（荧光、磷光，属物理过程）：

$$A^* \longrightarrow A + h\nu$$

碰撞失活（物理过程）：

$$A^* + M \longrightarrow A + M$$

一般化学键的键能大于 167.4 kJ/mol，波长大于 700 nm 的光量子不能引起化学反应。

被化学物质吸收的光量子不一定全部引起反应，这里引入了量子产率的概念。光物理过程的相对效率也可用量子产率来表示。对于光化学过程，一般有两种量子产率：初级量子产率、总量子产率。初级量子产率仅仅表示初级过程的相对效率，总量子产率则表示初级过程和次级过程的总效率。

初级量子产率，即当分子吸收光时，第 i 个光化学或物理过程的初级量子产率 ϕ_i 可由下式给出：

$$\phi_i = \frac{i \text{ 过程所产生的激发态分子数目}}{\text{吸收的光子数目}}$$

需要注意的是，单个初级过程的初级量子产率只能小于 1。当光化学过程的 ϕ 远远小于 1 时，光物理过程可能是很重要的。

总量子产率（Φ）表示初级过程和次级过程的总效率：

$$\Phi = \frac{\text{分解或生成的分子数}}{\text{吸收的光量子数}}$$

光化学过程的总量子产率可能大于 1，甚至远大于 1，这是由于光化学初级过程后，往往伴随热反应的次级过程，特别是发生链式反应后，其量子产率可大大增加。

（三）自由基化学基础

1. 自由基的产生方法
自由基的产生方法有热裂解法、光解法、氧化还原法、电解法、诱导分解法。

2. 自由基的稳定性、活性、选择性
自由基的稳定性是指自由基解离成较小的碎片或通过键断裂进行重排的倾向。一般地，R—H 键的解离能（D 值）越小，R· 越稳定；碳原子取代烷基越多，自由基越稳定；不饱和碳自由基稳定性小于饱和碳自由基；

自由基的反应活性是指一种自由基和其他作用物反应的难易程度：

① R—H 的解离能（D）越大，R· 越不稳定；

② 烷基自由基的稳定性顺序：叔＞仲＞伯；

③ 卤素自由基的活性顺序：F＞Cl＞Br；

④ 卤原子的活性越小，夺氢的选择性越强。

3. 自由基反应分类

（1）单分子自由基反应

$$RC(O)O \cdot \longrightarrow R \cdot + CO_2$$

（2）自由基与分子间发生相互作用

$$HO \cdot + CH_2 = CH_2 \longrightarrow HOCH_2 - CH_2 \cdot$$

$$RH + HO \cdot \longrightarrow R \cdot + H_2O$$

$$Ph \cdot + Br - CCl_3 \longrightarrow PhBr + \cdot CCl_3$$

（3）自由基与自由基发生相互作用

$$HO \cdot + HO \cdot \longrightarrow H_2O_2$$

$$HO \cdot + HO_2 \cdot \longrightarrow H_2O + O_2$$

（4）自由基链式反应

自由基链式反应包括印发、增长、终止三个反应。

（四）大气光化学反应的规律

① 光子的能量大于化学键的键能时才能引起光离解反应。通常化学键的能量大于170.9 kJ/mol，所以波长大于 700 nm 的光就不能引起光化学离解。

② 分子对某特定波长的光要有特征吸收光谱，才能产生光化学反应。

③ 对流层中初级光化学过程的主要类型有光解、分子内重排、异构化、聚合、氢的提取、光敏化反应。

二、大气中重要吸光物质的光离解

（一）氧气、氮气的光离解

氧气光解需要吸收 243 nm 以下波长的光，具体反应如下：

$$O_2 + h\nu \longrightarrow O \cdot + O \cdot$$

N_2 键能较大，为 939.4 kJ/mol，对应的光波长为 127 nm，因此，N_2 在对流层难以被光解。

（二）臭氧的光解

O_3 的离解能很低，键能为 101.2 kJ/mol，相对应的光吸收波长为 1 180 nm，因此在紫外光和可见光范围内均有吸收，主要吸收来自波长小于 290 nm 的紫外光，具体反应如下：

$$O_3 + h\nu \longrightarrow O \cdot + O_2$$

（三）二氧化氮的光离解

N—O 键的键能为 300.5 kJ/mol，在 290～410 nm 范围内有连续光谱，具体反应如下：

$$NO_2 + h\nu \longrightarrow NO + O \cdot$$
$$O \cdot + O_2 + M \longrightarrow O_3 + M$$

（四）亚硝酸、硝酸的光解

HO—NO 的键能为 201.1 kJ/mol，H—ONO 的键能为 324.0 kJ/mol，HNO_2 对 200～400 nm 的光有吸收；HNO_3 的 HO—NO_2 间键能为 199.4 kJ/mol，对 120～335 nm 的辐射有不同的吸收。

（五）二氧化硫的光解

S—O 键能为 545.1 kJ/mol，吸收光谱中呈现 3 条吸收带，键能大，240～400 nm 的光不能使其离解，只能生成激发态，主要反应如下：

$$SO_2 + h\nu \longrightarrow SO_2^*$$
$$\lambda \longrightarrow 240 \sim 400 \text{ nm}$$

（六）甲醛的光解

H—CHO 的键能为 356.5 kJ/mol，它对 240～360 nm 范围内的光有吸收，吸光后的光解反应为

$$HCHO + h\nu \longrightarrow H \cdot + HCO \cdot$$
$$HCHO + h\nu \longrightarrow H_2 + CO$$

（七）卤代烃的光解

$$CH_3X + h\nu \longrightarrow \cdot CH_3 + X \cdot$$

键能 CH_3—F>CH_3—H>CH_3—Cl>CH_3—Br>CH_3—I，如果有一种以上的卤素，则断裂的是最弱的键。

三、大气中主要自由基的来源

自由基在清洁大气中的浓度很低，仅为 10^{-12}（ppt 级），但是由于对流层含有较多的人类排放的污染物，能够发生光化学作用而形成自由基，因此自由基反应在对流层光化学领域具有极为重要的作用。

大气中比较重要的自由基有 RO·，HO_2·，R·，RO_2·，RCO·，H·。其中，以 HO· 和 HO_2· 的数量较多，参与反应也较多，是两个非常重要的自由基。凡是有自由基生成和由其诱发的反应都叫自由基反应。

（一）HO· 的来源

HO· 是大气中最重要的自由基，其在清洁大气中的浓度很低，全球平均值为 7×10^5 个/cm^3，有计算表明，南半球比北半球多约 20%。这主要是由于南半球平均温度比北半球高，一般高温有利于 HO· 的形成。所以 HO· 的时空分布是南半球多于北半球、夏天多于冬天、白天多于夜间。清洁大气中 HO· 的重要来源是臭氧的光解离（我们知道虽然平流层臭氧吸收

的主要是波长小于 290 nm 的紫外光,但是在对流层中仍有一定的波长大于 290 nm 的光通过。臭氧可以在对流层吸收这部分光线,发生光解,一般波长为 290~400 nm);对于污染大气,HNO_2 和 H_2O_2 的光解离也可产生 HO·,具体公式如下:

$$O_3 + h\nu \longrightarrow O + O_2$$
$$O + H_2O \longrightarrow 2HO$$
$$HNO_2 + h\nu \longrightarrow HO + NO$$
$$H_2O_2 + h\nu \longrightarrow 2HO$$

(二) $HO_2·$ 的来源

1. $HO_2·$ 主要来自大气中甲醛的光解

$$HCHO + h\nu(\lambda < 370\ nm) \longrightarrow H· + HCO·$$
$$H· + O_2 \xrightarrow{M} HO_2·$$
$$HCO· + O_2 \longrightarrow CO + HO_2·$$

任何反应只要能生成 H· 和 HCO·,就是对流层 $HO_2·$ 的源。其他醛类也有类似反应,如 $CH_3CHO·$ 的光解也能生出 H· 和 HCO·,也是 $HO_2·$ 的源。但它们在大气中的浓度比 HCHO 要低得多,远不如 HCHO 重要。

2. $HO_2·$ 的去除

清洁大气中,·OH 和 $HO_2·$ 能相互转化,主要去除过程是与 CO 和 CH_4 反应:

$$CO + ·OH \longrightarrow CO_2 + H·$$
$$CH_4 + ·OH \longrightarrow ·CH_3 + H_2O$$

该过程产生的 H· 和 ·CH_3 能很快与大气中的 O_2 结合,生成 $HO_2·$ 和 $CH_3O_2·$($RO_2·$)。而大气中 $HO_2·$ 的重要去除过程是与 NO 或 O_3 反应,将 NO 转化成 NO_2,与此同时又产生·OH:

$$HO_2· + NO \longrightarrow NO_2 + ·OH$$
$$HO_2· + O_3 \longrightarrow 2O_2 + ·OH$$

以上反应是产生·OH 的关键。

$HO_2·$ 和·OH 也可通过复合反应而被去除:

$$HO_2· + ·OH \longrightarrow H_2O + O_2$$
$$·OH + ·OH \longrightarrow H_2O_2$$
$$HO_2· + HO_2· \longrightarrow H_2O_2 + O_2$$

生成的 H_2O_2 可被雨水带走。

(三) R·,RO·,$RO_2·$ 的来源

1. 烷基

大气中存在较多的烷基是甲基,它的主要来源是乙醛和丙酮的光解:

$$CH_3CHO + h\nu \longrightarrow CH_3· + HCO·$$
$$CH_3COCH_3 + h\nu \longrightarrow CH_3· + CH_3CO$$

以上反应中也生成了羰基自由基。

此外,O 和·OH 也可与烃类发生去 H 反应而生成烷基自由基:

$$RH + O \cdot \longrightarrow R \cdot + HO$$

$$RH + HO \cdot \longrightarrow R \cdot + H_2O$$

2. 烷氧基

大气中的甲氧基主要来自甲基亚硝酸酯和甲基硝酸酯的光解。

$$CH_3ONO + h\nu \longrightarrow CH_3O + NO$$

$$CH_3ONO_2 + h\nu \longrightarrow CH_3O + NO_2$$

3. 过氧烷基自由基

大气中的过氧烷基自由基主要是由烷基与空气中的 O_2 结合而形成的。

$$R + O_2 \longrightarrow RO_2$$

四、主要碳氢化合物介绍及转化

碳氢化合物是大气中重要的污染物,大气中以气态形式存在的碳氢化合物主要是碳原子数目在 $1\sim10$ 个的烃类,一般他们都能够挥发。这些分子量较小的碳氢化合物是形成光化学烟雾的主要参与者。其他一些碳氢化合物大部分以气溶胶的形式存在于大气中。相比较而言,开放程度大的链烯烃活性高于较为封闭的环烯烃,含有氧原子的碳氢化物活性高于链烷烃。

(一)主要碳氢化合物的介绍

1. 甲烷

甲烷是大气中含量最高的碳氢化合物,占全世界碳氢化合物排放量的 80% 以上;是大气中唯一能够由天然源排放而造成高浓度的气体;化学性质稳定,一般不易发生化学反应。大气中甲烷来源主要为有机物厌氧发酵:

$$2\{HCHO\} \xrightarrow{\text{厌氧}} CO_2 + CH_4$$

该过程在湿地、沼泽、水稻田、动物反刍等过程中均能够发生。

此外,甲烷也是一种重要的温室气体,能够强烈吸收长波辐射,致温室效应能力比 CO_2 大 20 倍。近年来,全球甲烷浓度达到 $1.65\ mL/m^3$,其增加的量中 70% 是来源于人类的直接排放,另外 30% 是由于人类排放的 CO 等对 HO· 的消耗导致的,因为 HO· 能够使甲烷转化。

2. 石油烃

石油的主要成分以烷烃为主,还有少部分的烯烃、环烷烃和芳香烃。相比之下,不饱和烃类和含有氧原子的环烃活性较大,是石油烃中更重要的污染物。一般燃油污染源排放废气中,活性烃占比少(15%),但在汽车尾气中,活性烃占 45%。大气中检出的烷烃有 100 种之多,其中主要为直链烷烃,碳原子数目低于 6 的一般以气态形式存在,碳链长的多形成气溶胶或附着在颗粒物上。大气中存在的一定量的烯烃,主要为乙烯、丙烯、苯乙烯等常见烯烃,含量少。大气中典型的炔烃是乙炔,主要为电焊过程排放,总之大气中炔烃含量极少。

3. 芳香烃

大气中的芳香烃主要有单环芳烃和多环芳烃(PAH),例如苯、二甲苯等,工业上广泛用作溶剂或者化工原料,它们的泄漏导致大气中存在一些芳香烃。一些芳香烃在香烟的烟雾中也存在,而芳香烃具有致癌作用。

(二) 主要碳氢化合物在大气中的反应

1. 烷烃

烷烃可与 HO· 或 O 发生摘氢反应:

$$RH + HO· \longrightarrow R· + H_2O$$

例如:$CH_4 + HO· \longrightarrow CH_3· + H_2O$,产物($H_2O$)稳定,反应速度快;

$$RH + O· \longrightarrow R· + HO·$$

例如:$CH_4 + O· \longrightarrow CH_3· + HO·$,产物($HO·$)不稳定,反应速度慢。

摘氢后的烷基 R· 能够与空气中氧气结合,生成过氧烷基 $RO_2·$,过氧烷基能够将大气中从污染源排放的大量 NO 氧化为 NO_2,同时得到烷氧基 RO·,烷氧基 RO· 比较活泼,能够进一步被大气中的氧气摘取一个氢,形成 $HO_2·$ 和一个相对稳定的产物醛或酮,例如:

$CH_4 + HO· \longrightarrow CH_3· + H_2O$(甲烷氧化,摘氢)

$CH_4 + O· \longrightarrow CH_3· + HO·$(甲烷氧化,摘氢)

$·CH_3 + O_2 \longrightarrow CH_3O_2$(摘氢后的烷基 R 能够与空气中氧气结合,生成过氧烷基 RO_2)

$CH_3O_2· + NO \longrightarrow NO_2 + CH_3O·$(过氧烷基 RO_2 将大气中大量 NO 氧化为 NO_2,并得到 RO·)

$CH_3O· + NO_2 \longrightarrow CH_3ONO_2$(烷氧基与 NO_2 作用,得到甲基硝酸酯)

$CH_3O· + O_2 \longrightarrow HCHO + HO_2$(RO 进一步被大气中的氧气摘取一个氢,形成 HO_2 和一个相对稳定的产物醛)

2. 烯烃

主要与 HO· 发生加成反应,例如乙烯或丙烯反应如下:

$CH_2 = CH_2 + HO· \longrightarrow ·CH_2CH_2OH$(与乙烯反应,产物为带有羟基的自由基)

$CH_3CH = CH_2 + HO· \longrightarrow CH_3CHCH_2OH$ 或 $CH_3CH(OH)CH_2·$(与丙烯反应,两种结果,产物为带有羟基自由基)

$CH_2CH_2OH + O_2 \longrightarrow CH_2(O_2)CH_2OH$(羟基自由基与氧气作用的得到过氧自由基,强氧化性)

$CH_2(O_2)CH_2OH + NO \longrightarrow CH_2(O)CH_2OH + NO_2$(过氧自由基将 NO 氧化 NO_2,并得到烷氧自由基)

$CH_2(O)CH_2OH \longrightarrow HCHO + CH_2OH$(烷氧自由基分解,得到甲醛和自由基 $CH_2OH·$)

$CH_2OH + HO· \longrightarrow HCHO + H_2O$(自由基 $CH_2OH·$ 被 HO 摘氢,得到甲醛和水)

虽然大气中 O_3 与烯烃的反应速率远远比 HO· 小,但是对流层大气中 O_3 的浓度却比 HO· 大得多,因此大气中引起烯烃转化的另一种重要物质就是 O_3。

3. 芳烃

芳烃与羟基的反应如下:

不同碳氢化合物经氧化后可产生·OH，HO_2·，R·，RCO·，RO·，ROO·，RC(O)OO·，RC(O)O·等。这些活泼自由基能促进 NO 向 NO_2 的转化，并传递各反应形成光化学烟雾中重要的二次污染物，如臭氧、醛类、PAN（过氧乙酰硝酸酯）等。

五、氮氧化物转化与光化学烟雾

（一）氮氧化物的转化

NO_x 是大气中重要的气态污染物之一，NO_x 与其他污染物共存时，在阳光照射下可以形成光化学烟雾。下面简要介绍大气中 NO_x 的重要化学反应。

1. NO 的反应

大气中 NO 十分活跃，它能与 RO_2·，HO_2·，·OH，RO·等自由基反应，也能与 O_3 和 NO_3 等气体分子反应。这些反应在大气化学中具有重要意义。

（1）NO 向 NO_2 的转化

大气中 NO 向 NO_2 转化的反应包含在·OH 引发的碳氢化合物的链式反应中，当碳氢化合物与·OH 反应生成的自由基再与 O_2 生成 RO_2·或 HO_2·等过氧自由基时，就可将 NO 氧化成 NO_2：

$$RO_2 \cdot + NO \xrightarrow{a} RO \cdot + NO_2 \xrightarrow{b} RONO_2$$

当烷基（R）中 $n(C) \geqslant 4$ 时，b 过程优于 a 过程；a 过程生成的 RO·可以和 O_2 作用生成醛和 HO_2·，HO_2·又可导致 NO 分子的转化：

$$HO_2 \cdot + NO \longrightarrow \cdot OH + NO_2$$

在一个碳氢化合物被·OH 氧化的循环中，往往有两个 NO 被氧化成 NO_2，同时·OH 得到复原。上述反应在 NO 的氧化中起着很重要的作用。

（2）NO 与 O_3 的反应

$$NO + O_3 \longrightarrow NO_2 + O_2$$

NO 与 O_3 的反应速率很快，当空气中 O_3 含量为 30 mL/m^3 时，少量 NO 仅在 1 min 内即氧化完全。但当 NO 与 O_3 浓度大时，每生成 1 个 NO_2 的同时，要消耗一个 O_3；在空气中不能同时得到高浓度的 O_3 和高浓度的 NO，在 NO 浓度未下降时，O_3 的浓度不会上升得很高。因此，这个反应控制了污染地区的 O_3 浓度的最高值。

（3）NO 与·OH，RO·的反应

大气中 NO 可以与·OH，RO·发生反应：

$$NO + \cdot OH \longrightarrow HONO$$

$$NO + RO \cdot \longrightarrow RONO \longrightarrow R_1 R_2 CO + HONO$$

所生成的 HONO 和 RONO 极易分解，因此，这个反应在白天不易维持。

（4）NO 与 NO_3 的反应

$$NO + NO_3 \longrightarrow 2NO_2$$

此反应很快，故大气中的 NO_3 只有在 NO 浓度很低时才有可能以显著的量存在。

2. NO_2 的反应

NO_2 的光解反应是它在大气中最重要的化学反应，是大气中 O_3 生成的引发反应，也是

O_3 唯一的人为源。

　　假定 NO_2 在充有 N_2 的简单系统中进行短时光解,目前认为至少要发生以下 7 个反应:

$$NO_2 + h\nu \longrightarrow NO + O\cdot$$

$$NO_2 + O\cdot \longrightarrow NO + O_2$$

$$NO_2 + O\cdot \xrightarrow{M} NO_3$$

$$NO + O\cdot \xrightarrow{M} NO_2$$

$$NO + NO_3 \xrightarrow{M} NO_2$$

$$NO_2 + NO_3 \xrightarrow{M} N_2O_5$$

$$N_2O_5 \longrightarrow NO_3 + NO_2$$

　　如果 NO_2 是在清洁气体(N_2 和 N_2)中进行长时间分解,则除存在上述 7 个反应外,还要发生以下 4 个反应:

$$O\cdot + O_2 \longrightarrow O_3$$

$$NO + O_3 \longrightarrow NO_2 + O_2$$

$$NO_2 + O_3 \longrightarrow NO_3 + O_2$$

$$2NO + O_2 \longrightarrow 2NO_2$$

　　从以上反应可以看出,有 O_2 存在时将发生形成 O_3 的重要反应,O_3 是由 NO_2 光解产生的二次污染物。NO_2 也能与 $\cdot OH$,$HO_2\cdot$,$RO\cdot$,$RO_2\cdot$ 及 O_3,NO_3 等反应,其中比较重要的是与 $\cdot OH$,O_3,NO_3 反应。

　　(1) NO_2 与 $\cdot OH$ 的反应

$$NO_2 + \cdot OH \xrightarrow{M} HONO_2$$

此反应是大气中气态 HNO_3 的主要来源,对酸雨的形成有重要贡献。白天 $\cdot OH$ 浓度高时,此反应会有效地进行。

　　(2) NO_2 与 O_3 的反应

$$NO_2 + O_3 \xrightarrow{a} NO_3 + O_2 \xrightarrow{b} NO + 2O_2$$

此反应在对流层大气中也是一个重要的反应,尤其是在 NO_2 和 O_3 浓度较高时,它是大气 NO_3 的主要来源,此反应在夜间也能发生。

　　(3) NO_2 与 NO_3 的反应

$$NO_2 + NO_3 \xrightarrow{M} N_2O_5$$

N_2O_5 又解离为 NO_2 和 NO_3。

3. 硝酸和亚硝酸的反应

NO_x 能在大气和云雾液滴中转化成硝酸和亚硝酸:

$$2NO_2 + H_2O \xrightarrow{M} HNO_3 + HNO_2$$

$$N_2O_5 + H_2O \xrightarrow{M} 2HNO_3$$

$$NO + NO_2 + H_2O \xrightarrow{M} 2HNO_3 \text{（夜间进行）}$$

日光照射下,污染大气中 $\cdot OH$ 和 $HO_2\cdot$ 能将 NO_2 和 NO 很快地氧化成 HNO_3 和 HNO_2。

4. 过氧乙酰基硝酸酯

过氧乙酰基硝酸酯,简称 PAN,化学式为 $CH_3(CO)OONO_2$;是光化学烟雾形成的主要产物之一,它在大气中的浓度水平是衡量光化学烟雾污染程度的重要指标之一;是强氧化剂,对呼吸器官和眼睛黏膜有很强的刺激性;对植物的危害也很大,PAN 主要来源于汽车尾气和工业废气排放;其形成过程如下:

$$CH_3CO\cdot + O_2 \longrightarrow CH_3\overset{\overset{O}{\parallel}}{C}OO\cdot$$

$$CH_3\overset{\overset{O}{\parallel}}{C}OO\cdot + NO_2 \rightleftharpoons CH_3\overset{\overset{O}{\parallel}}{C}OONO_2$$

PAN 具有热不稳定性,遇热分解:

$$CH_3C(O)OONO_2 \overset{\Delta}{\longrightarrow} CH_3C(O)OO + NO_2$$

在 300 K 时,PAN 的寿命为 30 min;在 290 K 时,PAN 的寿命为 3 d;260 K 时,PAN 的寿命为 1 个月。因此,它在低温时相对稳定,温度高时就分解。在低温地区对流层的中上部,PAN 相对稳定,就有可能输送到较远的地方。当 PAN 由较冷的上层输送到较暖的边界层就会发生热分解而释放出 NO_2,由于这个性质,它成为氮氧化物的储存体,可使 NO_x 长距离转输。

(二) 光化学烟雾

1. 洛杉矶光化学烟雾事件

1940 年代初,每年从夏季至早秋,晴朗的日子,洛杉矶总是弥漫着浅蓝色烟雾。在烟雾中的人们眼睛发红,咽喉疼痛,呼吸憋闷、头昏、头痛;松林枯死,柑橘减产。1952 年、1955 年,因此而死亡的老人均超过 400 人;1970 年,75% 以上的当地居民患上了红眼病,这种浅蓝色烟雾就是光化学烟雾。光化学烟雾的特征是:蓝色烟雾、强氧化性、强刺激性、大气能见度低,白天生成傍晚消失,高峰在中午,其危害如表 2.4 所示。

表 2.4　光化学烟雾主要污染物的环境影响

危害对象	有害物质	影　　响
人和动物	PAN、醛	红眼、头痛
	臭氧	臭味、染色体异常、红细胞老化
植物	臭氧	叶片红褐色斑点
	PAN	叶子银灰或古铜色、影响生长,虫害增加
大气	气溶胶	降低能见度
其他	各种氧化剂	橡胶老化和龟裂,建筑物和衣物遭受腐蚀

2. 光化学烟雾的形成条件与机理

(1) 形成条件

光化学烟雾是排入大气的 NO_x 和碳氢化合物受太阳紫外线作用,发生光化学反应所产生的一种有刺激性的烟雾。包括臭氧(O_3)、过氧酰基硝酸酯(PANs)和醛类。光化学烟雾形成的条件是：NO_x 和碳氢化合物等一次污染物在大气中同时存在，且达到一定浓度；有足够的太阳辐射强度；湿度较低、温度较高；有不利于光化学烟雾扩散的地理和气象条件。

（2）形成机理

引发反应：

$$NO_2 + h\nu \longrightarrow NO + O\cdot$$
$$O\cdot + O_2 + M \longrightarrow O_3 + M$$
$$NO + O_3 \longrightarrow NO_2 + O_2$$

自由基传递反应：

$$RH + HO\cdot \xrightarrow{O_2} RO_2\cdot + H_2O$$
$$RCHO + HO\cdot \xrightarrow{O_2} R\overset{\overset{O}{\|}}{C}-O-O\cdot + H_2O$$
$$RCHO + HO\cdot \xrightarrow{O_2} R\overset{\overset{O}{\|}}{C}-O-O\cdot + H_2O$$
$$HO_2\cdot + NO \longrightarrow NO_2 + HO\cdot$$
$$RO_2\cdot + NO \xrightarrow{O_2} R'CHO + HO_2\cdot + NO_2$$
$$HO_2\cdot + NO \longrightarrow NO_2 + HO\cdot$$
$$RO_2\cdot + NO \xrightarrow{O_2} R'CHO + HO_2\cdot + NO_2$$
$$RC(O)O_2 + NO \xrightarrow{O_2} NO_2 + RO_2\cdot + CO_2$$

终止反应：

$$HO\cdot + NO_2 \longrightarrow HNO_3$$
$$RC(O)O_2\cdot + NO_2 \longrightarrow RC(O)O_2NO_2$$
$$RC(O)O_2NO_2 \longrightarrow RC(O)O_2 + NO_2$$

光化学烟雾的几个关键性反应是 NO_2 光解产生 O_3；C_3H_6 氧化后产生具有活性的自由基，如 $HO\cdot$，$HO_2\cdot$，$RO_2\cdot$ 等；$HO_2\cdot$，$RO_2\cdot$ 等促进了 NO 转化成 NO_2，提供了更多可生成 O_3 的 NO_2。

清晨：RH 和 NO 随汽车尾气排放到大气中；清晨有少量的 NO_2 存在大气中（夜间 NO 被氧化成 NO_2）。

日出：NO_2 分解产生氧自由基，进而发生次级反应；产生 $HO\cdot$ 氧化 RH，再与 O_2 反应，产生 HO_2，RO_2，$RC(O)O_2$ 等，将 NO 氧化为 NO_2；当 NO_2 达到定值时，O_3 开始积累；NO_2 参与终止反应，NO_2 不能无限积累，当 NO 转化 NO_2 的速率等于 NO_2 的光解反应速率时，NO_2 的浓度达最大值，此时 O_3 仍不断增加；当 O_3 的增加等于消耗时，O_3 的浓度最大。

下午：NO_2 光解受限，反应趋势变缓，产物体积分数降低。

3. 光化学烟雾的控制对策

（1）控制机动车尾气排放

光化学烟雾的产生主要是因为机动车尾气的排放，所以要严格遵守排放标准，提高汽车性能，提高油品质量，使用清洁燃油，改善汽车发动机工作状态以及在排气系统安装催化反应器等。

（2）加强对化工厂的废气排放管理

要对石油、氮肥、硝酸等化工厂的排废严加管理，严禁飞机在航行途中排放燃料等，以减少氮氧化物和烃的排放。

（3）使用化学抑制剂抑制

根据光化学烟雾形成机理，使用化学抑制剂，如二乙基羟胺、苯胺、二苯胺、酚等对各种自由基可产生不同程度的抑制作用，从而终止链反应，达到控制烟雾的目的。

六、二氧化硫的转化与硫酸型烟雾

（一）二氧化硫的来源与危害

由污染源直接排入大气中的硫的氧化物主要是二氧化硫，例如，1952 年的伦敦烟雾事件的主要污染物就是二氧化硫，此次事件造成约 4000 人死亡。

通常煤的含硫量为 0.5%～6%，石油为 0.5%～3%。就全球范围而言人为排放的二氧化硫中有 60% 来源于煤的燃烧；30% 左右来源于石油的燃烧和炼制过程。城市和工业区由于二氧化硫排放量大会造成大气污染，产生酸雨和硫酸型烟雾而污染环境。二氧化硫的天然来源主要是火山喷发，而火山喷发物中所含的硫化物大部分以二氧化硫的形式存在，少量以硫化氢的形式存在，而硫化氢在大气中也会很快会被氧化成二氧化硫。

（二）二氧化硫的气相氧化

二氧化硫的气相氧化主要分为直接光氧化和自由基氧化。

1. 直接光氧化

低层大气中 SO_2 的反应过程是形成激发态的 SO_2 分子，而不是直接解离。它吸收来自太阳的紫外光后，进行两种电子的跃迁过程，产生强弱吸收带，但不发生光解离，反应式如下：

$$SO_2 + h\nu(290 \sim 340 \text{ nm}) \Longleftrightarrow {}^1SO_2 \text{ singlet}$$

$$SO_2 + h\nu(340 \sim 400 \text{ nm}) \Longleftrightarrow {}^3SO_2 \text{ triplet}$$

能量较高的单重态分子可以按下列过程跃迁至三重态或基态：

$$^1SO_2 + M \longrightarrow {}^3SO_2 + M$$

$$^1SO_2 + M \longrightarrow SO_2 + M$$

激发态的 SO_2 主要以三重态存在，SO_2 也可很快被氧化成 SO_3：

$$^3SO_2 + O_2 \longrightarrow SO_4 \longrightarrow SO_3 + O$$

$$SO_4 + SO_2 \Longleftrightarrow 2SO_3$$

2. 自由基氧化

在污染大气中由于各类有机污染物的光解及化学反应，可生成各种自由基如 HO· 和 HO_2· RO，RO_2，$RC(O)O_2$ 等。这些自由基主要来源于大气中一次污染物的 NO_x 的光解以及光解产物与活性碳氢化合物相互作用的过程；也来自光化学反应产物的光解过程，如醛、亚硝基和过氧化氢等的光解均可产生自由基，这些自由基大多数都有较强的氧化作用，这样的光化学反应十分活跃的大气里，二氧化硫很容易被这些自由基氧化，具体如下：

(1) SO_2 与 $HO\cdot$ 的反应

$HO\cdot$ 与 SO_2 的氧化反应是大气中 SO_2 转化的重要反应,首先 $HO\cdot$ 与 SO_2 结合形成一个活性自由基:

$$HO\cdot + SO_2 \xrightarrow{M} HOSO_2$$

此自由基进一步与空气中的 O_2 相互作用:

$$HOSO_2 + O_2 \xrightarrow{M} HO_2\cdot + SO_3$$

$$SO_3 + H_2O \longrightarrow H_2SO_4$$

反应过程中所产生的 $HO_2\cdot HO_2$,通过反应

$$HO_2\cdot + NO \longrightarrow HO + NO_2$$

最终得到 NO_2。

(2) SO_2 与其他自由基的反应

大气中 SO_2 氧化的另一个重要反应是 SO_2 与二元活性自由基的反应。O_3 可与烯烃反应生成二元活性自由基。由于它的结构中含有两个活性中心,故如 CH_3COOH 易与大气中的物种反应,如

$$CH_3COOH + SO_2 \longrightarrow CH_3CHO + SO_3$$

另外,HO_2,CH_3O_2 以及 $CH_3(O)O_2$ 也易与 SO_2 反应,而将其氧化成 SO_3:

$$HO_2\cdot + SO_2 \longrightarrow HO\cdot + SO_3$$

$$CH_3O_2\cdot + SO_2 \longrightarrow CH_3O\cdot + SO_3$$

$$CH_3C(O)O_2\cdot + SO_2 \longrightarrow CH_3C(O)O\cdot + SO_3$$

(3) SO_2 被氧原子氧化

污染大气中的氧原子主要来源于 NO_2 的光解:

$$NO_2 + h\nu \xrightarrow{k_1} NO + O\cdot$$

$$SO_2 + O\cdot \xrightarrow{k_4} SO_3$$

(三) 二氧化硫的液相氧化

二氧化硫溶于云雾后可被其中的臭氧、过氧化氢氧化,其中二氧化硫溶于水是发生液相反应的先决条件。

1. 液相平衡:SO_2 被水吸收

$$SO_2 + H_2O \rightleftharpoons SO_2\cdot H_2O$$

$$SO_2 + H_2O \rightleftharpoons H^+ + HSO_3^-$$

$$HSO_3^- \rightleftharpoons H^+ + SO_3^{2-}$$

高 pH 环境中以 SO_3^{2-} 为主;中 pH 环境中以 HSO_3^- 为主;低 pH 环境中以 $SO_2\cdot H_2O$ 为主。

2. 被氧气非催化氧化

其氧化反应速率为

$$R_{O_2} = \frac{d[SO_4^{2-}]}{dt} = k_{O_2}[S(IV)]$$

式中，k_{O_2} 为被 O_2 氧化的反应速率常数；

[S(Ⅳ)] 为各种含硫化合物浓度的综合，在液相反应中 k_{O_2} 有时也与溶液的 pH 有关：

$$k_{O_2} = 2.74 \times 10^{-6} \text{ s}^{-1}\text{（pH 为 } 4 \sim 7）$$

3. 被臭氧氧化

$$O_3 + SO_2 \cdot H_2O \xrightarrow{K_0} 2H^+ + SO_4^{2-} + O_2$$

$$O_3 + HSO_3^- \xrightarrow{K_1} HSO_4^- + O_2$$

$$O_3 + SO_3^{2-} \xrightarrow{K_2} SO_4^{2-} + O_2$$

4. 被过氧化氢氧化

$$HSO_3^- + H_2O_2 \longrightarrow SO_2OOH^- + H_2O$$

$$SO_2OOH^- + H^+ \longrightarrow H_2SO_4$$

当 [H^+] 远小于 1 时，S(Ⅳ) 氧化速率与 pH 无关；当 [H^+]≈1 时，S(Ⅳ) 氧化速率随 pH 下降而减小。

5. 金属离子存在下的催化氧化

二氧化硫的催化氧化可用下式表示：

$$2SO_2 + 2H_2O + O_2 \xrightarrow{\text{催化剂}} 2H_2SO_4$$

（1）Mn(Ⅱ)的催化

$$Mn^{2+} + SO_2 \longrightarrow MnSO_2^{2+}$$

$$2MnSO_2^{2+} + O_2 \longrightarrow 2MnSO_3^{2+}$$

$$MnSO_3^{2+} + H_2O \longrightarrow Mn^{2+} + H_2SO_4$$

总反应：

$$2SO_2 + 2H_2O + O_2 \xrightarrow{Mn^{2+}} 2H_2SO_4$$

（2）Fe(Ⅲ)和 Fe(Ⅱ)的催化

都能实现催化，但 Fe(Ⅱ) 须氧化为 Fe(Ⅲ)，且二者的协同作用比简单加和快 3～8 倍。

5. SO₂ 液相氧化途径的比较

pH<4 或 5 时以 H_2O_2 氧化为主；pH≈5 或更大时，O_3 比 H_2O_2 氧化快 10 倍；在高 pH 环境下，以 Fe(Ⅲ)、Mn(Ⅱ) 催化为主。

（四）硫酸型烟雾

硫酸烟雾也称伦敦烟雾，最早发生在英国伦敦。大气中的二氧化硫等硫化物在水雾、含有重金属的颗粒物或氮氧化物存在时，可发生一系列化学或光化学反应而生成硫酸或硫酸盐气溶胶。这种污染多发生在冬季气温较低、湿度较高和日光较弱的气象条件下。如 1952 年 12 月在伦敦发生的硫酸烟雾事件。当时伦敦上空受冷高压控制，因高空中的云阻挡了太阳光，地面温度迅速降低，相对湿度高达 80%。由于地面温度低，上空又形成了逆温层，大量居民家庭的烟囱和工厂排放出来的烟聚集在低层大气中，难以扩散，故在低层大气中形成很浓的黄色烟雾。

二氧化硫转化为三氧化硫的氧化反应主要靠雾气中的锰、铁及氨的催化作用而加速完成。当然，二氧化硫的氧化速率还会受到其他污染物、温度及光强等因素的影响。

从组成上看,硫酸烟雾为还原型烟雾,主要由燃煤引起;而光化学烟雾是氧化性烟雾,主要由汽车尾气排放引起,两种类型的烟雾污染可以交替发生。

第四节　酸沉降化学

酸沉降包括湿沉降、干沉降两种情况。湿沉降是指将大气中的酸性物质通过降水(雨、雾、冰雹等)迁移到地面的过程,最常见的就是酸雨。干沉降是指大气中的酸性物质在气流的作用下直接迁移到地面的过程。酸沉降化学就是研究在干湿沉降过程中与酸有关的各种化学问题,包括降水的化学组成、酸的来源、形成过程和机理、存在形式、化学转化及降水组成的变化趋势的酸沉降化学研究开始与酸雨。

一、降水的化学性质

(一) 降水的化学组成

1. 大气固有成分

O_2,N_2,CO_2,H_2 及惰性气体。

2. 无机物

土壤矿物离子 Al^{3+},Ca^{2+},Mg^{2+},Fe^{3+},Mn^{2+} 和硅酸盐等;海洋盐类离子 Na^+,Cl^-,Br^-,SO_4^{2-},HCO_3^- 及少量 K^+,Mg^{2+},Ca^{2+},I^- 和 PO_4^{3-};大量转化产物 SO_4^{2-},NO_3^-,Cl^- 和 H^+;人为排放物 As,Cd,Cr,Co,Pb,Mn,Ni,V,Zn,Ag 和 Sn 等。

3. 有机物

包括有机酸、醛类、烯烃、芳烃、烷烃。目前世界各地的降水中均发现有机酸的存在。虽然通常人为降水酸度主要来自硫酸、硝酸等强酸,但检测发现有机酸(甲酸、乙酸)对降水的酸度也有贡献。

4. 光化学反应产物

H_2O_2,O_3,PAN 等。

5. 不溶物

降水中的不溶物来自土壤颗粒和燃料燃烧排放尘粒中的不溶物部分,其中含量可达 $1\sim3\ mg/L$。降水中最为重要的离子是 SO_4^{2-},NO_3^-,Cl^-,NH_4^+,Ca^{2+},H^+ 等,它们参与了地表土壤的平衡,对陆生生态和水生生态系统有很大的影响。

(二) 降水的 pH 及酸雨的定义

降水中的 pH 主要来自未被污染的大气中存在的 CO_2,因此计算获得的洁净降水的 pH 为 5.6,所以 pH 小于 5.6 的被认为是酸雨。但 pH=5.6 不是一个科学的判据,因为世界各地自然条件不同,地质、气象、水文等都有差异,这造成各地区降水 pH 不同。

（三）酸雨的形成

酸雨的形成涉及一系列的复杂的物理、化学过程,包括污染物的远程输送过程,成云、成雨过程以及在这些过程中发生的气相、液相、固相等均相或非均相的化学反应。

影响降水酸性的主要物质是 H_2SO_4,HNO_3 以及一些有机酸。

人类活动排入大气中的 SO_2 和 NO_x,一部分通过干沉降直接回到地面,剩余部分在大气中通过光氧化、自由基氧化、催化氧化等多种途径转化为 H_2SO_4,HNO_3,总体可分为 3 种转化过程:① SO_2 和 NO_x 在气相中氧化成 H_2SO_4 和 HNO_3,以气溶胶或气体的形式进入液相;② SO_2 和 NO_x 溶于液相后,在液相中被氧化成 SO_4^{2-} 和 NO_3^-;③SO_2 和 NO_x 在气液界面发生化学反应转化为 SO_4^{2-} 和 NO_3^-。

SO_2 和 NO_x 的气相转化主要通过与·OH 反应来完成:

$$SO_2 + \cdot OH \xrightarrow{\text{ways}} H_2SO_4$$

$$NO_2 + \cdot OH \longrightarrow HNO_3$$

此外,由碳氢化合物转化而来的有机酸,也是酸雨的组成之一。

（四）降水的酸化过程

大气降水的酸度与其中的酸碱物质的性质及相对比例有关,下面简要介绍这些物质进入降水造成降水酸化的过程。

酸雨的形成过程包括雨除和冲刷。在自由大气里,由于存在 $0.1 \sim 10\ \mu m$ 的凝结核而形成水蒸气的凝结,然后通过碰并和凝结等过程进一步生长,从而形成云滴和雨滴。在云内,云滴相互碰并或与气溶胶颗粒碰并,同时吸收大气中的气态污染物,在云内部发生化学反应,这个过程即为污染物的云内清除或雨除。在雨滴下落过程中,雨滴冲刷经过的大气中的气体和气溶胶,因此,雨滴内部也会发生化学反应,这个过程为污染物的云下清除或冲刷。这些过程即为降水对大气中气态污染物和颗粒物的清除过程,同时降水被酸化。

1. 云内清除

云内清除过程中,大气中硫酸盐和硝酸盐等气溶胶可作为活性凝结核参与成云过程,水蒸气过饱和时也能产生成核作用。水蒸气凝结在云滴上及与云滴间的碰并作用,促使云滴不断生长,同时,各种污染气体溶于云滴中并发生各种化学反应,当云滴成熟后,即变成雨从云基下落。

大气污染物的云内清除过程包括气溶胶颗粒的雨除和微量气体的雨除。气溶胶颗粒进入云滴可通过以下三种机理:一是气溶胶颗粒作为水蒸气的活性凝结核进入云滴;二是气溶胶胶颗粒和云滴的碰并,气溶胶颗粒通过布朗运动和湍流运动与云滴碰并,粒径小于 $0.01\ \mu m$ 的气溶胶颗粒几乎都经过该机理进入云滴;三是气溶胶颗粒受力运动,并沿着蒸汽压梯度方向移动而进入云滴。

2. 云下清除

云下清除过程中,雨滴离开云基,在其下落过程中,有可能继续吸收和捕获大气中的污染气体和气溶胶,这就是污染物的云下清除或冲刷作用,包括对微量气体和气溶胶的云下清除。

(1) 微量气体的云下清除

云下清除过程与气体分子和液相的交换速率、气体在液相中的溶解度和液相氧化速率及雨滴在大气中的停留时间等因素有关。雨滴进入大气后,会产生污染气体在气-液两相之间的传质过程,传质系数随雨滴粒径的增加而减小。由于雨滴在大气中的停留时间较短,因此只有雨滴内的一些快反应(尤其是离子反应),如 H_2O_2,O_3,$HO \cdot$,$HO_2 \cdot$,Mn^{2+},Fe^{3+} 等对 $S(Ⅳ)$ 的氧化反应才会对雨滴的化学组成产生影响,而大多数慢反应对雨滴的影响较小。在污染气体的雨下清除过程中,气相间传质速率和液相反应速率共同决定污染气体在液相的反应速率。气-液传质速率控制了大雨滴中的液相反应速率,化学反应速率则控制了小雨滴的液相反应速率。

在液相中溶解度极大,或者在溶液中仅参与快速离子反应使溶解度增大的污染气体的雨下清除是不可逆的,其去除率与已进入液相的浓度无关,仅与气相浓度有关。不可逆清除的气体在液下中的总浓度随雨滴降落距离的增加而增加。气体不可逆清除的清除率与其他气体无关,仅与自身的特性、雨滴谱及降水量有关,清除率随降水量的增加而增加。

研究表明,降水对二氧化硫气体的清除系数与降水强度、气相二氧化硫浓度、氨的浓度、氧化剂浓度及降水的 pH 初始值有关,它们之间有复杂的相互作用。

(2) 气溶胶的云下清除

雨滴在下落过程中捕获气溶胶颗粒,气溶胶被捕获后,其中的可溶性组分如硫酸根、硝酸根、氨根、钙离子、镁离子、锰离子、亚铁离子、氢离子和氢氧根等都会释放出来,从而影响雨滴的化学组成和酸度。

1993 年,刘帅仁等研究了云下清除过程中气溶胶对降水酸化的作用:

一是若气溶胶 pH 低于雨水的 pH,则气溶胶起酸化作用,反之则起碱化作用,气溶胶的酸化作用强于碱化作用。

二是在一般浓度(1000 个/cm^3)下,酸性气溶胶是降水中氢离子的重要来源,碱性气溶胶可消耗雨水中氢离子的一半;而气溶胶对降水中硫酸根的贡献较小。

三是酸性气溶胶对降水的酸化作用随二氧化硫浓度的增加而减弱,而碱性气溶胶对降水的碱化作用随二氧化硫浓度的增大而增强,云内清除过程是降水硫酸根的重要来源,云下气溶胶对硫酸根的贡献较少。

四是硝酸对降水氢离子贡献比同浓度的二氧化硫大几倍,气溶胶对降水硝酸根的贡献相当于 10^{-9} 浓度 HNO_3 的贡献,随着 HNO_3 浓度的增加,气溶胶的相对贡献迅速减少。

五是气溶胶是降水中氨根的重要来源,相当于氨浓度的 $5.0 \times 10^{-9} \sim 8.0 \times 10^{-9}$ 时对雨水氨根的贡献。

六是对重庆和北京地区云下过程的数值模拟结果显示,重庆雨水中的氢离子来源以云下 SO_2 氧化为主,气溶胶起碱化作用;北京雨水中的 H^+ 来源以云内过程为主,云下气体氨气和气溶胶起碱化作用,北京地区氨浓度高可能是雨水不酸的首要原因。

二、酸雨的模式

为模拟酸雨的发生过程,预测酸性物质的浓度和沉降的时空分布,并为有效控制酸雨提供理论依据,20 世纪 80 年代以来,人们研究了一系列酸沉降的模式。酸雨的物理化学模式可阐明区域性污染物的迁移、转化及干湿沉降的规律,预测其浓度分布和污染趋势,估算跨国界污染物的通量等。这一类模式有太平洋西北实验室模式(PNL)、欧洲区域空气污染模式(EURMAP-1)和统计轨道区域性空气污染模式(ASTRAP)。这三种模式被用于模拟美国东北部和加拿大东部地区污染物的区域性迁移和沉降。这些模式中的化学过程主要使用转化与清除过程的经验关系,仅限于对 SO_2 和硫酸盐的描述。

化学模式能否正确地应用于实际大气环境有赖于气象背景场的精确程度。美国酸雨十年评价研究项目中创立的区域酸沉降模式(RADM)是较完善的酸沉降大气治疗模式,它是在中尺度气象模式的背景场上的包括污染物迁移、转化和干湿沉降的三维欧拉模式。在化学模式中包括 36 个化学物种间的 77 个反应,主要研究云内化学过程,而后修改成包括 63 个化学物种间的 157 个反应的 RADM-Ⅱ模式,曾用于研究包括美国东部、加拿大东南部和西大西洋区域在内的大气环境。

南京大学建立了一个三维时变的欧拉型区域酸性污染物沉降模式(RegADS),考虑了源排放、平流输送、湍流扩散、干沉积、气相化学、液相化学及湿清除等过程。研究表明,该模式基本上能够模拟出区域酸性沉降的特征。

三、酸雨的危害

酸雨的危害是多方面的,主要有以下几个方面:

1. 对土壤生态的危害

酸性物质不仅通过湿沉降,也可通过干沉降进入土壤。一方面,土壤中的钙、镁、钾等养分被淋溶,导致土壤日益酸化、贫瘠化,影响植物的生长;另一方面,酸化可影响土壤微生物的活性。

2. 对水生生态系统的危害

酸雨可使湖泊、河流等地表水酸化,污染饮用水源。当水体 pH<5 时,鱼类的生长繁殖就会受到严重影响。流域土壤和湖海底泥中的有毒金属,如铝等则会溶解在水中,毒害鱼类。水质变酸还会引起水生生态系统结构的变化,酸化后的湖泊和河流中鱼类会减少甚至绝迹。

3. 对植物的危害

受到酸雨侵蚀的植物的叶片,其叶绿素含量降低,由于光合作用受阻,农作物产量降低,森林植物生长速率也降低。

4. 对材料和古迹的影响

酸雨加速了对许多建筑结构、桥梁、水坝、工业装置、供水管网及通信电缆等材料的腐蚀,还能严重损害古迹、历史建筑及其他重要的文化设施。

5. 对人体健康的影响

酸雨不仅会造成很大的经济损失,也会危害人体健康,这种危害可能是间接的,也可能是直接的。

第五节　气溶胶化学

一、气溶胶简介

（一）气溶胶的定义

气溶胶是指液体或固体颗粒均匀地分散在气体中形成的相对稳定的悬浮体系。液体或固体颗粒通常称为颗粒物或颗粒，是指动力学直径为 $0.003\sim100\ \mu m$ 的液滴或固态颗粒。粒径范围的下限为目前能够测出的最小尺寸，上限则为在大气中会能长时间悬浮而不降落的最大颗粒尺寸。由于颗粒比气态分子大而比粗沉粒径小，因而它们不像气态分子那样服从气体分子运动规律，但也不会受重力作用而下沉，而是具有胶体的性质，故称为气溶胶。实际上，大气中的颗粒物的直径一般为 $0.001\sim100\ \mu m$，大于 $10\ \mu m$ 的颗粒会受其自身重力作用而降落到地面，称为降沉，小于 $10\ \mu m$ 的颗粒在大气中可长时间漂浮，称为飘沉。

（二）气溶胶的分类与来源

1. 按来源分为自然气溶胶和人工气溶胶

（1）自然气溶胶

① 大气气溶胶：大气气溶胶分为大气悬浮微粒和云雾微粒两种，大气悬浮微粒指的是在空气中悬浮的固体和液体颗粒，其来源包括火山喷发、沙尘暴、森林火灾等；云雾微粒指的是云雾中存在的水滴或冰晶，其来源包括海洋蒸发、植物蒸腾等。

② 海洋气溶胶：主要由海面风浪作用产生的海沫和海盐颗粒组成。

③ 陆地气溶胶：主要源于土壤颗粒物和植物花粉等。

（2）人工气溶胶

① 燃烧气溶胶：主要由燃料燃烧所产生的颗粒物组成，包括汽车尾气、工业废气等。

② 工业气溶胶：主要由工业生产过程中排放的固体和液体颗粒物组成，包括水泥厂、钢铁厂等的排放物。

③ 建筑气溶胶：主要由建筑施工过程中产生的灰尘、颗粒物和挥发性有机化合物等组成。

2. 按组成分为有机气溶胶和无机气溶胶

（1）有机气溶胶

是指含有碳元素的微小颗粒物质，其主要来源包括植物挥发性有机化合物、人类活动排放的挥发性有机化合物等。有机气溶胶对人体健康影响较大，例如，可以引起哮喘、肺癌等疾病。

（2）无机气溶胶

是指不含碳元素的微小颗粒物质，其主要来源包括大气悬浮微粒、海洋盐雾等。无机气溶胶对人体健康影响相对较小。

3. 按形态分为球形气溶胶、纤维状气溶胶和片状气溶胶

（1）球形气溶胶

是指呈球形的微小颗粒物质，其直径一般为 0.1～10 μm。球形气溶胶通常由液滴蒸发或凝结而成，例如云雾中的水滴、工业废气中的硫酸铵等。

（2）纤维状气溶胶

是指呈纤维状的微小颗粒物质，其直径一般为 0.5～5 μm。纤维状气溶胶通常由人类活动排放的固体颗粒物质组成，例如建筑灰尘、汽车尾气等。

（3）片状气溶胶

是指呈片状的微小颗粒物质，其直径一般为 1～10 μm。片状气溶胶通常由大气悬浮微粒组成，例如沙尘暴中的沙尘等。

4. 按粒径大小分为 PM_{10}、$PM_{2.5}$、超细颗粒物

（1）PM_{10}

是指直径小于等于 10 μm 的颗粒物质。PM_{10} 主要来源包括大气悬浮微粒、工业废气、汽车尾气等。PM_{10} 对人体健康危害较大，可以引起呼吸系统疾病、心血管疾病等。

（2）$PM_{2.5}$

是指直径小于等于 2.5 μm 的颗粒物质。$PM_{2.5}$ 主要来源包括大气悬浮微粒、汽车尾气、工业废气等。$PM_{2.5}$ 对人体健康危害更加严重，可以引起肺癌、心脑血管疾病等。

（3）超细颗粒物

是指直径小于等于 0.1 μm 的颗粒物质。超细颗粒物主要来源包括汽车尾气、工业废气等。由于其极小的直径，超细颗粒物可以穿透肺泡进入血液循环系统，对人体健康危害极大。

二、大气颗粒物的三模态

Whitby 等人依据大气颗粒物表面积与粒径分布的关系得到了 3 种不同类型的粒度模态，如表 2.5 所示。

将粒径小于 0.05 μm 的颗粒称为 Aitken 核模，粒径 0.05～2 μm 的颗粒物称为积聚模，粒径大于 2 μm 的称为粗粒子模。

Aitken 核模主要来自燃烧过程所产生的一次气溶胶颗粒以及气体分子通过化学反应均相成核生成的二次气溶胶颗粒。积聚模主要来自 Aitken 核模的凝聚，燃烧过程所产生的蒸气、冷凝、凝聚以及大气化学反应所产的各种气体分子转化生的二次气溶胶颗粒，两者合称为细粒子。二次气溶胶颗粒多在细粒子范围。粗粒子模直径大于 2 μm，主要来自机械过程所产生的扬尘、海盐溅沫、火山灰和风沙等一次气溶胶颗粒。

气溶胶粒径分布除了以上所述的 3 种模态外，还有颗粒数密度、表面积密度及体积密度分布函数的积累分布表示法。

气溶胶颗粒的成核是通过物理和化学过程进行的，这是气体经过化学反应颗粒转化的过程。从动力学角度可以分为以下 4 个阶段：一是均相成核或非均相成核形成细粒子分散在空气中；二是在细粒子表面经过多相气体反应使颗粒长大；三是由布朗运动凝聚和湍流运动凝聚，颗粒继续长大；四是通过干沉降和湿沉降过程而清除。

表 2.5 大气颗粒物的三模态的来源、特点及主要去除方式

分类	粒径范围 D_p	来 源	特 点	去 除	备注
Aitken 核模	$<0.05\,\mu m$	1. 燃烧过程产生的一次颗粒物; 2. 气体分子通过化学反应均相成核而产生的二次颗粒物	粒径小,数量多,表面积大,易聚集转入积聚模	在大气湍流过程中被其他物质或地面吸收而去除	细粒子模
积聚模	$0.05\sim2\,\mu m$	核模凝聚;热蒸气冷凝再凝聚长大,属二次颗粒物	二次污染物,硫酸盐占80%以上	扩散和碰撞难去除	
粗粒子模	$>2\,\mu m$	机械过程所产生	组成与土壤相近	干、湿沉降去除	粗粒子

三、气溶胶的化学组成

气溶胶颗粒的化学组成十分复杂,其组成与其来源、粒径大小有密切关系,还与地点和季节等有关。例如,来自地表土、由污染源直接进入大气的颗粒物及来自海水溅沫的盐粒的一次气溶胶颗粒往往含有大量的铁、铝、硅、钠、镁、氯和钛等元素,而二次气溶胶颗粒则含有硫酸盐、铵盐和有机物等。不同粒径的气溶胶颗粒的化学组成也有很大差异,如硫酸盐气溶胶颗粒多聚于积聚模,而地壳组成元素主要存在于粗粒子模中。

对流层气溶胶主要来自人类活动,其化学组分可分为无机组分和有机组分,包括硫酸盐、铵盐、硝酸盐、钠盐、氯盐、微量金属、含碳物质、地壳元素和水等。其中硫酸盐、铵盐、有机碳和元素碳及某些过度金属主要存在于细粒子中,而地壳中元素和生物有机物主要存在于粗粒子中。硝酸盐在细粒子和粗粒子中都存在,硝酸盐细粒子通常来自硝酸与氨反应生成的硝酸铵,而硝酸盐粗粒子主要来自粗粒子与硝酸盐的反应。对陆地性气溶胶与人类生活密切相关的化学组成可归纳为三类,即水溶性离子组分、微量元素组分和有机物组分。

(一)气溶胶颗粒中的水溶性离子组分

水溶性离子是气溶胶的重要化学组分,硝酸地区气溶胶中的水溶性离子组分随着粒径的减小而增加,在 $0.1\sim0.35\,\mu m$ 时可达80%。气溶胶的水溶性离子组分具有吸湿性,能够在低于水的饱和蒸汽压条件下形成雾滴,因此水溶性离子组分在大气过程中起重要作用。水溶性离子组分中阴离子主要有硫酸盐、硝酸盐、卤素离子;阳离子主要有氨盐、碱金属和碱土金属。其中硫酸盐、硝酸盐和氨盐为二次水溶性离子,其前体物为二氧化硫、氮氧化物和氨等。

1. 硫酸及硫酸盐

煤、石油等矿物燃料燃烧过程中排放大量的二氧化硫,其中一部分可通过多种途径氧化成硫酸和硫酸盐,严重影响大气环境质量。硫酸和硫酸盐是大气细离子的重要组成部分。陆地性气溶胶颗粒中硫酸根的平均含量为15%～25%,而海洋性气溶胶颗粒中的硫酸根可

达 30%～60%。大多数陆生性气溶胶颗粒具有共同的特点是 95% 的硫酸根和 96.5% 的铵根都集中在积聚模中,而硫酸根和铵根的粒径分布也没有明显的差别。硫酸和硫酸盐是大气中最主要的强酸物质,是导致降水酸化的主要原因之一。硫酸和硫酸盐主要分布在亚微米级范围的颗粒中,不易沉降,可通过呼吸道进入肺部,对人体健康有明显的危害。硫酸和硫酸盐有较高的消光系数,是影响大气能见度的重要因素之一。研究表明,当粒径为 0.1～1 μm 时,会对光线产生最大的散射。此外,硫酸和硫酸盐在大气化学和全球气候变化过程中起着十分重要的作用。

2. 硝酸及硝酸盐

大气中一次性排放的硝酸盐很多,硝酸和硝酸盐是大气光化学反应的典型产物。大气中的一氧化氮和二氧化氮分别被氧化形成二氧化氮和三氧化二氮等,进而和水蒸气形成亚硝酸和硝酸,由于它们比硫酸容易挥发,因而很难形成凝聚态的硝酸。一般经过下面的反应形成挥发性的硝酸盐:

$$NH_3 + HNO_3 \longrightarrow NH_4NO_3$$

然后再发生成核和凝聚生长作用形成颗粒物,并成为大气颗粒物的重要组成部分。NO_x 在大气中也可被水滴吸收,并被水中的氧气或臭氧氧化成硝酸根。如果有铵根存在,则可促进 NO_x 的溶解,增加硝酸盐颗粒物的形成速率。在污染的城市大气中,硝酸盐主要以硝酸铵的形式存在于细粒子中,几乎所有地区硫酸根都在细粒子中占优势。另外,硫酸盐气溶胶和硝酸盐气溶胶的形成对气溶胶颗粒的分布有影响。硝酸和硝酸盐是大气中重要的污染组分,是 NO_x 的最后氧化形式,在大气 NO_x 循环中起重要作用。硝酸和硝酸盐对酸沉降有重要贡献。

3. 其他水溶性离子组分

大气气溶胶还含有其他水溶性离子组分,包括氯离子、铵根离子、钠离子、钾离子、钙离子、镁离子的海盐颗粒是大气颗粒物中氯离子主要贡献者。沿海地区大气颗粒物中氯离子主要存在于粗粒子中,化石燃料燃烧也可向大气排放,使得燃煤取暖地区冬季大气细粒子中会产生氯离子富集。

城市大气中气态氨与硫酸和硝酸结合形成硫酸铵和硝酸铵,是大气细粒子极为重要的组成部分,也是城市大气二次污染的标志物。沿海地区大气颗粒物中的钠离子几乎都来自于海洋的排放,并以粗粒子模形式存在,因此通常作为海洋源的参比元素。大气颗粒物中的钾离子主要以细粒子形式存在,推断主要来自燃烧过程,特别是生物质燃烧。大气颗粒物中的钙离子主要来自土壤以粗粒子模存在,是土壤海洋源的标志元素。大气颗粒物中的镁离子既有海洋源的贡性,又有土壤源的贡献,并且都分布在粗粒子模中,含量相对较低。

(二) 气溶胶颗粒中的有机物组分

气溶胶颗粒中的有机物(POM)粒径为 0.1～5 μm,其中大部分是 $D_p \leqslant 2$ μm 的细颗粒。有机物主要包括烷烃、烯烃、芳烃和多环芳烃等,此外还含有亚硝胺、含氮杂环化合物、环酮、醌类、酚类和酸类等。其质量浓度相差很大,其每立方米数量级从纳克到毫克不等,且因地而异。有机物是大气颗粒物的主要组分,占颗粒物总质量的 10%～50%,对大气的能见度和全球气候变化有重要影响。气溶胶中有机物的种类繁多,结构复杂,浓度水平低且物理化学性质差异大,是近年来人们研究的重点。

1. 气溶胶中有机碳和元素碳

大气气溶胶中的有机物按测量方法分为有机碳(OC)和元素碳(EC)。有机碳是指颗粒有机物中碳元素,而元素碳包括颗粒物中以单质形式存在的碳和少量相对分子质量较高的难溶有机物中的碳。在气溶胶中,元素碳一般被有机物包裹在内部,因此很难完全区分元素碳和有机碳。颗粒有机物中除含碳元素以外,还包含有氧、氢、氮等其他元素。

2. 气溶胶中有机物的化学组成

气溶胶颗粒中往往同时存在数百种有机污染物,按其来源可分为两类:一是以颗粒物形式直接排入大气的一次有机物,如植物蜡、树脂、长链烃等;二是由人为源和生物排放的挥发性有机化合物转化生成的多官能团氧化态有机物,即二次有机气溶胶(SOA)。目前已鉴别出来的有机物包括正构烷烃、正构烷酸、正构烷醛、脂肪族二元羧酸、双萜酸、芳香族多元酸、多环芳烃、多环芳酮、多环芳醇、甾醇化合物、含氮化物等,这些化合物仅占颗粒有机物质量的 10%~40%。城市大气中的二次有机碳占颗粒物总有机碳的 17%~65%,其中,多环芳烃具有"三致"效应,是大气颗粒物中研究最多的有机物,它可以气态和颗粒态存在,其形态分布与本身的物理化学性质及温度、湿度等环境条件有关。一般情况下,城市大气中多环芳烃不仅具有冬季高、夏季低的季节变化规律,还具有明显的日变化规律。

水溶性有机物(SWOC)是大气气溶胶的主要组成之一,对气溶胶的环境效应,特别是辐射强迫方面有十分重要的贡献。通过改变气溶胶的吸湿性,SWOC 还可以显著降低大气能见度。通常状况下,SWOC 可占 POM 的 20%~70%。SWOC 的组成十分复杂,经常被测定出来的物种是一些相对分子质量低的一元羧酸、二元羧酸、酮酸、醛酸、醇类、醛类、多羟基化合物等,其中含有含量最丰富的二元羧酸在城市地区可占 SWOC 的 4%~14%,在乡村地区则小于 2%。这些二元羧酸既可以通过化石燃料和生物质燃烧直接排入大气,也可以是大气中有机物氧化生成的二次污染物。

大气中的有机物按其饱和蒸气压的大小可分为挥发性有机化合物(VOCs,分压 $>10^{-5}$ kPa)、半挥发性有机化合物(SVOCs,分压为 10^{-9}~10^{-5} kPa)和非挥发性有机化合物(NVOCs,分压 $<10^{-9}$ kPa)。挥发性有机化合物主要以气态形式存在,半挥发性有机化合物在大气中可以气态和颗粒态形式存在,而非挥发性有机化合物则主要以颗粒态存在。

有机物的气固分配是由其蒸气压、浓度、温度、湿度及颗粒物的组成和化学特性决定的。半挥发性有机化合物来自燃烧源的一次性排放和大气光化学反应的二次转化。一般认为,半挥发性化有机化合物存在于气态,直到其浓度达到某个临界值时,被吸附到合适的颗粒物表面,或通过均向成核进入颗粒态,这时半挥发性有机化合物的气态与颗粒物之间达到热力学平衡。

颗粒有机物来自污染源直接排放进入大气的一次源和通过气态有机物化学反应产生的二次源颗粒物。颗粒有机物一次源和二次源的相对贡献是取决于局地源排放类型、气象条件和大气化学转化的。一次含碳颗粒物是由燃烧源、化学源、地质源和天然源排放产生的。植物的分解和分散是一次颗粒有机物的重要天然源,而生物质和化石燃料燃烧是一次含碳颗粒物两个最重要的人为源。一般情况下,挥发性有机化合物氧化碳蒸气压比还原态还要低得多,可与大气中的氢氧自由基、三氧化氮、臭氧等发生均相/非均相氧化反应,生成二次颗粒有机物。

（三）气溶胶颗粒的微量元素组分

大气气溶胶包含不少地壳物质和微量元素。现已发现存在于气溶胶颗粒中的元素有 70 余种，其中氯、溴、碘主要以气体形式存在于大气中，它们在气溶胶颗粒中分别占总量的 3.5% 和 17%。氯离子主要分布在粗粒子模范围。地壳元素如硅、铁、铝、钪、钠、钙、镁和钛一般以氧化物的形式存在于粗粒子模中，锌、镉、镍、铜、铅和硫等元素则大部分存在于细粒子模中。

气溶胶中微量元素来自天然源和人为源，但主要来自人为源，它们都属于一次气溶胶颗粒。不同类型的污染元素排放的主要元素也不同。全球排放清单表明，大多数人为源产生的 Be, Co, Mo, Sb, Se 主要来自燃煤的排放，而 As, Cd, Cu 主要来自冶炼厂排放，Mn 和 Cr 主要来自制铁、炼钢和铁合金工业的排放；另外，土壤中主要有硅、铝、铁，汽车排放的尾气中含有 Pb, Cl, Br 等；燃烧油料会排放 Ni, V, Pb, Na；垃圾焚烧炉则排放 Zn, Sb, Cd 等。

四、灰霾

雾霾，是雾和霾的组合词。雾霾常见于城市。中国不少地区将雾并入霾一起作为灾害性天气现象进行预警预报，统称为"雾霾天气"。雾霾是特定气候条件与人类活动相互作用的结果。

灰霾也称为霾，是指大气中的灰尘、硫酸、硝酸、碳氢化合物等气溶胶颗粒形成的大气浑浊现象，使水平能见度小于 10 km，按照我国现行国家标准，能见度低于 10 km，相对湿度小于 95% 时，排除降水、沙尘暴、扬沙、浮尘、烟雾、吹雪、暴雪等天气现象造成的视程障碍，就可判断为灰霾。同时规定形成灰霾的 4 种主要大气成分的指标（直径小于 2.5 μm 的气溶胶质量浓度、直径小于 1 μm 的气溶胶质量浓度、气溶胶散射系数、气溶胶吸收系数），只要任何一个成分指标超过限值，即便能见度大于 10 km，也认为是灰霾。

1961—2018 年，中国中东部地区（东经 100° 以东）平均年雾霾日数总体呈增加趋势。近年来，年雾霾日数最多的是 1980 年，有 35.8 天。20 世纪 80 年代以前，中国中东部地区平均雾日数基本都在霾日数的 3 倍以上；20 世纪 80 年代以来，雾日数呈减少趋势，而霾日数呈增加趋势，雾霾日数比逐渐减小，特别是 2011 年和 2013 年的霾日数均超过雾日数。

灰霾的形成主要有三方面因素：

1. 水平方向静风现象增多

随着城市建设的迅速发展，大楼越建越高，增大了地面摩擦系数，使风流经城区时明显减弱。静风现象增多，不利于大气污染物向城区外围扩展稀释，并容易在城区内积累高浓度污染。

2. 垂直方向逆温现象

逆温层好比一个锅盖覆盖在城市上空，使城市上空出现了高空比低空气温更高的逆温现象。污染物在正常气候条件下，从气温高的低空向气温低的高空扩散，逐渐循环排放到大气中。但是逆温现象下，低空的气温反而更低，导致污染物的停留，不能及时排放出去。

3. 悬浮颗粒物增加

近些年来随着工业的发展，机动车数量的猛增，污染物排放和城市悬浮颗粒物大量增加,直接导致了能见度降低,使得整个城市看起来灰蒙蒙一片。

灰霾的组成非常复杂,包括数百种大气颗粒物,其中对人体健康有害的主要是直径小于 $10~\mu m$ 的气溶胶颗粒,如矿物颗粒、海盐、硫酸盐、硝酸盐、有机气溶胶颗粒等,它能直接进入并黏附在人体呼吸道和肺叶中。由于灰霾中的气溶胶颗粒大部分均可由人体呼吸道吸入,尤其是亚微米级颗粒,会分别沉积于呼吸道和肺泡中,引起鼻炎、致气管炎等病症,还会诱发肺癌。此外,灰霾导致近地面紫外线的减弱,致使空气中传染性致病菌的活性增强,传染病增多。灰霾还可影响区域气候,使区域极端天气频繁,气象灾害增加。灰霾可促使城市光化学烟雾污染的形成。此外,灰可影响交通安全,出现灰霾天气时,大气能见度低,污染持久,导致交通阻塞,易发生交通事故。

第六节 大气中污染物对臭氧的影响

平流层集中了大气中约 90% 的臭氧。臭氧是平流层大气最关键的组分。臭氧浓度的峰值出现在 $20\sim25~km$ 处,此处臭氧分子浓度相对较高,因而被称为臭氧层。臭氧在大气中垂直高度的总含量相当于标准状况下 $0.3~cm$ 左右厚度的空气层,其最大浓度出现的高度随地理位置和季节而不同,赤道附近最大浓度出现在 $25~km$ 左右,中纬度地区出现在 $20~km$ 左右,极地在 $16~km$ 左右。夏季臭氧浓度高于冬季,臭氧对平流层的温度、结构和大气运动起决定性的作用。与对流层中地表臭氧的作用不同,平流层中臭氧能够强烈的吸收紫外线,特别是能有效阻挡 $200\sim300~nm$ 波长的短波紫外辐射。

一、平流层化学研究概况

关于臭氧气体的发现,最早可追溯到 19 世纪 30 年代。1839 年 3 月 13 日,巴塞尔大学的 Christian Friedrich Schnbein 教授在一次学术报告中首次提到,他在实验室发现了一种有臭味的气体。1881 年,爱尔兰物理学家 W. N. Hartley 在测量地表太阳紫外辐射时,发现太阳辐射光谱在 $0.3~m$ 波段处存在突然截断的现象,这表明太阳紫外辐射在穿越大气层时被某些气体吸收了。Hartley 将其归因于臭氧分子的吸收,也就是说大气中存在足够多的臭氧,以至于吸收了绝大部分的太阳紫外辐射。但这并没有解决臭氧层的位置问题,直到 20 世纪 30 年代,开始实施气球探空,才发现臭氧层主要位于 $15\sim30~km$ 的高空,最大臭氧浓度大约在 $25~km$ 处。

1930 年,英国科学家 Sidney Chapman 首次提出了臭氧层形成的化学反应机制,被称为 Chapman 反应:

$$O_2 + h\nu \longrightarrow 2O \cdot \quad (\lambda < 243~nm)$$
$$O \cdot + O_2 + M \longrightarrow O_3 + M$$
$$O_3 + h\nu \longrightarrow O_2 + O \cdot$$
$$O_3 + O \cdot \longrightarrow 2O_2$$

这里,$h\nu$ 表示太阳紫外辐射,M 代表氮气(N_2)和氧气(O_2)背景气体分子,λ 表示太阳光谱波长。Chapman 反应的基本原理是:一方面,氧气被波长小于 240 nm 的紫外辐射光解为氧原子,氧原子和氧气分子结合成臭氧;另一方面,臭氧分子被波长小于 366 nm 的紫外辐射光解生成氧原子和氧分子,氧原子和臭氧分子结合生成氧气。

Chapman 反应机制能够很好地解释臭氧层的存在。但是,人们后来发现,按照 Chapman 反应所计算得出的臭氧含量远高于真实大气中的臭氧含量,因为在 Chapman 反应中,臭氧的生成速率大约是臭氧的分解速率的 5 倍。后来,催化化学反应被提出,认为氢氧自由基($\cdot OH$)、氮氧化物(NO_x)、氯族化合物(CH_3Cl、CH_3Br)都可以导致臭氧分解的催化反应发生,使得臭氧分解速率加快,以至臭氧的生成速率和分解速率达到平衡,并维持现有的浓度。

臭氧对太阳紫外辐射的吸收对地表生命有着非常重要的意义,因为紫外辐射对有机生物细胞内的脱氧核糖核酸(DNA)有很大的破坏作用。

图 2.10 给出了 3 个紫外辐射波段在穿越大气层时被臭氧吸收的情况:UV-c 波段对有机体的破坏性最大,但在 40 km 以上就基本被臭氧吸收了,对地表生命没有影响;UV-a 波段大部分可以到达地表,但这部分紫外辐射对地表生命的影响较小,甚至还有杀菌作用;关键是 UV-b 波段,该波段绝大部分被臭氧层吸收,只有很少一部分能够到达地表。但 UV-b 波段紫外辐射对地表生命有较强的杀伤作用,可造成皮肤癌和皮肤灼伤等,如果臭氧浓度降低,UV-b 将对地表生命产生强的破坏作用,因此是关心的重点。

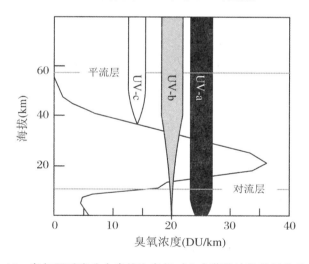

图 2.10　臭氧层垂直分布廓线和臭氧对 3 个紫外波段的吸收示意图

图中黑色曲线表示臭氧随高度的分布,两条灰色的直线分别表示大气对流层顶和平流层顶。白色、灰色和黑色色条带分别表示紫外辐射的 3 个波段(图片来自 NASA)。

二、氟氯烃类物质对臭氧层的破坏

1974 年,Molina 和 Rowland 首次提出了人造氟氯化碳(Chlorofluorocarbons,简称氟利昂(Freon))能够对臭氧层产生很强的破坏作用。氟利昂最早于 1928 年由人工合成,在之后的半个世纪被大规模生产和使用,主要作为制冷剂被用于冰箱、空调等。氟利昂在对流层中非常稳定,生命期达百年。但是,一旦氟利昂随空气上升运动到达平流层,它很容易吸收紫外辐射，并被光解，释放出氯原子，氯原子参与催化反应，加速臭氧分解。

1. $ClO_x \cdot$ 对臭氧层的破坏

（1）氟氯烃的光解

$$CFCl_3 + h\nu(175 \sim 220\ nm) \longrightarrow CFCl_2 \cdot + Cl \cdot$$

$$CF_2Cl_2 + h\nu(175 \sim 220\ nm) \longrightarrow CF_2Cl \cdot + Cl \cdot$$

2. 氟氯烃与 $O \cdot (^1D)$ 的反应

$$O \cdot (^1D) + CF_nCl_{4-n} \longrightarrow ClO \cdot + \cdot CF_nCl_{3n}$$

3. $ClO_x \cdot$ 清除 O_3 催化循环反应

$$Cl \cdot + O_3 \longrightarrow ClO \cdot + O_2$$

$$\dfrac{ClO \cdot + O \cdot \longrightarrow Cl \cdot + O_2}{O_3 + O \longrightarrow 2O_2}$$

4. $ClO_x \cdot$ 的消除

$$Cl \cdot + CH_4 \longrightarrow HCl + \cdot CH_3$$

$$Cl \cdot + HO_2 \cdot \longrightarrow HCl + O_2$$

三、含氮化合物、甲烷对臭氧层的影响

（一）含氮化合物

1. N_2O 对 O_3 的破坏

土壤中硝酸盐脱氮和铵盐硝化产生 N_2O（对流层中稳定），其在对流层相对稳定，但其进入平流层后，会发生以下反应破坏 O_3：

$$N_2O(98\%) \xrightarrow[\lambda = 315\ nm]{h\nu} \cdot N_2 + O \cdot$$

$$N_2O(2\%) + O \cdot \longrightarrow 2NO$$

$$NO + O_3 \longrightarrow NO_2 + O_2$$

一部分来自超音速和亚飞机音速的排放；另一部分来自宇宙射线的分解，此部分较少，化学反应如下：

$$N_2 \xrightarrow{h\nu} N \cdot + N \cdot$$

$$N \cdot + O_2 \, NO + O \cdot$$

$$N \cdot + O_3 \, NO + O_2$$

（1）NO_x 去除 O_3 催化循环反应

$$NO + O_3 \longrightarrow NO_2 + O_2$$

$$\dfrac{NO_2 + O \cdot \longrightarrow NO + O_2}{O_3 + O \cdot \longrightarrow 2O_2}$$

（2）甲烷对臭氧的影响

甲烷的增加会使从地面到 45 km 处的 O_3 量增加，以 O_3 总量计，最大值出现在 15～25 km 附近。

甲烷氧化对臭氧层的影响:在对流层和低平流层,通过 CH_4 和 NO_x 之间的光化学反应,CH_4 氧化产生 O_3;

甲烷与含氯化合物作用对臭氧层的影响:在平流层,CH_4 既是 Cl_x 的源,又是 Cl_x 的汇,反应式为

$$CH_4 + Cl \cdot \longrightarrow HCl + \cdot CH_3$$
$$\cdot OH + HCl \longrightarrow Cl \cdot + H_2O$$

第七节　双碳发展趋势

2020 年 9 月 22 日,中国在第七十五届联合国大会上宣布,力争 2030 年前二氧化碳排放达到峰值,努力争取 2060 年前实现碳中和目标。2021 年 5 月 26 日,碳达峰、碳中和工作领导小组第一次全体会议在北京召开。2021 年 10 月 24 日,中共中央、国务院印发的《关于完整准确全面贯彻新发展理念做好碳达峰碳中和工作的意见》发布。作为碳达峰、碳中和"1 + N"政策体系中的"1",意见为碳达峰碳中和这项重大工作进行系统谋划、总体部署。

2021 年 10 月,《关于完整准确全面贯彻新发展理念做好碳达峰碳中和工作的意见》以及《2030 年前碳达峰行动方案》,这两个重要文件的相继出台,共同构建了中国碳达峰、碳中和"1 + N"政策体系的顶层设计,而重点领域和行业的配套政策也将围绕以上意见及方案陆续出台。

2022 年 8 月,科技部、国家发展改革委、工业和信息化部等 9 部门印发《科技支撑碳达峰碳中和实施方案(2022—2030 年)》(以下简称《实施方案》),统筹提出支撑 2030 年前实现碳达峰目标的科技创新行动和保障举措,并为 2060 年前实现碳中和目标做好技术研发储备。

一、应对气候变化的国内外措施

1992 年联合国环境与发展大会通过的《联合国气候变化框架公约》(以下简称《公约》)是世界上第一个为全面控制二氧化碳等温室气体排放、应对全球气候变暖给人类经济和社会带来不利影响的国际公约。为加强《公约》实施,在 1997 年于日本京都召开的联合国气候化纲要公约第三次缔约国大会通过《京都议定书》,明确针对 6 种温室气体进行削减,包括二氧化碳(CO_2)、甲烷(CH_4)、氧化亚氮(N_2O)、氢氟碳化物(HFCs)、全氟碳化物(PFCs)及六氟化硫(SF_6)。其中后面 3 种气体造成温室效应的能力最强,但对全球升温的贡献百分比来说,二氧化碳由于含量较多,所占的比例最大,约为 25%。2012 年多哈会议通过《〈京都议定书〉多哈修正案》,将三氟化氮(NF_3)纳入管控范围,使受管控的温室气体达到 7 种。

IPCC 第五次评估报告指出,人为温室气体排放已经成为全球气温上升的主要原因。2015 年 12 月 12 日,在巴黎召开的联合国第 23 届气候变化大会近 200 个缔约方一致通过《巴黎协定》,该协定指出各方应加强对气候变化的全球应对,把全球平均气温较工业化前水平控制在 2 ℃ 以内,并努力实现气温控制在 1.5 ℃,争取 21 世纪下半叶实现温室气体净零排放,同时各方应以"国家自主贡献"的方式参与到全球应对气候变化行动中。2015 年 6 月,

中国向联合国气候变化公约秘书处提交了应对气候变化国家自主贡献文件,确定了中国到2030年的自主行动目标:二氧化碳排放2030年左右达到峰值并尽早达峰、单位GDP二氧化碳排放比2005年下降60%～65%、非化石能源占一次能源消费比重达到20%左右,森林蓄积量比2005年增加4.5×10^{10} m³左右。2020年9月22日,中国在第七十五届联合国大会一般性辩论上又一次强调,中国将提高国家自主贡献力度,采取更加有力的政策和措施,努力争取2060年前实现碳中和。

中国高度重视应对气候变化问题,通过印发《中国应对气候变化国家方案》《"十二五"控制温室气体排放工作方案》《国家适应气候变化战略》《国家应对气候变化规划(2014—2020年)》《"十三五"控制温室气体排放工作方案》等一系列政策文件,加快推进中国产业结构和能源结构调整,开展节能减排和生态文明建设,积极应对气候变化,提出健全温室气体统计核算体系。近年来采取的各项应对措施对控制温室气体排放起到了良好效果,自2016年至今,国家应对气候变化主管部门每年都开展年度温室气体排放报告及核查工作。根据《中国应对气候变化的政策与行动2020年度报告》,2019年中国单位国内生产总值(GDP)二氧化碳排放同比降低3.9%,相比2015年降低了17.9%,非化石能源占能源消费总量比重达到15.3%,扭转了二氧化碳排放快速增长的局面。

(一)国外温室气体核查标准

1997年生效的《京都议定书》提出发达国家减少温室气体排放的任务,2015年通过的《巴黎协定》要求各方应以"国家自主贡献"的方式参与到全球应对气候变化的行动中来,争取21世纪下半叶实现温室气体净零排放。在此基础上,相关国家陆续出台控制温室气体排放的政策,其中对温室气体的监测、报告与核查(MRV)成为核心内容。

欧美发达国家是最早践行碳交易市场的地区,其MRV管理机制在碳交易市场的建设中逐步完善,其中最具借鉴意义的就是欧盟碳交易体系下的技术支撑体系,包含系列监测、报告与核查(MRV)的规范性文件,对于某些技术性含量较高并难以理解的内容还开发了技术指南以指导企业进行温室气体数据监测与报告工作。欧盟的经验证明,开发统一的监测和报告模板可以为企业提供指导,并有助于帮助报告信息及结构的统一性,相关核查等执行要求也可以在监测和报告模板中体现。同时,监管机构提供的外部技术手段也对温室气体排放数据的质量管理起到了良性促进作用。美国在线申报系统就是一种外部技术支持手段,成功管理了美国庞大的温室气体排放数据,并起到了规避数据误报和合理减缓数据收集人员工作负担的作用。以上两项重要国际经验为中国碳交易市场MRV管理机制的搭建提供一定思路。

欧盟碳交易体系EU ETS涵盖31个欧洲国家的约11 000个固定设施和3 000多家航空公司。第一阶段为2005—2007年,欧盟委员会推出MRV执行指南作为初期MRV管理机制的管理依据,积累大量管理经验,同时也深入分析机制存在不足。第二阶段为2008—2012年,进一步探索和整改,欧盟于2013年分别推出监测与报告法规、认证与核查法规,完成从指南到法规的升级,确立了MRV的法规管理体系。同时在法规基础上开发了一套指南性文件,明确了对上报数据质量的管理要求和执行方法,并开发了系列报告工作的支持模板。核查是用于确保温室气体排放数据准确性和可靠性的重要工具,核查机构有权对报告主体的设施运行现场执行独立的核查工作。核查的主要目的是找出不符合项和上报过程中出现的纰漏和失误,核查过程的主要工作任务包括:对于监测计划的合规性和可执行性进行核查;识别报告主体的温室气体监测和核算过程中存在的风险,并结合风险的影响程度及发生概率制定核查计划;依据核查计划对设施运营现场进行核查,通过观察、提问、查阅和验证的方法执行现场核查并搜集证据;总结核查发现并撰写核查报告。

美国温室气体排放报告制度涉及 31 个工业部门和排放源类别,统一采用电子报告模式,通过在线温室气体排放报告工作来完成,具有实时报送、准确核查和高效发布的特点。

在数据核查方面,EPA 基于成本和数据发布时效性的考虑,采取电子核查与现场审核相结合的方式。监管机构可根据 E-GGRT 系统收集的数据对同类型、同规模的报告主体进行横向比对,识别出异常数据,并向报告主体提出现场审核的要求。同时,联网直报系统也是公众参与平台,公众可获取并查阅相关的温室气体排放数据,为强制报告机制建立一道外部监管屏障。

此外,国际标准化组织的环境管理体系标准也提出对温室气体排放和清除的相关规范指南,包括 ISO 14064—1∶2018《温室气体第一部分组织层次上对温室气体排放和清除的量化和报告的规范及指南》《温室气体第二部分项目层次上对温室气体减排和清除增加的量化、监测和报告的规范及指南》《温室气体第三部分温室气体声明审定与核查的规范及指南》。第一部分详细规定了在组织(或公司)层次上温室气体清单的设计、制定、管理和报告的原则和要求,包括确定温室气体排放边界、量化排放和清除以及识别公司改善温室气体管理的具体措施要求,还对清单的质量管理、报告、内部审核、组织职责等提出指导。第二部分针对温室气体减排核算的项目。第三部分详细规定了对温室气体排放清单核查及温室气体减排项目核查的原则和要求,包括核查过程、核查具体内容。

国外相关核查标准体系为我国碳排放管理标准化建设提供了借鉴和参考。

(二)国内温室气体排放核查标准

自 2016 年启动碳排放权交易市场前期准备工作以来,国家应对气候变化主管部门每年以文件通知形式提出碳排放数据报告与核查以及重点排放单位名单报送的相关工作要求(发改办气候〔2016〕57 号、发改办气候〔2017〕1989 号、环办气候函〔2019〕71 号、环办气候函〔2019〕943 号),通知附件中包括排放核查参考指南。核查参考指南提出核查工作原则、核查程序、核查要求等,对核查机构实施温室气体排放报告的核查工作给予一定指导。2021年 3 月,生态环境部印发《企业温室气体核查指南(试行)》(环办气候函〔2021〕130 号,以下简称国家核查指南),从核查原则和依据、核查程序和要点、核查复核、信息公开等方面,进一步对省级主管部门组织开展核查工作提出细化的管理要求。

此外,国家认证认可监督管理委员会发布了《组织温室气体排放核查通用规范》(RB/T 211—2016)、《化工企业温室气体排放核查技术规范》(RB/T 252—2018)、《发电企业温室气体排放核查技术规范》(RB/T 254—2018)等认证认可行业标准(以下简称认证认可行业标准),分别对化学基础原料、化肥、农药、涂料、染料等化工企业温室气体排放和纯发电、热电联产企业温室气体排放的核查步骤、准备、策划、报告以及核查工作的质量保证做出了规定,该标准既适用于第三方核查机构对化工企业、发电企业的温室气体排放进行外部核查,也适用于相关企业进行内部核查。

二、我国绿色能源发展概况

能源是国民经济和社会发展的重要基础。中华人民共和国成立以来,我国逐步建成较为完备的能源工业体系。改革开放后,为适应经济社会快速发展需要,我国推进能源全面、协调、可持续发展,成为世界上最大的能源生产消费国和能源利用效率提升最快的国家。党的十八大以来,我国能源发展进入新时代。

经过多年发展,我国能源供应保障能力不断增强,基本形成了煤、油、气、电、核、新能源和可再生能源多轮驱动的能源生产体系。

(一)我国光伏发电水平

我国是全球光伏发电第一大装机国,也是光伏装备生产第一大国。目前,全球光伏从硅料到组件的生产,有 70%～80% 的规模在中国,全球能源转型对中国光伏组件的需求量较大。

当前,中国光伏成本已降至平价水平,可帮助全世界绝大部分地区的光伏发电实现平价,其发电成本已经低于当地化石能源发电成本,这是中国光伏为全世界能源转型带来的重要动力。

我国有相当一部分光伏电站建在荒漠地区,这些地区的生态环境已经因光伏的引入发生了明显改善。主要是在光伏电站建设过程中对场地进行了平整,光伏板对阳光的遮挡致使板下的土地水分蒸发量显著减少,更有利于植被的生长。此外,一些地区在建设光伏电站同时配套建设了道路和灌溉设施,能够实现农业与光伏协同发展。比如在沟壑纵横的黄土高原上,土地被推平,光伏电站下种植着苜蓿和枸杞,一段时间后当地土壤质量已经有所提升,更适宜植被生长。光伏电站不仅带来了经济效益,还实现了植被恢复、生态修复、农业发展,为当地群众增加收入。我国已帮助部分国家实现了光伏设施的搭建,如乌兹别克斯坦和哈萨克斯坦,那里咸海面积有 $6.0 \times 10^4 \ km^2$,且大部分已经干涸,尤其是乌兹别克斯坦的土地盐渍化和沙化非常严重。清华大学和中国科学院的科研团队与当地一起展开研究,开展了生态修复,这不仅能够改善咸海及周边地区的生态状况,也给当地民众带来更多就业机会,对这些国家可再生能源的大规模发展,替代化石能源带来帮助。

(二)我国风能发电水平

我国风力资源丰富,有较好的发展风力发电的资源优势。目前我国已经成为全球风力发电规模最大、增长最快的市场。随着我国经济建设不断深入发展,对风力等能源需求不断增加。此外国家政策的扶持,也让风电行业快速发展。

2020 年为全面贯彻习近平总书记"四个革命、一个合作"能源安全新战略,建设清洁低碳、安全高效的能源体系,实现风电、光伏发电高质量发展,我国加快推进甘肃通渭风电基地、四川凉山风电基地的建设,2020 年风力发电新增装机容量大幅增长。随着我国风电市场已实现规模化应用,风力发电建设基地的完善,我国风力发电新增装机容量趋于稳定。

目前风电主要以华北地区、西北地区、华东地区为主:华北地区风电装机占比26.9%;西北地区紧随其后,占比22.8%;华东地区风电装机 $6.44 \times 10^7 \ kW$,占比19.6%;华中地区、东北地区、西南地区、华南地区风电装机较少,分别占比 10.3%,7.9%,6.6% 和 6.0%。

（三）我国水力发电行业发展现状

随着中国经济增长、供给侧改革及经济结构调整的推进,节能减排、绿色增长已成为经济发展的共识。水力发电行业受到各级政府的高度重视和国家产业政策的重点支持。国家陆续出台了多项政策支持水力发电行业发展,《解决弃水弃风弃光问题实施方案》《关于建立健全可再生能源电力消纳保障机制的通知》《水利部 2021 年政务公开工作实施方案》等产业政策为水力发电行业发展提供了广阔的市场前景,为企业提供了良好的生产经营环境。

数据显示,近年来,我国水力发电装机容量逐年增长,由 2016 年的 3.33×10^9 kW 增至 2020 年的 3.70×10^9 kW,年均复合增长率 2.7%。最新数据显示,2021 年我国水力发电装机容量累计约达 3.91×10^9 kW（其中抽水蓄能 0.36×10^9 kW）,同比增长 5.6%。

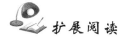 扩展阅读

S 省 W 市空气污染督查案例

该案例源于×××检测公司参与的大气污染支链专项督查项目。

2023 年,S 省的大气污染治理专项督查组进驻了 W 市,进驻期间,专项督查组深入一线,经过 7 日的蹲点检测,发现 W 市的 SO_2,NO_2,PM_{10},$PM_{2.5}$ 等的 24 h 平均浓度均高于二级浓度极限值。督查组对以上污染物的来源及迁移转化机制进行调查分析,判断如下:

1. 来源

经督察组仔细调研发现,W 市在距离市中心 3 km 偏南的方向有 20 家空心砖生产厂。砖厂过于密集,黏土烧制过程中,使用了大量的煤,而煤的燃烧产生了大量的烟尘、SO_2 和 NO_2 等污染物。说明该市产业布局不合理,污染源较多。另外,砖厂的原材料及产品的运输过程中使用了大量的运输车辆,而燃油的燃烧又贡献了氮氧化物的浓度。

2. 迁移转化

经查,在 20 家空心砖生产商中,有 18 家在违法生产实心砖,实心砖生产厂的污染程度是空心砖厂的 4 倍。市区位于砖厂北侧,而该地区夜间主要以南风为主,砖厂污染物随风飘至北侧居民区。

第三章　水环境化学

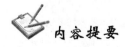
内容提要

1. 水中污染物的分布及存在形态。

2. 无机污染物的吸附与解吸、溶解与沉淀、配合作用；应用天然水的有关酸碱度的计算；无机污染物的氧化与还原。

3. 有机污染物的分配作用、挥发作用、水解作用、光解作用、生物降解作用。

水环境化学包括水质分析化学、水污染化学和水污染控制化学。水质分析化学主要研究水体中化学物质的种类、成分、形态、含量的鉴别和测定；水污染化学主要研究化学物质存在形态、迁移和转化、归宿等化学行为与规律及其生态环境效应；水污染控制化学主要研究水体污染物的去除和控制过程中采用的化学方法及其原理。

第一节　天然水的分布及循环

一、地球水资源分布情况

地球上的水主要以固、液、气三种形式存在。地球表面约有 70% 被液态水覆盖，所以地球常被称为水的行星。地球上的水的总量为 13.8×10^9 km³，分布在海洋、湖泊、沼泽、河流、冰川、雪地以及大气、生物体、土壤和岩石层等，其中主要为海水。地球上的淡水总量为 0.35×10^8 km³，占总水量的 2.53%。

目前，海水、深层地下淡水、冰雪固态淡水、盐湖水等很少被开发利用，比较容易开发利用的、与人类生活和生产关系密切的淡水循环量为 4.0×10^6 km³，仅占淡水的 11%。河川径流量和由降水补给的浅层动态地下水基本上反映了动态淡水资源供给的数量和特征。世界各国常用合川径流量近似的表示动态水资源质量，全世界平均径流量约为 40 000 km³，各大洲和各个国家的水资源供应量及消耗量分布很不均匀。

二、我国水资源分布情况

（一）我国水资源总量

我国动态的水资源总量为 $2.8 \times 10^{12}\ m^3$，人均 $2\,200\ m^3$，为世界人均占有量的 1/4。

（二）我国水资源分布特点

我国淡水资源不丰富，许多地方缺水严重。我国水资源的时空分布非常不均匀：一是东南多、西北少，耕地面积占全国 36% 的长江流域和长江以南地区水资源占全国的 81%，而面积广阔的西北和华北地区水资源极度匮乏；二是年降水主要集中在 6～9 月，这导致宝贵的水资源得不到有效利用且造成了灾难性的洪水。我国人口剧增和工业农业的迅速发展使得水污染严重、水质下降，导致我国普遍产生了水源不足的威胁。全国 600 多个城市中有 400 多个存在供水不足的问题，严重缺水的城市有 110 个，水资源缺乏和水污染已经成为制约我国社会经济发展的重要因素。因此，控制水体污染，保护水资源，发展洁净水，刻不容缓。

三、水循环简介

（一）水循环定义

地球表面覆盖的水，由于受地球引力作用会沿着地壳倾斜方向流动，而且水在太阳能和地球表面热能的作用下会蒸发和升华成为水蒸气，水蒸气将随着气流运动和转移并在地球上空遇冷凝结成云，最后以雨、雪等降水形式到达地面，这个周而复始的过程称为水循环。

（二）水循环的分类及特点

水循环包括海陆间循环、陆地内循环、海上内循环三种类型，通常把海陆间循环称为大循环，把陆地内循环和海上内循环称为小循环。环境中的水的循环是大小循环交织在一起的，在地球范围内和地球上各个地区都不停地进行着。水的相态变化特性等理化性质是形成水循环的内在因素，太阳辐射和地球引力是水循环的原动力。一个地区的水循环还会受到自然地理因素和人类活动的影响，其中自然地理因素中气象条件起主导作用，降水、蒸发、水蒸气输送都取决于气象过程，人类对水循环的影响主要表现为调节径流、增加下渗、增加蒸发、人工降水等。这些内、外因素相互作用决定了天然水的循环方向和强度，造成了自然界错综复杂的水文现象。蒸发、降水径流是水循环的基本要素，水循环对大气起到一定的清洁作用，使陆地上的淡水不断得到补充。河川径流是人类用水的基本来源，是地球上水循环较活跃的部分，世界河床蓄水量 10～20 天就可更换一次，因此有很强的自净能力。但是被人类利用并受到污染的天然水在循环过程中会将污染扩散到其他区域，并可能造成更大区域的污染。

第二节　天然水体的组成

天然水是含有各种分散物质的溶液,其在循环过程中不断溶解周围的物质,同时夹带地壳中的一些风化物。

根据分散物质在水中存在的状态(一般为颗粒大小),可将这些物质分为悬浮物质、胶体物质、溶解物质。悬浮物质和胶体物质是污染物在多介质环境中迁移转化的主要载体。

一、悬浮物质

悬浮物质是水中污染物在水相与固相及生物体间移转化的重要载体,具有重要的生物生态影响。胶体聚集而成的悬浮物质与水中的藻类、细菌等水生生物是悬浮物质中主要的环境化学和生物化学活性成分,可以直接影响许多物质在水中的浓度。重金属可以被水生生物吸收富集,并可能通过生物转化形成毒性更大的金属有机物,如无机汞可以被转换为甲基汞。有机物不仅可以被水生生物吸收富集而且会被生物体降解。通常微生物代谢过程降解水中的有机物,使有机物转换为水和二氧化碳,是天然水体自净的主要途径,也是当前污水和废水处理中最重要的方法。当生物死亡时,其体内的污染物及其生物转化产物重新释放到水体中。

二、胶体物质

胶体物质对水环境中重金属及农药微量污染物的相间迁移转化有重要的影响,污染物的许多重要的界面化学行为,如吸附等都发生在胶体表面上。天然水体中的胶体一般可以分为三大类:① 无机胶体,包含各种次生黏土矿物和各种水和氧化物;② 有机胶体,包括天然和人工合成的高分子有机物、蛋白质、腐殖质等;③ 有机-无机胶体复合体。

无机胶体中最重要、最复杂的成分是黏土矿物,黏土矿物是在原生矿物中经风化形成的,其主要成分是铝硅酸盐,具有片状的晶体结构。

水体中的有机胶体主要是腐殖质,通常为褐色或黑色,它们的相对分子质量范围为几百至几万。腐殖质是一种阴性无定形高分子电解质,含大量的苯环,分子中还含有羟基、羧基、羰基等活性基团,其构型与官能团的解离程度有关。在碱性溶液或离子强度较低的溶液中,腐殖质的羟基和羧基大多解离,其分子沿着负电性方向相互排斥,构型伸展,亲水性极强,趋于溶解。在酸性溶液或金属阳离子浓度较高的溶液中,各官能团难以解离且电荷减少,其分子构型蜷缩成团,亲水性弱,趋于沉淀或凝聚。通常根据腐殖质在酸、碱中的溶解情况,可将腐殖质分为胡敏素、富啡酸、胡敏酸等。腐殖质中含有的各类官能团,使得它们具有弱酸性、离子交换性、配位化合物及氧化还原等化学活性。它们不仅能与水体中的金属离子形成稳定的水溶性或不溶性化合物,还能与有机物相互作用,并能与水中的水合氧化物、黏土矿物等无机胶体物质结合成为无机-有机胶体复合体。

天然水体中同时存在着各种胶体物质,由于静电吸引或吸附作用,它们可相互结合成颗粒更大的聚集体,形成悬浮物质。

天然水体中,同时存在着各种胶体物质,由于静电吸引或吸附等作用,它们可相互结合成为粒径更大的聚集体,形成悬浮物质。悬浮物质的结构、组成随水质、水体组成发生变化。通常,该类悬浮物质是以黏土矿物为核心,有机物和水合金属氧化物结合在黏土矿物表面上,并成为各类颗粒间的桥梁物质。

三、溶解物质

水中的溶解物质主要是在岩石风化过程中经水溶解迁移的地壳矿物质,大致分为无机离子、溶解气体、营养物质、微量元素和有机物质。溶解物质在天然水中的含量除了与物质性质有关外,还与气候条件、水文特征、岩石与土壤的组成等因素有关。天然水中含有的物质极其复杂,几乎包括了元素周期表中的所有化学元素。

(一)无机离子

水中以简单的无机离子形式存在的元素很多,基本上是以水合离子或配位离子的形式存在。天然水中的主要阳离子有 Ca^{2+},Mg^{2+},Na^+,K^+ 等,主要的阴离子有 Cl^-,SO_4^{2-},HCO_3^-,CO_3^{2-} 等,这 8 种离子可占水中溶解固体总量的 95%~99%,是构成天然水矿化度(水中所含溶解盐的总量)的主要物质,其中 Ca^{2+} 和 Mg^{2+} 的总量又常被用来表示水的硬度。海水中离子含量以 Na^+,Cl^- 占优势,而河水中以 Ca^{2+},HCO_3^- 占优势。河水中主要离子的含量顺序一般为 $HCO_3^->SO_4^{2-}>Cl^-$,$Ca^{2+}>Na^+>Mg^{2+}$;而海水中相应的顺序为 $Cl^->SO_4^{2-}>HCO_3^-$,$Na^+>Mg^{2+}>Ca^{2+}$。地下水收到局部环境地质条件的限制,其优势离子变化较大。

(二)微量元素和营养物质

微量元素是指含量在 $\mu g/L$ 级的元素。天然水中微量元素的种类很多,如 As,Cd,Hg,Ni,Pb,Sb,Sn,Zn,Mn,Cu 等,微量元素多属于重金属元素。营养物质是指与生物生长有关的元素,如 N,P,Si 等非金属元素及某些微量元素,如 Mn,Fe,Cu 等。它们的含量一般在微克每升到毫克每升。N,P 是水生生物生长的必需的营养元素,但如果水中 N,P 含量过高,会发生富营养化现象。

(三)有机物质

天然水体中有机物质的种类繁多,它们主要是植物和动物在不同阶段分解产物的混合物,通常将水体中溶解有机物质分为非腐殖质(糖类、蛋白质、脂肪、维生素)和小分子腐殖质(有机酸)。

(四)溶解气体

一般情况下天然水中存在的气体有氧气、二氧化碳、硫化氢、氮气和甲烷。它们来自大气中气体的溶解、水生动植物的活动、化学反应等。海水中的气体还来自海底火山喷发,氧气和二氧化碳是水中的重要溶解气体,它们不仅能够影响水生生物的生存与繁殖,也影响水中物质的溶解、化合等化学和生化行为。水中氧气主要来自空气,水体与空气接触并能溶解氧气的能力(富氧能力)是水体的一个重要特征。氧气在干燥空气中的体积分数为20.95%,在水中的溶解热为 -14.791 kJ/mol。水生植物如藻类光合作用产生的氧气也是水体氧的一个重要来源,水中氧气的输出部分包括有机物的氧化、有机体的呼吸、生物残骸的发酵腐烂作用等。水中二氧化碳来源于有机体氧化分解、水生动植物的新陈代谢作用及空气中二氧化碳的溶解,其消耗的主要为碳酸盐的溶解和水生植物的光合作用。天然水中除了氧气和二氧化碳外,在通气的条件下,有时还有硫化氢的存在。

第三节 水体污染

一、水体污染与自净介绍

水体污染是指污染物进入河流湖泊海洋和地下水等水体后,其含量超过了水体的自净能力,使水体的物理、化学性质、生物群落组成发生变化并降低了水体的功能和使用价值的现象。水体自净是指由于物理、化学、生物等方面的作用,使水体中的污染物浓度降低的现象。通常情况下,如果没有新的污染物进入污染水体,经过一段时间的水体自净会恢复到污染前的状态。影响水体自净过程的因素很多,包括水体的水文条件、水中微生物的种类和数量、水温、污染物的性质和浓度等。水体自净机理不仅包括沉淀、稀释、混合等物理过程,也包括氧化还原、分解化合、吸附聚集等物理化学及生物过程。因此,水体自净作用通常分为三类:物理自净、化学自净和生物自净。

水体自净可在同一介质中进行,也可在不同介质间进行。如河水自净过程主要有以下主要途径:当污染物进入河流后,首先会通过水体的混合、稀释、扩散等作用降低浓度,部分污染物将与水体中的某些成分发生反应,生成不溶固体物质或吸附到水体悬浮固体颗粒上,从而沉降到底泥中,使浓度降低;水种微生物、植物等各类水生生物会摄入污染物,使污染物转化降。

生物作用在河水自净中起着重要作用,有机污染物的最终净化主要靠生物特别是微生物作用。微生物通常把有机污染物质作为营养源或碳源,通过生物化学转化过程转换为自身组分和分解为二氧化碳水等无机物。水体的自净作用是有限的,人类直接或间接排放的污染物进入水体导致其污染浓度增加的速率超过其自净作用对污染物浓度降低速率时,经过一段时间后就会造成水体污染。进入水体的污染物,理论上最终都能被净化,但由于水体组分、环境条件、污染物条件、污染程度等差异,污染净化的难度和净化速率通常不同。

二、水体的污染物

水体污染物的种类繁多主要可划分为化学污染物、生物污染物和物理污染物,化学污染物主要包括无机污染物和有机污染物。此外植物营养物质、放射性物质、石油类物质等化学物质也会造成水体污染。下面就几类水体化学污染物分别加以说明。

（一）无机污染物

水体中的无机有害物质主要包括重金属和氰化物、氟化物等无机盐类。

1．重金属

包括汞、镉、铬、铅、铜、锌、锰、钒、镍、钼等，这些金属元素的密度较大。重金属污染的特点是其化学性质稳定，能在生物体中累积，过量的重金属积累会损害人体的骨骼和器官，导致多种功能性疾病和器质性疾病。

2．氰化物

这是一种极毒物质，其化学性质在地面水中不稳定，极易分解，但在渗入地下时则难以分解，危害较大。

3．氟化物

当饮用水中氟化物浓度超过 2 mg/L 时，会引发齿斑，并危害骨骼。除此之外，砷也属于无机有害物质，其危害性质与重金属相同，所以也列入此类。

（二）有机污染物

水体里的有机污染物大致可以分为耗氧有机物和有毒有机物。有机污染物在水体中主要以颗粒、胶体和溶解态三种形式存在。从理论上讲，有机污染物均可被微生物完全降解，只是降解的速率有较大差异。根据微生物对有机污染物的降解速率、难易程度可将有机污染物分为易生物降解有机物和难生物降解有机物。

1．耗氧有机物

耗氧有机物主要来自生活污水、食品加工、造纸等工业废水中含有的糖类、蛋白质、木质素、油脂等，它们通常容易在微生物的生物化学作用下分解为 CO_2 和 H_2O 等无机物质，该过程需要消耗氧气，故被称为耗氧有机物。它们对环境危害主要为消耗水中的溶解氧，导致鱼类和其他水生生物由于缺氧而生长缓慢甚至死亡。此外，水中溶解氧低至一定程度后，有机物会被微生物在厌氧条件下继续分解，产生硫化氢和硫醇等刺激性气体，造成水质进一步恶化。

水体中耗氧有机物成分非常复杂，因此常用化学需氧量 COD、生化需氧量 BOD、总需氧量 TOD、溶解氧 DO、总有机碳 TOC 等有机综合指标作为有机污染程度的指标。水体中微生物分解有机物的过程中消耗水中的溶解氧量称为生化需氧量，BOD，其单位为 $mg(O_2)/L$。

在生化需氧量所表示的有机物中，不包括不可分解的有机物（或难生物降解有机物），也不包括变成残渣的那部分有机物。因此，它并不是水中有机物的全部，而只是其中的一部分。尽管如此，BOD 仍是环境工程领域里非常广泛的有机物测定方法之一。

有机物的微生物氧化分解分为两个阶段进行：

第一阶段主要是有机物被转化为 CO_2，H_2O，NH_3（碳氧化阶段）；第二阶段主要是 NH_3 被转化为 NO_2^-，NO_3^-（氮氧化阶段）。

第二阶段的环境影响小，所以 BOD 一般是指第一阶段有机物经微生物氧化分解所需的氧量。微生物分解有机物的速率和程度与温度、时间有关，如在 20 ℃时，生活污水中的有机物需要 20 天左右才能基本完成第一阶段的生化氧化，经过 5 天也可完成第一阶段转化的

70%左右,为缩短测定时间同时使 BOD 有可比性,因此常采用在 20 ℃下,培养 5 天作为测定生化需氧量的标准,称为 5 日生化需氧量,以 BOD_5 表示。BOD 测定时间长,且毒性大的废水会抑制微生物活动,因而难以快速准确测定。若要尽快测定水中有机物的污染程度,可测定化学需氧量,它是指水体中能被氧化的物质在特定的条件下进行化学氧化过程中所消耗的氧化剂的量,以单位体积水样消耗氧的质量表示,其单位为 $mg(O_2)/L$。水体的 COD 越高,表示有机物污染程度越严重。水中各种有机物进行化学氧化反应的难易程度不同,因此 COD 只表示在特定条件下,水中可被氧化物质的需氧量的总和。当前,较为常见的测定 COD 的方法有高锰酸钾法和重铬酸钾法,分别表示为 COD_{Mn},COD_{Cr},前者适用于测定较为清洁的水样,后者用于污染较重的水样或者工业废水。

同一水样用上述两种方法测定的结果是不同的,因此,在报告 COD 时,必须注明方法。与 BOD 相比,COD 的测定不受水质条件限制,测定时间短,但 COD 不能很好地表示出微生物所能氧化的有机物的量。化学氧化剂不仅能氧化耗氧有机物,还能氧化某些无机还原性物质,因此作为耗氧有机污染物的评价指标来讲,COD 不如 BOD 合适。但在条件不具备或受水质限制不能进行 BOD 测定时,可用 COD 代替。此外,对相同水样,一般有如下规律:$COD_{Cr} > BOD_5 > COD_{Mn}$。

另一个重要参数是溶解氧(DO),是指在一定温度和压力下水中溶解氧的含量。DO 受到两种作用的影响:一是耗氧作用,包括耗氧有机物降解时耗氧、生物呼吸耗氧等,使 DO 下降;二是复氧作用,主要有空气中氧的溶解、水生植物的光合作用等,使 DO 增加。此外,DO 随水温升高而降低,还随水深增加而减小。常温下,水体中 DO 为 8~14 mg/L。如果水体有机污染较严重,会大量消耗水中 DO;有机污染严重时,水体 DO 可以降至零,导致水生动植物生长受到抑制甚至死亡。例如,当 DO<4 mg/L 时,鱼类将死亡。因此,测定水体的 DO,可间接评价水体耗氧有机物污染程度及自净状况。总有机碳(total organic carbon,TOC)是水中全部有机物的含碳量;总需氧量(total oxygen demand,TOD)是水中全部可被氧化的物质(主要为有机物)变成稳定氧化物时所需的氧量。TOC 和 TOD 常用化学燃烧法测定,测定结果分别以碳和氧的含量表示有机物的含量。相对于 BOD 的测定方法,TOC 和 TOD 可以实现快速、连续、自动测定。但是,TOC 和 TOD 反映的不仅是水中有机物的完全氧化,它们的测定值也包括一些无机碳或能被氧化的无机物质。而且,TOC 和 TOD 测定时的氧化条件与自然界的氧化条件相差甚远,所以不能把它们的测定值作为评价水体耗氧有机物污染的专有指标。

对以耗氧有机物为主要成分的水样,如地表水、水样的 BOD 与 TOC 及 TOD 间存在一定的线性关系。

2. 有毒有机物

水体中有毒有机物虽含量不高,但种类较多,其不仅来自有机化工行业,也有来自天然有机物质的不完全燃烧或不完全生物降解。大部分有毒有机物具有"三致"毒害作用,还有一些有毒有机物则可影响生物代谢和生殖系统。大部分有毒有机物属难生物降解有机物,它们通常能长期滞留在环境中,而且这类有毒有机物一般具有很强的亲脂肪性,在水中的溶解度很低,因此容易被生物体的脂肪性组织吸收富集,导致其在生物体内含量较高并产生毒性。常见的有毒有机物包括有机农药、苯系物、氯苯类、多氯联苯(PCBs)、多环芳烃(PAHs)、卤代脂肪烃、醚类、酚类、酞酸酯类、亚硝胺等。在目前世界各国公布的优先污染物中,大部分是有毒有机物,例如,美国《清洁水法案》中确定的 129 种优先污染物中有 114 种是有毒有机物;我国规定的 14 类 68 种优先污染物中有 12 类 58 种为有毒有机物。持久性有机污染物(POPS)是最典型的难降解有毒有机物,它们能长期存在于环境中,通过各种环境介质(如大气、水、生物等)长距离迁移,并对人类健康和环境产生严重危害。

(三)植物营养物质

植物营养物质主要指氮、磷等藻类和水生植物光合作用及生长繁殖所需的基本物质。在适宜的光照、pH 等条件下,藻类会按下列简单化学计量关系利用植物营养物质进行光合作用(生成)生成和呼吸作用(分解):

$$106CO_2 + 16NO_3^- + 122H_2O + 18H^+ + 微量元素 + 能量 \rightleftharpoons C_{106}H_{263}O_{110}N_{16}P + 138O_2$$

从上式可以看出,水中的氮和磷(特别是磷)在藻类等浮游生物生长繁殖过程中具有重要作用,是藻类等浮游生物生长繁殖的控制因素。植物营养物质的来源广、数量大,主要来自生活污水、工业废水、农业面源排放、垃圾渗滤液等,每人每天排放进污水中的大约 50 g。生活污水中的磷主要来源于洗涤废水,而施入农田的化肥有 50%～80%流入江河、湖泊、海水及地下水体中。

湖泊、河口、海湾等缓流水体中的植物营养物质过量会引起水体中藻类及其他浮游生物迅速繁殖,这些藻类及浮游生物死亡以后会被好氧微生物分解,快速消耗水中的溶解氧,在水中的溶解氧下降后,又被厌氧微生物分解,不断产生硫化氢等气体,使水质恶化,造成鱼类及其他水生物大量死亡,这个现象称为富营养化。

浮游生物特别是藻类不仅会分泌恶臭物质,死亡以后也会分泌出藻类毒素对生物体产生很大的毒害作用。藻类及其他浮游生物残体含有的氮磷等有机成分在分解过程中又会被微生物降解以无机氮、磷等形式释放到水中并被新一代的藻类等微生物利用。因此一旦水体发生富营养化,即使切断外界植物营养物质的来源也很难通过自净恢复到正常水平。富营养化严重的水体可被一些水生植物及其残体淤塞,逐渐成为沼泽甚至陆地;而局部海区富营养化严重时会出现"赤潮"现象,使其他水生生物大量死亡甚至可能变成死海。

在自然条件下,湖泊从贫营养状态过渡到富营养状态导致沉积物不断增多并逐渐变为沼泽及陆地的过程非常缓慢,一般需几千年甚至上万年的时间,而人为排放含植物营养物质的工业废水和生活污水可以在短时间内导致水体富营养化。人类活动导致的水体富营养化对于湖泊及流动缓慢的水体所造成的危害已成为水源保护的严重问题,常用氮、磷含量,生产率(O_2)及叶绿素 a 作为水体富营养化程度的指标。

(四)石油类污染物

石油是烷烃、烯烃、芳香烃的混合物,其主要来自石油开采运输、装卸、加工和使用过程中的泄漏和排放石油污染的重大事故,主要发生在海洋。

石油对水体污染危害是多方面的:一是石油会漂浮在水面上形成油膜从而阻止氧气进入水中,阻碍了水体的富氧作用;二是油类黏附在鱼鳃上,可造成鱼类窒息;三是油类黏附在藻类、浮游植物上,影响海洋浮游生物生长,甚至使它们死亡,破坏海洋生态平衡;四是油类会黏结水鸟羽毛并破坏水鸟羽毛的防水性,严重时使水鸟大量死亡,也会抑制水鸟产卵和孵化;五是石油污染还能使水产品质量降低并破坏海滨风景。

（五）放射性污染物

放射性污染物是由放射性元素原子核在衰变过程中释放出 α,β,γ 射线造成的污染。水中常见的放射性元素有 ^{40}K, ^{238}U, ^{226}R, ^{210}Po, ^{14}C, ^{90}Sr, ^{137}Cs, ^{3}H 等。放射性污染物主要来自原子能工业排放的放射性废物、核武器试验的沉降物以及医疗、科研排出的含有放射性物质的废水、废气、固体废物等。开采、提炼、使用放射性物质时，如果处理不当也会造成放射性污染。极高剂量的 α,β,γ 射线照射会造成人体中枢神经损伤甚至死亡的急性损伤，而低剂量射线长期照射能引起淋巴细胞染色体的变化等慢性损伤，同时破坏人的生殖系统及导致白血病和各种癌症的发病率增加。水体中的放射性污染物可以附着在生物体表面，也可以进入生物体富集起来，它们发出的射线会破坏生物体内的大分子的结构，甚至破坏细胞和组织结构对生物体造成损伤。

三、水体污染物的形态、毒性效应、危害

（一）水体污染物的形态

水体污染物的形态通常分为化学形态和存在形态两种类型。化学形态是指某一化合物在环境中以某种离子或分子存在的实际形式，这种形态一般具有明确的化学结构组成，比如 Hg 可以 Hg^{2+}, $Hg(OH)_2$, $HgCl_3^-$, $HgCl_4^{2-}$, CH_3Hg^+ 等形态存在，砷可以 As（Ⅴ），As（Ⅲ），$As(CH_3)_2O(OH)$, $CH_3AsO(CH_3)_2$ 等形态存在，四氯二噁英有 22 种同分异构体形态，酚类和胺类有机物有离子态和质子态等。

存在形态指某一化合物在环境中以某种特征存在的实际形式。如金属在水溶液中可能以溶解态、胶体或悬浮颗粒形态存在，这种形态一般不具有明确的化学组成，常常不是单个化学形态而是一组具有类似特征的形态组合。当前较简单的划分是分为溶解态和颗粒态，溶解态是只能够通过 $0.45\,\mu m$ 孔径滤膜的部分，而被截留的部分称为颗粒态。被悬浮物质、底泥所结合的污染物通常以颗粒态形式存在。

颗粒态污染物还可以进一步细分，如水体颗粒态金属有以下不同的存在形态：① 已被沉积物和其主要成分吸附而形成的可交换态；② 被碳酸盐所结合的形态；③ 被铁、锰水合氧化物所结合的形态；④ 形成硫化物及金属-有机化合物的矿物；⑤ 碎屑中的金属，即包容于矿物晶格中而不能释至溶液中去的部分金属，也被称为"残渣态"。

（二）水体污染物的毒性效应

水体的有毒污染物主要包括重金属有毒有机物以及以 NO_2^-, F^-, CN^- 等有毒无机阴离子。它们进入生物体并富集到一定数量后，能使体液、组织和细胞发生生化和生理功能的变化，引起暂时和持久的病理状态甚至危及生命。污染物的毒性大小不仅取决于污染物本身的性质结构，也取决于污染物在生物体的浓度及存在形态。如四氯二噁英的 22 种同分异构体中的 4 个氯在 2,3,7,8 位置上的同分异构体对实验动物的毒性比其他同分异构体的毒性高出 3 个数量级；丙体六六六有显著的生物活性，是极有效的杀虫剂，而其他异构体的毒性则相对低得多。对水中溶解态金属来说，甲基汞离子的毒性大于二价无机汞离子；游离铜离

子的毒性大于铜的配离子;六价铬的毒性大于三价铬,而五价砷的毒性小于三价砷。对沉积物中的结合态金属来说,可交换金属离子的毒性大于有有机物结合的金属。因此,在研究污染物在水环境中的迁移转化的物理化学行为和生物效应时,不但要指出污染物的总量同时也必须指明它的化学形态及不同化学形态之间的变化过程。因此,化学形态变化过程一直是水污染化学研究的一个重要领域,化学形态变化是一个极其复杂的过程。影响化学形态变化的因素很多,包括水体的物理化学性质、其他化学物种、水生生物、微生物的种类和数量以及土壤,岩石、沉积物、固体悬浮颗粒物质的表面性质等。自 20 世纪 70 年代以来,对无机化学物种,尤其是重金属物种的化学形态变化研究得较多,有机化学物种的化学形态变化由于涉及各种复杂的降解过程相对而言研究得较少。然而,需要优先控制的有机化学物种数目比无机化学数目多,因此,有机化学物种的研究日益引起人们的重视。

污染物在生态系统中的毒性还受共存污染物的影响,各种污染物会相互干扰形成污染毒性综合效应,主要的毒性综合效应机理如下:

1. 加和作用

也就是说两种或两种以上毒物共存时,其总毒性效果是各成分毒性的效果之和,一般化学结构接近和性质相似的化合物、作用于同一器官的化合物或毒性租用机理相似的化合物共同作用时,往往表现出毒性的加和作用。

2. 协同作用

也就是说两种或两种以上毒物共存时,一种毒物能促进另一种毒物毒性增加的现象,如铜、锌共存时,其毒性为它们单独存在时的 8 倍。

3. 拮抗作用

也就是两种或两种以上毒物共存时,一种毒物的毒性由于另一种毒物的存在而降低的现象,如锌可以抑制镉的毒性,又如在一定条件下硒对汞能产生拮抗作用。

(三) 水体污染物的危害

水体污染物既可以危害生态系统也可危害人体健康并导致严重的经济损失。水体污染物主要通过饮用水和食物链进入人体并危害健康,直接的健康危害表现为急性中毒、慢性中毒及传染病、癌症、畸形等病症。另外,水体污染物也会通过水的异臭、异色、呈现泡沫和油膜等感官性状间接影响人的身心健康。为全面深入的了解污染物对水质及人类健康的影响,除了考虑有毒污染物的含量外,还需考虑它们在环境种存在的形态及综合效应。

第四节　水体中污染物的物理化学迁移转化

污染物迁移转化是指他们在自然环境中随时间的改变而发生的空间位置的改变,而污染物的转化则是指介质条件的改变促使它们的结构、存在状态发生的变化,污染物进入水体后,立即发生各种运动,使得它们在水体中产生迁移转化。按照物质的运动形式,污染物在水体中的迁移转化分为机械迁移转化、物理化学迁移转化和生物化学迁移转化。机械迁移转化指的是污染物以溶解态和颗粒状态的形式在水体中扩散或被水流搬运,污染物的机械迁移转化,源于水的可流动性。物理化学迁移转化是指污染物在水体中通过一系列物理化学作用,所产生的迁移和转化过程,这种迁移转化的结果,决定了污染物在水体中的存在形式、富集状态和潜在危害程度。生物化学迁移转化指的是污染物通过生物体的吸收、新陈代谢、生长、死亡等过程所实现的迁移转化,正是由于这种迁移转化,才使污染物被生物体(如鱼类)吸收富集,再经由食物链对人体健康产生危害。污染物的机械迁移转化比较简单,而生物化学迁移转化则非常复杂。

一、挥发作用

(一)挥发作用定义

挥发是污染物入大气的一种重要迁移形式,通常用亨利定律描述。亨利定律是指,在一定温度下,物质在气-液两相达到平衡时溶解于液体或者是水相的浓度与气相的浓度(分压)成正比,线性关系的斜率定义为亨利常数,其表达式为

$$K_H = \frac{P_g}{c_w}, \quad K'_H = \frac{c_g}{c_w}$$

式中,P_g 为污染物在水平面大气中的平衡分压,单位为 Pa;

c_g,c_w 分别为污染物在气相和水相中的平衡浓度,单位为 mol/m^3;

K_H 为亨利常数,单位为 $Pa \cdot m^3/mol$;

K'_H 为亨利常数的替换形式,无量纲。

对于摩尔质量(M_w)为 30~200 g/mol、水溶解度(S_w)为 34~227 g/L 的微溶化合物,当其在水中的摩尔分数小于等于 0.02 时,亨利常数可以通过下面公式由纯物质饱和蒸气压(p_s,单位为 Pa)估算得到:

$$K_H = p_s \cdot M_w/S_w$$

亨利常数是初步判断环境中污染物挥发性大小的主要参数,一些典型有机污染物的亨利常数见表 3.1。

表 3.1　典型有机污染物的亨利常数($Pa \cdot m^3/mol$)

名　　称	K_H	名　　称	K_H
二氯甲烷	320	萘	36
1,2-二氯乙烷	110	蒽	140
1,2-二氯丙烷	280	菲	13
1,2-二氯苯	190	γ-六六六	0.023
1,3-二氯苯	260	PCBs	230
苯	610	五氯苯酚	0.21
苯酚	0.13	丙烯腈	980
邻苯二甲酸正丁酯	6.4	毒杀芬	6300

通常情况下，K_H 大于 100 Pa·m^3/mol 的化合物属于高挥发性化合物，K_H 小于 1 Pa·m^3/mol 的化合物属于低挥发性化合物。

（二）挥发技术举例

环境中易挥发的重金属主要有汞及其化合物。通常情况下，有机汞的挥发性大于无机汞；有机汞中甲基汞和苯基汞的挥发性最大；无机汞中，碘化汞的挥发性最大；硫化汞最不易挥发。环境中易挥发的有机污染物种类很多，大部分的小分子卤代脂肪烃及芳烃化合物都具有很强的挥发性。例如，美国国家环境保护局确定的 114 种优先控制的有机污染物中，具有显著挥发性的有 31 种，约占 27%。虽然这些有机物也能不同程度地被微生物降解，但在流速较快的河流中，挥发到大气中是它们的主要迁移途径。除了污染物的亨利常数外，污染物从水体中的挥发易受水体的水深、流速等因素的影响，在浅且流速较快的河流中挥发速率较大，在实际污水和废水处理过程中，人们常用某些污染物易挥发的特性将它们从水体中驱赶出来，以降低水环境污染的风险。常见的处理技术有吹脱、汽提、曝气等。一些污染物在水中的难挥发形态也可以通过简单的化学处理将他们转换为易挥发形态，然后采用上述技术处理，例如，废水中的 NH_4^+ 通常可以加入氢氧化钠或氢氧化钙等将 pH 调节为碱性，让其转化为易挥发的 NH_3，然后通过吹脱、曝气等技术去除。

二、吸附作用

天然水体中的沉积物和悬浮颗粒物，它们既是水体中存在的主要胶体物质，也是水体中的天然吸附剂，主要成分是无机物和有机高分子化合物，其中无机物主要分为黏土矿物和水合氧化物，有机高分子化合物指的是腐殖质。

它们的特点是比表面积、比表面电荷大、比表面能高，能够强烈地吸附、富集各种无机、有机分子和离子，对各类无机、有机污染物在水体中的迁移转化及生物生态效应有重大影响。水体中的重金属离子及有机农药等微量污染物大部分通过吸附作用结合在胶体颗粒和沉积物颗粒上，并在固/液界面发生各种物理化学反应过程。因此，微量污染物在水体中的浓度和形态分布，在很大程度上取决于水体中固体颗粒的行为。固体颗粒的吸附作用是使污染物从水中转入固相的主要途径。而且，胶体颗粒作为微量污染物的载体，它们的絮凝沉降、扩散迁移等过程决定着污染物的去向和归宿。

（一）吸附现象及其分类

吸附（sorption）是指气相或液相中的物质分子（吸附质）富集到固相物质（吸附剂）上的过程。吸附可以根据吸附质与吸附剂之间的作用力类型分为化学吸附、物理吸附、离子交换等。

1. 化学吸附

化学吸附主要是指吸附剂的表面活性位点与吸附质之间通过共价键、配位键等形成了相互作用；化学吸附的吸附热通常大于 40 kJ/mol，一般为 120～200 kJ/mol，有时可超过 400 kJ/mol。温度升高往往能使化学吸附速率加快。通常在化学吸附中，吸附质只在吸附剂表面形成单分子吸附层，且吸附质分子被吸附在吸附剂表面的固定位置上，吸附稳定、不易脱附,脱附需破坏化学键的结合能。

2. 物理吸附

物理吸附和离子交换在吸附过程中吸附剂与吸附质之间的作用力较弱。物理吸附通常由吸附质与吸附剂表面分子间的范德华力引起,氢键等弱相互作用力也是导致物理吸附的可能作用力,吸附热一般小于 40 kJ/mol。与化学吸附相比,物理吸附中吸附质分子不是紧贴在吸附剂表面的固定位置,而是悬在靠近吸附剂表面的空间中,且在吸附剂表面能形成多层重叠的吸附质分子层。溶质吸附与否及吸附量的多少,取决于溶质与吸附剂间的极性的相似性和溶剂的极性。该类吸附不稳定,容易脱附,可通过调节温度、pH、盐浓度等物理条件进行脱附,对于气体来说,可通过降低压力使其释放。

在物理吸附中,低温有利于吸附,高温有利于脱附;化学吸附中,升高温度有利于吸附;对于同一种吸附剂,一般物理吸附发生在化学吸附之前,当吸附剂具备足够的活化能时,才能发生化学吸附,也有可能两种吸附同时发生。物理吸附可根据吸附质进入吸附剂固相方式的不同,分为表面吸附(adsorption)和吸收(absorption)。表面吸附是指吸附质分子只能在吸附剂固相表面附着而无法穿透吸附剂原子/分子晶格的结合方式,而吸收是指吸附质分子混合或溶解进入固相吸附剂的原子/分子晶格中,因此,吸收有时也被称为分配(partition)。研究表明,有机污染物在沉积物和胶体颗粒上的吸附是分配作用和表面吸附共同作用的结果,腐殖质等有机质是有机物分配和表面吸附的主要介质;重金属在沉积物和胶体颗粒上的吸附通常包括化学吸附和表面吸附两种机理。

3. 离子交换吸附

对于离子交换吸附,由于环境中大部分胶体带负电荷,容易吸附各种阳离子,在吸附过程中,胶体每吸附一部分阳离子,同时也释放出等量的其他的阳离子,这种吸附形式称为离子交换吸附,它属于物理化学吸附。

对于实际环境中发生的某一吸附过程,上述三种截然不同的吸附机理通常同时发生,很难完全区分。

(二)吸附过程及速率

吸附过程是一个吸附质从介质迁移到吸附剂上同时伴随着部分吸附质从吸附剂上脱落的微观动态反应过程的表观结果。当单位时间内吸附质从介质到吸附剂上的量大于吸附质从吸附剂上脱落的量时,从表观上就表现为吸附过程。该表观过程的快慢可以用吸附速率,即单位时间内吸附到单位质量吸附剂上的表观吸附质量描述。而当单位时间内吸附质从介质到吸附剂上的量小于吸附质从吸附剂上脱落的量时,从表观上就表现为脱附过程。该表观过程的快慢可以用脱附速率,即单位时间内从单位质量吸附剂上脱附的表观吸附质量描述。经过一段时间的反应后,单位时间内吸附质从介质到吸附剂上的量与吸附质从吸附剂上脱落的量可以达到基本相等,从表观上就表现为吸附/脱附平衡,简称吸附平衡。吸附和脱附过程的快慢及最终吸附质在介质和吸附剂两相内的平衡量都受温度的影响,通常情况下,温度越高,吸附和脱附过程达到平衡所需要的时间越短。因此,对吸附/脱附过程的描述都是假定在某一温度下进行的。对于表观吸附过程,假定在某一温度下,吸附质在介质中的起始浓度为 ρ_0,经过时间 t 后吸附质在介质中的浓度降低至 ρ_t,因此,$\rho_0 - \rho_t$ 为经过时间 t 后被吸附在吸附剂上的吸附质浓度,将 $\rho_0 - \rho_t$ 对 t 作图,可以得到吸附动力学曲线(图 3.1)。

曲线上某点的切线斜率即为该时刻的吸附速率,单位为 mg/(L·h);如从图 3.1 中原点作各条曲线的切线,其斜率就是在相同 ρ_0 条件下,各相应温度的吸附速率。

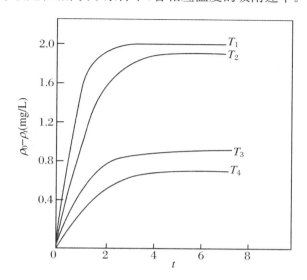

图 3.1 不同温度下某污染物的被吸附浓度与时间的关系

(三)吸附量及等温吸附式

经过一段时间的反应,吸附质在介质和吸附剂两相上吸附-脱附达到表观平衡后,吸附质在介质中的浓度称为平衡浓度(ρ_e),而吸附质在单位质量吸附剂上的量称为平衡吸附量(q_e)。将在某一温度下获得的平衡吸附量 q_e 对吸附质平衡浓度 ρ_e 作图可以得到一条曲线,称为等温吸附线,其相应的数学方程式称为等温吸附式(图 3.2)。

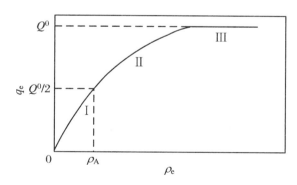

图 3.2 Langmuir 等温吸附线示意图

根据不同的吸附理论和机理,主要有以下三种简单等温吸附线模式:① 线性等温吸附式;② Freundlich 等温吸附式;③ Langmuir 等温吸附式。

线性等温吸附式为

$$q_e = K_p \cdot \rho_e$$

式中,K_p 为污染物在固体-水两相之间的吸附系数,常称为分配系数。

Freundlich 等温吸附式为

$$q_e = K_f \cdot \rho_e^n$$

式中，K_f 为污染物在固体-水两相间的吸附系数；

n 为 Frundlich 等温吸附式指数，其值为 $0 \sim 1$，当 $n = 1$ 时，Freundlich 等温吸附式变为线性等温吸附式。

将 Freundlich 等温吸附式两边取对数，可以得到该等温吸附式的直线形式：

$$\lg q_e = \lg K_f + n \lg \rho_e$$

从 $\lg q_e$ 直线关系的斜率、截距可获得 Freundlich 等温吸附式的两个参数 n 和 K_f。

Langmuir 等温吸附式为

$$q_e = \frac{Q^0 \cdot \rho_e}{\rho_A + \rho_e}$$

式中，Q^0 为饱和吸附量；

ρ_A 为达到半饱和吸附量时吸附质的平衡浓度。

显然，ρ_A 越小，达到半饱和吸附量时，残留在液相中的吸附质浓度越小，即吸附剂的吸附强度大；相反，ρ_A 越大，吸附强度越小。

从 Langmmir 等温吸附式看，当 $\rho_e \ll \rho_A$ 时，分母中的 ρ_A 可忽略不计，于是 Langmuir 等温吸附式转化为线性等温吸附式；当 $\rho_e \gg \rho_A$ 时，式中的 ρ_A 可忽略不计，可得 $q_e = Q^0$，即平衡吸附量恒定而与平衡浓度无关（线段 Ⅲ），将 Langmuir 等温吸附式两边取倒数，可以得到该等温吸附式的直线形式：

$$\frac{1}{q_e} = \frac{1}{Q^0} + \frac{\rho_A}{Q^0} \cdot \frac{1}{\rho_e}$$

从 $1/q_e$ 与 $1/\rho_e$ 的直线关系式中的斜率、截距，可求出 Langmuir 等温吸附式的两个参数 Q^0 和 ρ_A。

（四）重金属离子的吸附

重金属离子的吸附有两种：

1. 黏土矿物吸附水中重金属离子

该吸附机理还尚未完全理清，这里介绍两种黏土矿物吸附重金属离子的机理；一种是离子交换吸附机理，即黏土矿物的颗粒通过层状结构边缘的羟基氢和 -OM 基中 M^+ 离子及层状结构间的 M' 离子，与水中的重金属离子（Me''）交换而将其吸附（图 3.3）。

该过程也可通过下式表示：

$$\equiv A(OH)_m + Me^{n+} \Longrightarrow \equiv A(O)_n Me + nH^+ \quad (或 M^+)$$

式中，$\equiv$ 表示颗粒的表面；

A 表示颗粒表面的 Fe，Al，Si，Mn 等离子。

显然，重金属离子的价态越高、水合离子半径越小、浓度越大就越有利于和黏土矿物颗粒进行离子交换而被吸附。

另一种机理是重金属离子先水解，然后夺取黏土矿物颗粒表面的羟基，形成羟基配合物而被吸附：

$$Me^{n+} + nH_2O \Longrightarrow Me(OH)_n + nH^+$$
$$\equiv AOH + Me(OH)_n \Longrightarrow \equiv AMe(OH)_{n+1}$$

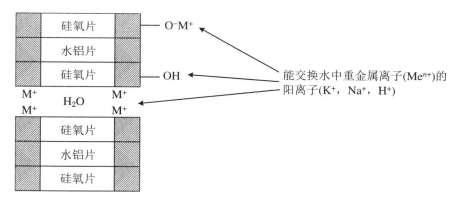

图 3.3　离子交换吸附金属离子示意图

2. 腐殖质对重金属离子的吸附

该类吸附主要是通过螯合作用来完成的,腐殖质分子中含有羧基、羟基、羰基、氨基等基团,这些基团可以质子化,能与重金属发生离子交换,腐殖质离子交换机理可以表示为

$$A \begin{array}{c} C\!-\!OH \\ \| \\ O \\ \\ OH \end{array} + Me^{2+} \rightleftharpoons \left[A \begin{array}{c} C\!-\!O^- \\ \| \\ O \\ \\ O^- \end{array} \right] + Me^{2+} + 2H^+$$

腐殖质也可与重金属离子起到螯合作用:

$$A \begin{array}{c} C\!-\!OH \\ \| \\ O \\ \\ OH \end{array} + Me^{2+} \rightleftharpoons A \begin{array}{c} C\!-\!O \\ \| \\ O \quad\quad Me \\ O\!-\! \end{array} + 2H^+$$

应当指出,腐殖质与重金属离子的两种吸附作用的相对大小与水中重金属离子的浓度及性质密切相关。一般认为,当重金属离子浓度较高时,以离子交换吸附作用为主。对不同的重金属离子,如 Mn^{2+} 与腐殖质以离子交换吸附为主,腐殖质对 Cu^{2+},Ni^{2+} 以螯合作用为主,与 Zn^{2+} 或 Co^{2+} 则可以同时发生离子交换吸附和螯合作用。当然,腐殖质的组成性质及水体 pH 对上述吸附作用也有较大的影响。

区分腐殖质与重金属离子之间的相互作用,可通过 NH_4Ac 或 EDTA 对腐殖质上的重金属离子进行洗脱来判断:能被 NH_4Ac 洗脱的那一部分重金属离子是腐殖质通过离子交换吸附的;而能被 EDTA 洗脱的那一部分重金属离子是被腐殖质螯合吸附的。

NH_4Ac 与腐殖质上吸附的重金属离子发生下列离子交换反应:

$$\left[A \begin{array}{c} C\!-\!O^- \\ \| \\ O \\ \\ O^- \end{array} \right] + Me^{2+} + 2NH_4^+ \rightleftharpoons \left[A \begin{array}{c} C\!-\!O^- \\ \| \\ O \\ \\ O^- \end{array} \right] (NH_4^+)_2 + Me^{2+}$$

3. 水合金属氧化物对重金属离子的吸附

一般认为,水合金属氧化物对重金属离子的吸附过程是重金属离子在这些颗粒表面发生配位化合的过程,可用下式表示:

$$n(\equiv AOH) + Me^{n+} \Longrightarrow (\equiv AO)^n \longrightarrow Me + nH^+$$

式中,箭头——→为配位键。

（五）有机物的吸附

有机物通常可分为可离子化有机物和非离子化有机物。现有研究表明。部分可离子化有机物的阳离子形态,如阳离子表面活性剂可以通过阳离子交换吸附在沉积物和水体悬浮固体颗粒上,而阴离子形态由于和水体固体颗粒表面负电荷形成的静电排斥,一般不易被吸附。对于非离子化有机物和可离子化有机物的质子化状态,它们在沉积物和胶体颗粒上的吸附通常是分配作用和表面吸附共同作用的结果。

腐殖质等有机质是有机物分配作用和表面吸附的主要媒介。有机物的分配作用常用线性等温吸附式描述,而表面吸附可以用 Langmuir 等温吸附式描述。因此,总的等温吸附线常用包含线性等温吸附式和 Langmuir 等温吸附式两部分的双模式模型描述,等温吸附线在有机物浓度相对较高时呈线性,而浓度较低时则呈非线性(图 3.4)。

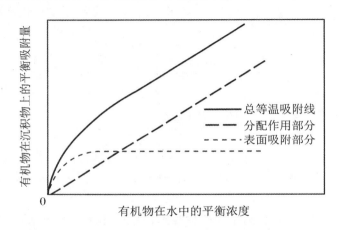

图 3.4　有机物在沉积物上的等温吸附及其分解示意图

1. 分配作用

疏水性有机物在土壤和沉积物上吸附的等温吸附线为线性,疏水性有机物在土壤/沉积物上的吸附系数(K_p,线性等温吸附线的斜率)为常数,所以,吸附系数 K_p 与土壤/沉积物中含有的有机碳含量(f_{oc})或有机质含量(f_{om})成正比,有机质是土壤/沉积物中吸附疏水性有机物的最主要成分。

1979 年,有研究者提出了分配理论,即有机质吸附疏水性有机物的主要机理是分配作用。分配作用的过程类似于溶解过程,有机物分子通过渗透扩散作用进入有机质结构中。K_p 也常称作分配系数,将有机物的分配系数用土壤/沉积物有机碳含量(f_{oc})或有机质含量(f_{om})标化,获得有机碳标化的分配系数($K_{oc} = K_p / f_{oc}$)和有机质标化的分配系数($K_{om} = K_p / f_{om}$),它们通常为常数。

有机质从水相中吸附有机物的分配作用有以下特点:一是有机物的等温吸附线在有机物浓度相对较高的范围内呈线性,这与表面吸附的特征不符,表面吸附的等温吸附线只有在有机物浓度非常低的时候才会出现线性;二是在双溶质和多溶质体系中,有机物间没有竞争吸附现象,而表面吸附的有机物间通常存在竞争现象;三是温度对吸附的影响非常小(吸附放热很少),接近于有机物的溶解热,符合分配的热力学特征;四是有机物的 K_{om} 或 K_{oc} 越高,其在有机质中的吸附越弱;五是 lg K_{om}(或 lg K_{oc})与 lg S_w(S_w 为有机物的水溶解度)成反比,而与 lg K_{ow}(K_{ow} 为有机物在辛醇-水两相间的分配系数)成正比(图 3.5),有机物的分配作用在有机质吸附中起主要决定作用。

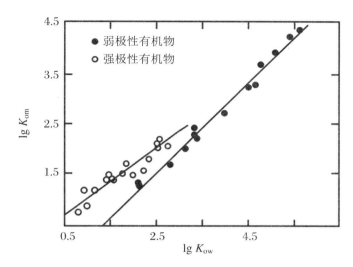

图 3.5　弱极性有机物与强极性有机物的 lg K_{om} 与 lg K_{ow} 之间的关系
(Chiou C T,2002)

此外,有机物极性也可以显著影响其在有机质上的分配,这种影响可以通过弱极性有机物和强极性有机物的分配系数 lg K_{om} 与其 lg K_{oc} 的线性关系差异得到(图 3.5),式(3.1)为一些弱极性有机物的 lg K_{om} 与 lg K_{oc} 之间的关系,而式(3.2)则为一些强极性有机物的这种关系:

$$\lg K_{om} = 0.904\lg K_{ow} - 0.779 \tag{3.1}$$
$$\lg K_{om} = 0.52\lg K_{ow} + 0.64 \tag{3.2}$$

从式(3.1)和式(3.2)描述的曲线的斜率和截距可以发现,强极性有机物比弱极性有机物具有更小的斜率但有更大的截距。对于 lg K_{ow}<7 的弱极性有机物,K_{om}<K_{ow} 说明有机质的分配能力弱于辛醇,而有机质的极性高于辛醇。而且,有机质对强极性有机物是较好的分配介质,因此对 lg K_{ow}<3.8 的有机物,强极性有机物具有更高的 K_{om}(图 3.5)。

有机质的极性也可以显著影响有机物在其上的分配作用。为了比较常见土壤和沉积物有机质分配能力的差异,有研究者测定了四氯化碳和 1,2-二氯苯这两种弱极性有机物在 32 种土壤和 36 种沉积物(这些土壤和沉积物采自美国和中国的不同地域)的 K_{oc},发现四氯化碳和 1,2-二氯苯在沉积物上的平均 K_{oc} 比在土堆上的平均 K_{oc} 高 1.7 倍,而不同土壤间或不同沉积物间 K_{oc} 的差别较小(图 3.6)。该研究结果说明了沉积物的有机质比土壤的有机质具有更低的极性,可能的原因是沉积物在沉降过程中溶解了分离出的土壤中部分极性和水溶性的有机组分(如富啡酸、腐殖酸等),或者是分离出来含有强极性有机组分的土壤颗粒,在水中形成了溶解性的有机质或胶体,而弱极性的土壤颗粒则沉降下来变成沉积物。

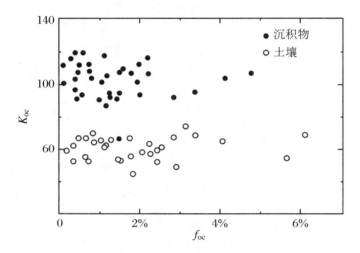

图 3.6　四氯化碳在 32 种土壤和 36 种沉积物上 K_{oc} 与
土壤沉积物有机碳含量(f_{oc})的关系

(Kile, et al, 1995)

　　有机质的极性常用(O+N)/C(元素物质的量比)表示。Rutherford 等发现四氯化碳等有机物的分配系数(K_{oc} 或 K_{om})与有机质的极性即(O+N)/C 成负相关(图 3.7),表明有机质的组成特别是极性对有机物在有机质中的分配作用有重要影响。其他研究者也发现了菲的 K_{oc} 与泥炭中连续提取的腐殖酸和胡敏素的(O+N)/C 有同样的相关性。这种负相关性表明,极性的有机质对有机物是一种较差的分配相。因此,不同来源的有机质化学结构和组成差异会造成它们对有机物分配作用能力的差异,甚至对于同一来源有机质的不同组分。它们的化学结构和组成差异也会造成对有机物分配作用能力的差异。

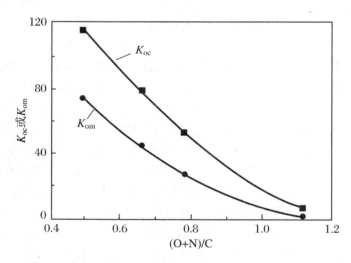

图 3.7　四氯化碳的 K_{oc} 或 K_{om} 与有机质(O+N)/C 之间的关系

(Rutherford, et al, 1992)

2．表面吸附

　　虽然土壤/沉积物吸附有机物的等温吸附线通常情况下特别是在较高浓度范围内呈线

性,可以归结于有机质作为分配相对有机物的分配作用,但是后来研究发现低浓度时有机物在土壤/沉积物上的等温吸附线呈现非线性的表面吸附特征。除等温吸附线非线性外。其他一些表面吸附的特征如不可逆吸附和竞争吸附也逐渐被发现。考虑到土壤/沉积物颗粒是有机质、矿物及其他物质(如黑炭等)组成的非均相复合体,它们在吸附有机物的过程中会产生不同的吸附机理,因此,有研究提出对于极性有机物在土壤/沉积物矿物上的吸附可能不受水的抑制,会导致低浓度时的非线性表面吸附。也有研究认为,土壤/沉积物中存在的少量黑炭物质(如木炭、烟灰),具有很高的比表面积,对低浓度的有机物呈现显著的非线性表面吸附。但是,不含黑炭的有机质对有机物的吸附也具有显著的等温吸附线非线性以及有机物(包括极性的 2,4 - 二氯苯酚和非极性的菲)在不同土壤/沉积物上的非线性表面吸附容量和有机质含量之间的直接关系表明,有机质在土壤/沉积物的非线性表面吸附中仍然起重要作用,而不是矿物和黑炭。极性有机物在矿物表面的吸附几乎可以忽略的主要原因可以归结于天然水中含有的大量强水合阳离子(如 Na^+,Ca^{2+},Al^{3+},Mg^{2+}),它们与水的结合抑制了有机物在矿物表面的吸附;而黑炭的非线性吸附相对于土壤有机质而言较小的原因可能是,天然土壤/沉积物中黑炭含量微乎其微,或者黑炭表面被有机质包裹后失去了表面吸附的能力。

(六)吸附的作用及对环境的意义

尽管污染物在沉积物和胶体颗粒等固体颗粒上的吸附/脱附行为是一个动态的过程,但很多污染物如重金属离子和持久性有机污染物在环境中有足够长的时间可以使它们与水环境中的固体颗粒接触反应,因此,往往把这个过程看作一个近似平衡的过程。固体颗粒的吸附作用是使污染物从水中转入固相的主要途径,通常使得污染物在沉积物和胶体颗粒等固体颗粒上富集,从这个角度来看,沉积物和胶体颗粒等固体颗粒是水体中污染物的汇。当水中污染物浓度低于其在固体颗粒上吸附的平衡浓度时,如吸附有污染物的胶体颗粒迁移到个洁净水体,污染物会从固体颗粒上脱附下来,导致水体的污染,从这个角度来看,吸附有污染物的沉积物和胶体等固体颗粒也是水体中的二次污染源。由于通常只有溶解在水中的污染物才能随着水的流动在环境中大范围迁移(如进入地表水和地下水,挥发到大气中,被植物和微生物吸收降解等),因此,任何改变污染物在固体颗粒上吸附/脱附平衡的行为都会导致污染物在水环境中的迁移转化。如降低污染物在固体颗粒上的吸附(或促进污染物的脱附),可以增加污染物在水环境中的浓度,从而促进污染物在环境中的迁移和降解;而增加污染物的吸附,可以降低污染物在水中的浓度,从而阻止污染物在环境中的迁移和降解,这会增加污染物在水体沉积物等固体颗粒中的富集和在水体中的持久性。共存污染物间的竞争作用会降低它们的吸附,可以促进它们在环境中的迁移;而脱附滞后则会阻止它们在环境中的迁移。任何能显著改变污染物吸附/脱附行为的技术都有可能被用于水体中污染物的控制和水体的修复,使其向着有利于生态环境和人体健康的方向发展。例如。可以向自然水体如湖泊等投加具有不可逆吸附功能的吸附剂,可以将水体中污染物吸附固定在沉积物中,降低水环境的污染风险。在污(废)水处理中,也常使用活性炭和离子交换树脂等人造高效吸附剂,用于吸附去除水中的污染物;同时,也采用各种脱附技术再生吸附饱和的活性炭和离子交换树脂,以降低污(废)水处理的成本。

三、胶体颗粒的聚沉

胶体颗粒的聚沉是指向胶体中加入电解质溶液时,加入的阳离子(或阴离子)中和了胶体粒子所带的电荷,使胶体粒子聚集成较大颗粒,从而形成沉淀从分散剂里析出。影响胶体聚沉的因素有电解质浓度、温度、胶粒带的电荷数等。

胶体颗粒表面基本上都带有电荷(正电荷和负电荷),可以吸引溶液中的带相反电荷的离子,在其表面一定距离空间内形成双电层。

如图 3.8 所示为黏土矿物颗粒双电层结构,黏土矿物本身表面一般带负电荷,它吸引了溶液中带正电的离子(反离子)。由于离子的热运动,阳离子将扩散分布在颗粒界面的周围。MN 界面是黏土矿物颗粒表面的一部分,符号"$+$"表示被吸引的阳离子(实际界面周围的溶液中有阳离子,也有阴离子,但因颗粒负电场作用,阳离子过剩)。与界面 MN 距离越远的液层,由于颗粒的电场力不断减弱,阳离子过剩趋势也越小,直至为零。这样由界面 MN 和同它距离为 d,即阳离子过剩刚刚为零的液层 CD,构成了颗粒扩散双电层。与颗粒界面紧靠的 MN 至 AB 液层,将随颗粒一起运动,称为不流动层(固定层),其厚度为 δ,约与离子大小相近。而离界面稍远的 AB 至 CD 液层,不随颗粒一起运动,称为流动层(扩散层),其厚度为 $d-\delta$。曲线 NC 表示相对界面不同距离的液层电位,液层 CD 呈电中性,设其电位为零,并作为衡量其他液层电位的基准。界面 MN 电位为 E,称为胶体颗粒总电位。不流动层与流动层交界液层 AB 的电位为 ξ,称为胶体颗粒的 ξ 电位或电动电位,可用电泳法或电渗法测定。不流动层中总有一部分与颗粒电性相反的离子,所以 ξ 电位的绝对值小于总电位 E 的绝对值。两个相邻的胶体颗粒彼此接近时会受到与 ξ 电位大小相对应的静电斥力作用而分开。除了静电斥力作用,两个相邻的胶体颗粒间也受范德华力作用,使它们相互吸引靠近。范德华力的大小取决于两个胶体颗粒间的距离,随着胶体颗粒间距离增大而迅速衰减,与水相的组成无关。

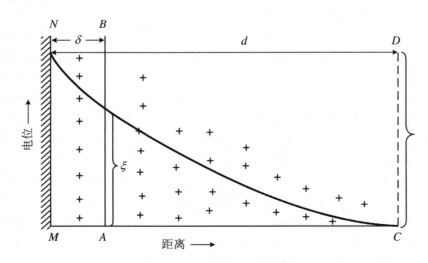

图 3.8　黏土矿物颗粒双电层及其反离子扩散分布示意图

根据斯托克斯定律,球形颗粒在静止水中沉降的速度可用下式描述:

$$v = \frac{(\rho_1 - \rho_2)gd^2}{18\mu}$$

式中,V 为沉降速度,单位为 mm/s;

ρ_1 为颗粒的密度,单位为 g/cm³;

ρ_2 为水的密度,单位为 g/cm³;

g 为重力加速度,大小为 980 cm/s²;

d 为颗粒的直径,单位为 cm;

μ 为水的黏度,单位为 Pa·s。

因此,胶体颗粒可长时间稳定悬浮存在于水中的主要原因是上述两种相异的力中静电斥力大于范德华力,使得颗粒间不能结合团聚形成粒径更大的易沉降的大颗粒。

在适宜条件下,胶体颗粒可很快结合使得直径增大并沉降,这种现象称为胶体颗粒的聚沉。胶体颗粒的聚沉是指胶体颗粒通过碰撞结合成聚集体而发生沉淀的现象,也称为凝聚。使胶体聚沉的方法如下:一是改变水体的 pH,可以使一些胶体颗粒聚沉,例如,高分子电解质,如腐殖酸、蛋白质等的电荷是由官能团的解离产生的,解离度由水体 pH 决定;铁、铝、锰、硅等的水合氧化物或固体氧化物,其表面电荷是因结合氢离子或氢氧离子产生的,强烈地依赖于溶液的 pH。因而,改变水体 pH,可以使这些胶体颗粒带的表面电荷减少并减弱它们相互间的静电斥力。二是加入适当的电解质,可以使胶体颗粒的 ξ 电位降低并导致它们聚沉。

图 3.9 所示为电解质浓度对 ξ 电位的影响,曲线 NC 表示在带负电荷的黏土溶液中,没有加入电解质时颗粒周围各层的电位分布,当溶液加入电解质后,其中阳离子会更多地被颗粒吸附进固定层,而使 ξ 电位绝对值下降,即由 ξ 降到 ξ′,同时由于固定层中阳离子增多,而扩散层中阳离子相对减少,引起扩散双电层厚度变薄(由 d 变为 d')。当 ξ 电位降到颗粒间静电斥力小于范德华力时,颗粒会结合聚集变大,并在重力作用下沉降。胶体颗粒开始明显聚沉的 ξ 电位,称为临界电位。若加入的电解质离子能被颗粒大量吸附到固定层内,可使 ξ 电位减为零,甚至电荷相反。当 ξ 电位等于零时,表明胶体颗粒及其固定层的整体呈现电中性而处于等电状态。当 ξ 电位相反后绝对值较大,又可阻止胶体颗粒的聚沉。通常情况下,ξ 电位绝对值大于 0.07 V 时,胶体颗粒在溶液中能长期稳定悬浮,而当加入电解质使得胶体颗粒 ξ 电位变化到临界电位(绝对值小于 0.03 V)时,胶体颗粒就会明显聚沉,且电解质中影响 ξ 电位的离子电荷量越高,所起的聚沉作用越强。电解质对胶体颗粒聚沉的机理是河口海岸沉积物形成的一个重要原因:当带有大量胶体颗粒的河水流至河口时,由于海水中含盐量较高,从而导致这些胶体颗粒的 ξ 电位降低,破坏了河水中胶体的稳定性,使它们的颗粒变大聚沉形成沉积物。

除 pH 及电解质外,其他因素如颗粒的浓度、水体温度及流动状况、带相反电荷颗粒间相互作用等都可影响胶体颗粒的聚沉。对于某些亲水性胶体颗粒(如有机高分子胶体颗粒),它们直接吸附水分子形成的水化膜也会使颗粒间距离增大,分子间范德华力很弱,难以聚沉。因此,对于这类胶体,颗粒带同种电荷及颗粒周围有水化膜是使其稳定的两个主要原因,要使其聚沉,除了降低 ξ 电位外,还要去除水化膜。一般在有大量电解质存在时,不仅可使胶体颗粒的 ξ 电位降低,也可破坏胶体颗粒的水化膜,使胶体在水中聚沉。

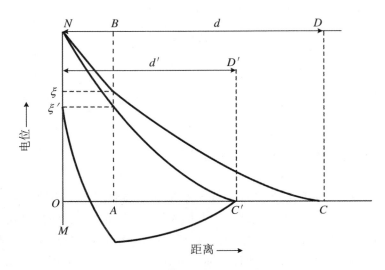

图 3.9　电解质浓度对 ξ 电位的影响

胶体颗粒除能聚集成沉淀外,还能形成松散状的絮状物,该过程称为胶体颗粒的絮凝,絮状物称为絮凝体。絮凝是借助某种架桥物质,通过化学键连接胶体颗粒,使胶体颗粒变得更大。例如,腐殖质作为架桥物质,其分子中的羧基和酚羟基等官能团可与水合氧化铁胶体颗粒表面的螯合,形成胶体颗粒/腐殖质/胶体颗粒的庞大絮凝体,从而使得腐殖质和水合氧化铁胶体颗粒从水中沉降。在污(废)水物理化学处理中常用的混凝单元操作原理就是通过加入架桥物质,即混凝剂使得污(废)水中的胶粒和细小悬浮物絮凝沉降,使用的混凝剂主要有氧化铝、硫酸铝、氯化铁、硫酸亚铁、聚合氯化铁、聚合氯化铝等无机物质和聚丙烯酸胺等有机高分子物质。

四、沉淀和溶解作用

沉淀和溶解是重金属离子及可离子化有机物在水环境中分布、积累、迁移和转化的重要途径。溶解度是直观地表示污染物在水环境中迁移能力大小的重要参数,溶解度大者迁移能力大,溶解度小者迁移能力小。重金属离子及可离子化有机物大多存在易溶的离子态及难溶的固体沉淀态两种形式,化学反应通常向有利于形成固体沉淀产物的方向进行。因此,污染物在水中从易溶的离子态转化为难溶的固体沉淀态是非常容易进行的。环境条件(如共存离子、pH)等改变常导致重金属离子及可离子化有机物等污染物形成沉淀产物。

天然水体中通常存在的碳酸根和磷酸根离子,在厌氧水体中存在的 H_2S, HS^-, S^{2-} 等离子易与重金属离子结合产生沉淀。改变水体 pH 不仅会导致重金属离子在碱性条件下形成氢氧化物沉淀,而且会导致可离子化有机物在酸性条件下形成有机酸等质子态沉淀产物。在实际应用中,人们常常利用污染物的沉淀作用机理通过控制 pH 或投加合适的配对离子种类来处理废水中的重金属离子、磷酸根离子及有机离子污染物。该方法处理后水中污染物的浓度通常取决于其形成的沉淀产物在水中的溶解度。沉淀产物溶解度越小,经沉淀方法处理后废水中的污染物浓度越低。下面简要介绍氢氧化物、硫化物、碳酸盐、磷酸盐及可离子化有机物 5 种常见沉淀-溶解平衡。

（一）氢氧化物沉淀-溶解平衡

金属氢氧化物沉淀-溶解平衡可用下式简单表示：

$$Me(OH)_n \rightleftharpoons Me^{n+} + nOH^-$$

根据该沉淀溶解平衡，金属氢氧化物的溶解度通常随水的 pH 而变化（图 3.10），但是其溶度积（K_{sp}）则是一个常数，可根据溶液的 pH 计算出平衡时金属离子的浓度。除了金属氢氧化物沉淀物质，硫化物、碳酸盐、磷酸盐等金属沉淀产物都有各自的溶度积常数。

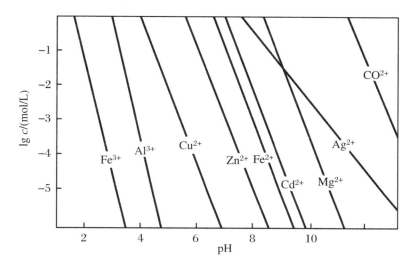

图 3.10　不同 pH 下几种典型金属离子的溶解度

对于上式所示的金属氢氧化物的沉淀物质，其溶度积计算式为

$$K_{sp} = [Me^{n+}][OH^-]^n$$

螯合水的离子积常数，同时两边去对数，得到以下表达式：

$$-\lg[Me^{n+}] = n\,pH + pK_{sp} - n\,pK_w = n\,pH + pK_{sp} - 14n$$

根据上式及氢氧化物的 K_{sp} 可以得到，以 pH 为横坐标，以金属离子在不同 pH 下的溶解度对数值为纵坐标作图，如图 3.10 所示。从公式可以看出，n 为金属离子的电荷数，则 n 相同的地方，直线平行。所以，从图中可以大致查出各种金属离子在不同 pH 下的最大浓度。

（二）硫化物沉淀-溶解平衡

金属硫化物是具有比氢氧化物更小的溶度积，几乎所有的重金属离子都可以与 S^{2-} 形成硫化物沉淀：

$$H_2S \rightleftharpoons H^+ + HS^-$$

$$K_1 = \frac{[H^+][HS^-]}{[H_2S]}$$

$$HS^- \rightleftharpoons H^+ + S^{2-}$$

$$K_2 = \frac{[H^+][S^{2-}]}{[HS^-]}$$

$$Me^{2+} + S^{2-} \rightleftharpoons MeS$$

$$K_{sp} = [Me^{2+}][S^{2-}]$$

硫离子浓度可表示为

$$[S^{2-}] = c_{TS} \cdot \alpha_2$$

式中，c_{TS} 为水中溶解的总无机硫浓度，

$$c_{TS} = [H_2S] + [HS^-] + [S^{2-}]$$

α_2 为 S^{2-} 在 c_{TS} 中所占的比例，它与水体 pH 的关系为

$$\alpha_2 = \left[1 + \frac{[H^+]}{K_2} + \frac{[H^+]^2}{K_1 K_2}\right]^{-1}$$

因此

$$[Me^{2+}] = \frac{K_{sp}}{[S^{2-}]} = \frac{K_{sp}}{c_{TS} \cdot \alpha_2} = \frac{K_{sp}}{\dfrac{c_{TS}\left[1 + \dfrac{[H^+]}{K_{2+}} + [H^+]^2\right]}{(K_1 K_2)^{-1}}}$$

若已知水中溶解的总无机硫量，根据上式可计算出不同 pH 时金属离子的饱和浓度 $[Me^{2+}]$，此时若水中硫化氢处于饱和状态（水中硫化氢饱和浓度为 0.1 mol/L），a_2 式中前两项同第三项相比甚小，可忽略不计，因此可简化为

$$[Me^{2+}] = K_{sp} \cdot \frac{[H^+]^2}{0.1 K_1 K_2}$$

（三）碳酸盐沉淀-溶解平衡

HCO_3^- 是天然水体中主要阴离子之一，它能与金属离子形成碳酸盐沉淀，从而影响水中重金属离子的迁移。水中碳酸盐的溶解度在很大程度上取决于其中二氧化碳的含量和水体 pH。水体中二氧化碳能促使碳酸盐溶解。例如，对于二价金属离子碳酸盐沉淀有以下反应：

$$MeCO_3(s) \rightleftharpoons Me^{2+} + CO_3^{2-}$$

$$CO_3^{2-} + CO_2 + H_2O \rightleftharpoons 2HCO_3^-$$

水体中的 CO_2 主要以游离的 CO_2，HCO_3^-，CO_3^{2-} 形态存在，以 H_2CO_3 形态存在的含量极少，它们的比例主要取决于溶液的 pH。因此，若已知水体的 pH 及总 CO_2 浓度，结合 CO_2 的溶解度，可由上式判断碳酸盐的溶解度。例如，当水体中 CO_2 的浓度为 0.001 mol/L 时，碳酸钙在 pH = 7 或 9 的水体中的溶解度分别为 3.7×10^{-5} mol/L 和 3.1×10^{-7} mol/L。水体的 pH 升高，碳酸盐的溶解度下降，金属离子的迁移能力减小。

（四）磷酸盐沉淀-溶解平衡

磷酸盐已被认为是引起水体富营养化的主要因素之一。在水中，磷酸盐主要以正磷酸盐、偏磷酸盐、聚合磷酸盐、有机磷酸盐等形态存在。其中，正磷酸盐是最主要的形态。正磷酸根离子可以和钙、镁离子及重金属离子形成沉淀。例如，钙离子和磷酸根离子可以生成羟基磷灰石沉淀：

$$5Ca^{2+} + OH^- + 3PO_4^{3-} \Longrightarrow Ca_5(OH)(PO_4)_3(s)$$

羟基磷灰石的溶度积常数 K_{sp} 为 $1 \times 10^{-55.9}$。因此，在污（废）水处理中常加入钙离子来

沉淀去除水中的磷酸根离子,以降低水体富营养化污染的风险。除了钙离子,铁、铝离子也能与磷酸根形成沉淀产物,可以用于污(废)水除磷处理。镁离子和 NH_4^+ 共同存在时也会与磷酸根形成磷酸铵镁沉淀($MgNH_4PO_4$),俗称鸟粪石,磷酸铵镁沉淀是导致污泥厌氧消化池及管道结垢的主要原因。

(五) 可离子化有机物的离子化与沉淀

可离子化有机物在水中也会形成沉淀形态,它们形成沉淀的机理主要有两种。一种为有机离子与无机离子或其他有机离子结合形成盐沉淀。一般情况下,可离子化有机物的钠盐、钾盐、硫酸盐、氯化物等都是可溶解的,而有机钙盐和磷酸盐很多溶解度很小。例如,阴离子表面活性剂十二烷基苯磺酸钠(SDBS)可以与钙离子形成沉淀,萘酚钠盐也可与钙离子形成沉淀。此外,阴离子表面活性剂(如十二烷基苯磺酸钠)与阳离子表面活性剂(如氯化十六烷基吡啶)也会形成沉淀。表面活性剂离子要形成沉淀,通常要求与其配位的沉淀离子有一个适当的配比范围。当表面活性剂浓度过高,超出这个配比范围时,多余的表面活性剂往往会再溶解其形成的沉淀。因此,表面活性剂离子与其配位的沉淀离子浓度间会形成一个沉淀边界。图 3.11 所示为十二烷基苯磺酸钠(SDRS)和 $CaCl_2$ 的沉淀曲线,纵坐标为形成沉淀去除的十二烷基苯磺酸钠的质量浓度(ρ_p),横坐标为形成沉淀后残留在水中的十二烷基苯磺酸钠的质量浓度(ρ_e)。在固定钙离子投加浓度情况下,随着十二烷基苯磺酸钠浓度的增加,沉淀去除的量先快速增加并达到最大值,然后随着十二烷基苯磺酸钠浓度的继续增加,沉淀去除的量逐渐减少直至沉淀消失。

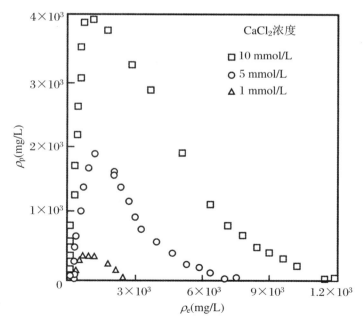

图 3.11 SDBS 和 CaCl₂ 的沉淀曲线
(Yang, et al, 2007)

（六）共沉淀

共沉淀是指一种沉淀从溶液中析出时同时夹带另一种物质（可以为溶解性物质也可以为沉淀物质）的现象。产生共沉淀的主要机理有表面吸附、包藏、混晶：① 吸附，沉淀物质对另一种物质的表面吸附；② 包藏，即在沉淀过程中，如果沉淀剂较浓又加入过快，则沉淀晶体颗粒迅速增长过程中，原沉淀颗粒表面附近的其他物质会被后来沉积上来的新沉淀物质所覆盖，导致其他物质有可能陷入增长中的沉淀内部难以释放出来（吸留）；③ 如果晶体沉淀的晶格中的阴、阳离子被具有相同电荷的、离子半径相近的其他离子所取代，就形成混晶，例如，当大量 Ba^{2+} 和痕量 Ra^{2+} 共存时，硫酸钡就可和硫酸镭以混晶形式同时析出，这是由于二者有相同的晶格结构，且 Ra^{2+} 和 Ba^{2+} 的离子大小相近。当采用沉淀法处理废水中含有的多种共存金属离子时，常会出现共沉淀现象，共沉淀所需的 pH 比单独一种金属离子沉淀的低，处理后水中金属离子的浓度也比单独一种金属离子沉淀处理后的低。

（七）沉淀作用在污水（废水）处理中的意义

在实际应用中，对于在废水中易形成沉淀的污染物，如重金属离子，人们通常通过使其生成沉淀的简单化学方法来去除；对于含有苯甲酸盐等的高浓度有机废水，也常调节废水 pH 至酸性，使其形成溶解度较小的苯甲酸沉淀，在去除大部分苯甲酸有机物后，再采用其他技术进一步处理。由于操作简单、成本低等原因，形成氢氧化物沉淀是对含重金属离子废水最常用的处理技术。由于重金属离子的碳酸盐沉淀的溶解度通常大于其氢氧化物沉淀，形成碳酸盐沉淀的方法很少用于废水中重金属离子的处理。尽管重金属离子的磷酸盐尤其是硫化物沉淀的溶解度通常较小，但要形成这些沉淀需要加入磷酸根和 S^{2-} 离子，这会造成水体新的污染，在废水处理操作中需要有很高的控制精度，而且成本也比形成氢氧化物沉淀高。因此，在对于水质、水量变化比较大的实际废水处理中也很少使用，往往只有对水质、水量比较稳定的含重金属离子的废水进行深度处理时，才会使用形成硫化物沉淀的方法。对于废水中的两性金属离子，若要采用形成氢氧化物沉淀的方法处理，则必须严格控制 pH。例如，在 pH<5 时，Cr^{3+} 以水合配离子形式存在；pH>9 时，则生成 Cr^{3+} 的羟基配离子；只有在 pH 为 8 时，Cr^{3+} 才能最大限度地生成 $Cr(OH)_3$，水中 Cr^{3+} 量最小。因此，要去除废水中的 Cr^{3+} 应控制 pH 值为 8 时最佳。

一般来说，如果水体中没有其他配体，大部分金属离子氢氧化物在 pH 较高时，其溶解度较小，迁移能力较弱；若水体 pH 较小，金属氢氧化物的溶解度升高，金属离子的迁移能力也就增大。由于重金属离子能与天然水体中普遍存在的阴离子生成硫化物、碳酸盐等难溶沉淀产物，因此大大降低了重金属离子在水体中的迁移能力和限制了重金属污染物在水体中的扩散范围，使重金属主要富集于排污口附近的底泥中，在某种程度上对水质起到了净化作用。

五、氧化还原作用

（一）氧化还原电位及决定因素

根据氧化还原半反应：

$$O_x + ne^- \rightleftharpoons Red$$

$$平衡常数\ K = \frac{[Red]}{[O_x][e^-]^n}$$

$$-\lg[e^-] = \frac{1}{n}\lg K - \frac{1}{n}\lg\frac{[Red]}{[O_x]}$$

$$pE = -\lg[e^-], pE^0 = \frac{1}{n}\lg K$$

$$pE = pE^0 - \frac{1}{n}\lg\frac{[Red]}{[O_x]}$$

这里 pE 是氧化还原平衡体系电子浓度的负对数。pE^0 是氧化剂和还原剂浓度相等时的pE。严格地讲,应用电子活度来代替上述的电子浓度。从 pE 定义可知,pE 越小,体系电子浓度越高,其提供电子的倾向就越强;反之,pE 越大,体系电子浓度越低,其接受电子的倾向就越强。当 pE 增大时,体系氧化剂相对浓度升高。

实际上,pE 的指示作用与通常的电极电位 E 的指示作用相同。它们之间可以相互换算。根据电极电位 E 的定义:

$$E = 2.303\frac{RT}{F}\left(\frac{1}{n}\lg K - \frac{1}{n}\lg\frac{[Red]}{[O_x]}\right)$$

可得

$$E = 2.303RT\frac{pE}{F}$$

式中,$R = 8.314\ J/(mol \cdot K)$;

$F = 96500\ C/mol$;

T 为热力学温度,单位为 K。

平衡时,

$$E^0 = 2.303RT\frac{pE^0}{F}$$

式中,$pE^0 = 16.91\ E^0$;

$pE = 16.91\ E$;

pE 与溶液的 pH、氧化剂/还原剂浓度有关系:

一是 pE 与 pH 的关系。溶液中的 H^+ 和 OH^- 参与了电子转移,引起了 pH 影响 pE。

二是 pE 与氧化剂/还原剂浓度的关系。一些氧化还原反应的电极电位与氧化剂、还原剂的浓度及 pH 有关,另一些反应只与氧化剂、还原剂的浓度有关,而与 pH 无关。

对于只有一个氧化还原平衡的单体系,其平衡电位就是体系的 pE。实际上体系中往往同时存在多个氧化还原平衡,它的 pE 应介于其中各个单体系的氧化还原电位之间,而且接近于含量较高的单体系的氧化还原电位。如果某个单体系的含量比其他体系高得多,其氧化还原电位几乎等于混合体系的 pE,该单体系的氧化还原电位称为决定电位。

混合体系的 pE 处在铜单体系与铁单体系氧化还原电位之间,并与含量较高的铁单体系的氧化还原电位相近。

(二) 典型重金属的氧化还原转化

重金属铬在水体中通常以六价铬和三价铬形态存在,CrO_4^{2-} 及 $Cr_2O_7^{2-}$ 是六价铬的主要存在形态。还原沉淀法是目前含铬废水处理应用最为广泛的方法。其主要原理为：在酸性条件下（通常 pH 为 2.5～3.0），还原剂使六价铬转化为三价铬，然后通过调节 pH 使三价铬在碱性条件下（通常 pH 为 8.0～9.0）形成氢氧化物沉淀去除。常用的还原剂有铁还原剂和硫还原剂。铁还原剂主要为零价铁（Fe^0）和 Fe^{2+}，硫还原剂主要有 SO_2，SO_3^{2-}，HSO_3^- 等。铁还原剂的参与将导致废水在后续的沉淀污泥中含有铁氢氧化物，这既增加了污泥量，也加大了对铬污泥的提纯回收利用难度。因此，在实际含铬废水酸化还原沉淀处理中，常采用产生污泥量较少的硫还原剂。

（三）无机氮化合物的氧化还原转化

水中氮元素主要以 NH_4^+ 或 NO_3^- 形态存在，在某些条件下，也会存在 NO_2^- 形态。在天然水体或水处理工艺过程中，无机氮化合物间形态的转化通常是在微生物所释放的酶的催化辅助作用下实现的。同样，可根据下列半反应绘制 NH_4^+-NO_2^--NO_3^--H_2O 体系的 pE-pH 图。

$$NO_2^- + 8H^+ + 6e^- \rightleftharpoons NH_4^+ + 2H_2O$$
$$NO_3^- + 10H^+ + 8e^- \rightleftharpoons NH_4^+ + 3H_2O$$
$$NO_3^- + 2H^+ + 2e^- \rightleftharpoons NO_2^- + H_2O$$

以上各式的 pE^0 分别是 15.14，14.90 和 14.15。

（四）氰化物的氧化还原转化

氧化还原转化是废水中氰化物处理的重要原理。在该处理中，通常在碱性条件下加入次氯酸盐或液氯等氧化剂，使得 CN^- 氧化分解成二氧化碳和氮气。氰化物的碱性氧化处理需要分两个阶段进行，即不完全氧化和完全氧化。

例如：加入氧化剂 ClO^-，第一阶段为氰离子被氧化成氰酸盐，主要的反应为

$$CN^- + ClO^- + H_2O \Longrightarrow CNCl + 2OH^-$$
$$CNCl + 2OH^- \Longrightarrow CNO^- + Cl^- + 2H_2O$$
$$2CNO^- + 4H_2O \Longrightarrow 2CO_2 + 2NH_3 + 2OH^-$$

在上述反应中，CN^- 与 ClO^- 反应首先生成 CNCl，再水解成毒性较低的 CNO^-（CNO^- 的毒性为 CN^- 毒性的百分之一）。该反应速率取决于 pH、温度和有效氯浓度，pH 越高、温度越高、有效氯浓度越高，则水解的速率越快。尽管该反应生成的氰酸盐毒性低，但是 CNO^- 在酸性条件下易水解成 NH_3，会对环境造成污染。因此，需要将氰酸盐进一步氧化。

第二阶段为完全氧化阶段，即将氰酸盐进一步氧化分解成二氧化碳和氮气：

$$2CNO^- + 3ClO^- + H_2O \rightleftharpoons 2CO_2 + N_2 + 3Cl^- + 2OH^-$$

该反应速率也取决于 pH，pH 越高，氧化反应的速率越慢。因此，该反应通常在 pH 中性条件下进行。通常含氰废水处理中，第一阶段反应的 pH 控制在 11 左右，若 pH 过低，则反应速率慢，而且在水体酸性条件下可能会释放出 HCN 剧毒物；若 pH 过高，则会增加第二阶段中调节 pH 时酸的用量；第二阶段反应的 pH 控制在 7～8，若 pH 过高，则反应速率慢，若 pH 过低，则会导致 CNO^- 水解生成 NH_3。

（五）有机物的氧化还原转化

有机物的氧化反应是指在有机物分子中的加氧或脱氢的反应，例如：

$$2CH_3OH + O_2 \longrightarrow 2CH_2O + 2H_2O$$

$$2CH_2O + O_2 \longrightarrow 2HCOOH$$

有机物通常需要含氧自由基等化学强氧化剂在合适的条件(如加热和催化等)下才能被快速直接氧化。例如,水和废水监测中有机物污染指标 COD_{Cr} 测定就是利用强氧化剂 $K_2Cr_2O_7$ 在酸性、煮沸、银离子催化条件下反应来完全氧化有机物,而 COD_{Mn} 测定则是利用强氧化剂 $KMnO_4$ 在酸性煮沸或碱性煮沸条件下反应来完全氧化有机物。它们与有机物标准试剂邻苯二甲酸氢钾($C_8H_5O_4K$)的氧化还原反应如下:

$$10K_2Cr_2O_7 + 2C_8H_5O_4K + 41H_2SO_4 \Longrightarrow 11K_2SO_4 + 10Cr_2(SO_4)_3 + 16CO_2 + 46H_2O$$

$$10KMnO_4 + 2C_8H_5O_4K + 19H_2SO_4 \Longrightarrow 12MnSO_4 + 7K_2SO_4 + 16CO_2 + 24H_2O$$

$$10KMnO_4 + C_8H_5O_4K + 3H_2O \Longrightarrow 11KOH + 10MnO_2 + 8CO_2$$

各类有机物均能被氧化,化学氧化是有机物降解的重要方式之一。但各类有机物氧化的难易程度差别很大,如饱和脂肪烃、含有苯环结构的芳烃、含氮的脂肪胺类化合物等不易被氧化,不饱和的烯烃和炔烃、醇及含硫化合物(如硫醇、硫醚)等比较容易被氧化,最容易被氧化的是醛、芳胺等有机物。应当指出,只含碳、氢、氧三种元素的有机物,其氧化产物是二氧化碳和水;含氮、硫、磷的有机物氧化的最终产物中除有二氧化碳和水以外,还分别有含氮、硫和磷的化合物。有机物氧化的最终结果是转化为简单的无机物。但实际水体中各类有机污染物种类繁多,结构复杂,它们的氧化是有限度的,往往不能反应完全。对于天然水体中有机物的氧化,通常是在水体微生物的作用下进行的,在有机废水处理中,也常用微生物好氧和厌氧特性降解有机物。

有机物的还原反应是指在有机物分子中的加氢、脱氧反应:

$$加氢:HCHO + H_2 \longrightarrow CH_3OH$$

$$脱氧:2HCOOH \longrightarrow 2CH_2O + O_2$$

有机物通常需要化学还原剂在合适的条件(如加热和催化等)下才可以被快速直接还原。化学催化还原是目前废水处理中含氯有机物脱氯的常用技术,主要的还原剂是单质铁和铜。以六六六为例,其被单质铁催化还原的总反应式可表示如下:

$$C_6H_6Cl_6 + 3Fe^0 \longrightarrow C_6H_6 + 3Fe^{2+} + 6Cl^-$$

在该反应中,铁单质催化是氢离子发生电子转移,是反应进行的诱导因素。具体步骤如下:

$$Fe + 2H^+ \Longrightarrow Fe^{2+} + 2H$$

$$C_6H_6Cl_6 + 6H^0 \longrightarrow C_6H_6 + 6HCl$$

$$HCl \Longrightarrow H^+ + Cl^-$$

氢离子反复参与了上述循环反应,直至六六六脱氯完毕。因此,在酸性条件下,由于氢离子浓度较高,故上述反应很快。但若在中性条件下或纯丙酮介质中,由于无氢离子,所以六六六不被还原。金属对会促进上述还原反应,例如,在中性条件下,Fe 对六六六几乎无还原作用,而与 Cu 组成金属对以后,却能将六六六还原。金属对在该反应过程中,很大程度上起到了微电池的作用,能促使中性水分子产生电子转移并生成 H 原子。

（六）水体电位（氧化还原电位）对污染物迁移转化的影响

1. 水体电位介绍

水中最重要的氧化还原物质为溶解氧、有机物、铁、锰。同一元素的不同价态在水体中的存在形式主要取决于水体的氧化还原条件。例如，在还原条件下，硫元素主要以 S^{2-} 形态存在，而在氧化条件下主要以 SO_4^{2-} 形态存在；铁元素在还原条件下以 Fe^{2+} 形态存在，而在氧化条件下主要以 Fe^{3+} 或 $Fe(OH)_3$ 形态存在。

一般情况下，溶解氧决定水体电位。水体中的溶解氧参与绝大多数的氧化还原反应。根据水中是否存在游离的氧，可把水环境分为氧化环境和还原环境。在有机物较多的缺氧水体中，有机物决定了水体电位。如水体处于上述两种状况之间，决定电位应是溶解氧体系和有机物体系电位的综合。因此，通常可将天然水体分成三类：一是同大气接触、富氧、pE 高的氧化性水，如河水、正常海水等；二是同大气隔绝、不含溶解氧，而富含有机物、pE 低的还原性水；三是 pE 介于第一、二类水之间，但偏向第二类的还原性水，这类水基本上不含溶解氧，有机物比较丰富，如沼泽水等。

除溶解氧和有机物外，环境中分布相当普遍的变价元素铁和锰也是水体中氧化还原反应的主要参与者。在特定条件下，铁、锰可以决定水体电位。其他微量的变价元素，如 Cu，Hg，Cr，V，As 等，由于含量甚微，它们对水体电位一般不起决定性作用。相反，水体电位对它们的迁移转化有着决定性的影响。

从决定电位的体系出发，可以计算天然水体的 pE 及其范围，如水体溶解氧饱和，氧电位是决定电位，根据水的氧化反应：

$$\frac{1}{4}O_2 + H^+ + e^- \Longleftrightarrow \frac{1}{2}H_2O \quad pE^0 = 20.75$$

$$pE = pE^0 + lg([O_2]^{\frac{1}{4}}[H^+])$$

根据氧气在大气和水界面平衡的亨利定律，可以从氧气在大气中的分压及氧气的亨利常数，计算水中饱和溶解氧浓度，并计算水体电位。

氧气在大气中的分压为 0.21 atm 时，水体电位为

$$pE = 20.58 - pH$$

如水体呈中性（pH＝7），则 pE＝13.58，即水体呈氧化性。

当水体无溶解氧、有机物含量丰富时，有机物的电位为决定电位，在厌氧条件下，有机物分解成为 CH_4，可以通过下列半反应计算决定电位：

$$\frac{1}{8}CO_2 + H^+ + e^- \Longleftrightarrow \frac{1}{8}CH_4 + \frac{1}{4}H_2O \quad pE^0 = 2.87$$

$$pE = pE^0 + lg\left[\frac{[CO_2]\frac{1}{8}[H^+]}{[CH_4]^{\frac{1}{8}}}\right]$$

若 $[CO_2]=[CH_4]$，则水体电位为

$$pE = 2.87 - pH$$

天然水体的 pE 与其决定电位体系的物质含量有关。就溶解氧而言，其含量随水深而减少，致使表层水呈氧化性环境，深层水及底泥则为还原性环境。溶解氧含量随水体温度升高而降低，随水中耗氧有机物的增加而减少，并与水生生物的分布、活动有关。总之，天然水体

中溶解氧的分布不均匀、时空变化比较明显。此外,天然水体的 pE 与其 pH 有关,pE 随 pH 减小而增大。

2. 水体氧化还原条件对污染物迁移转化的影响

水体氧化还原条件对污染物的存在形态及其迁移能力有很大的影响。对于有机物,在氧化性水体中会在微生物等作用下转化为 CO_2 和 H_2O,其中含氮、硫、磷的有机物还有硝酸根、硫酸根及磷酸根等最终产物;在还原性水体中,有机物会在微生物等作用下转化为 CH_4,其中含氯有机物还会脱氯。在氧化性水体中,含氮或硫的无机物主要以硝酸根和硫酸根形态存在;而在还原性水体中,它们主要以 NH_4^+,NO_2^-,H_2S 等形态存在。在还原性水体中,H_2S 的产生是因水体缺氧,且有大量有机物和 SO_4^{2-}(或含硫有机物)存在,微生物利用 SO_4^{2-} 中的氧氧化有机物,使 SO_4^{2-} 还原为 H_2S。反应式如下:

$$C_6H_{12}O_6 + 3Na_2SO_4 \longrightarrow 3CO_2 + 3Na_2CO_3 + 3H_2S + 3H_2O$$

一些重金属元素如铬、钒等在氧化条件下以易溶的铬酸盐、钒酸盐等形态存在,在水环境中迁移能力较强,而在还原条件下则以 Cr^{3+} 等形态存在,会形成难溶的化合物沉淀,不易迁移。另一些重金属元素如铁、锰等在氧化条件下形成溶解度很小的高价化合物而很难迁移,但在还原条件下则形成相对易溶的低价化合物。此外,由于在还原性水体中经常有硫化氢存在,会和大多数重金属离子形成难溶金属硫化物沉淀,能大大降低重金属离子在环境中的迁移能力。

在自然界中,氧化性水体与还原性水体的分界线也具有非常重要的地球化学意义。在这种分界线上由于氧化和还原条件的改变,常导致水体中污染物发生氧化还原反应,使得很多污染物形成难溶化合物并沉积下来,最终成为这些难溶化合物的富集地。例如,在还原条件占优势的地下水中含有丰富的 Fe^{2+},当其流入湖泊、河流等氧化条件占优势的地表水时,二价铁即变为三价铁化合物($Fe_2O_3 \cdot nH_2O$)在水中沉淀出来富集在沉积物中,很多湖泊由此形成"湖铁矿"。

六、配位作用

对于配合物在溶液中的稳定性、无机配体对重金属的配位作用、有机配体与重金属离子的配位作用等参照无机及分析化学、有机化学内容,本部分主要介绍有机配体与无机阴离子的配位作用。

从 1970 年以来,由于饮用水中致痛物质(三卤甲烷)的发现,腐殖质对无机阴离子的配位作用引起了特别的关注。一般认为,饮用水中三卤甲烷(THMS)是在氯化消毒过程中,氯离子与腐殖质间发生配位作用形成的。现在,人们也开始注意腐殖质与其他无机阴离子如 NO_3^-,SO_4^{2-},PO_4^{3-} 等的配位作用。但是,关于环境中有机配体与无机阴离子的配位作用至今仍在研究探讨中,对很多现象仍不能很好解释,也没有清晰的结论。除重金属离子和无机阴离子外,腐殖质也可与其他有机物形成配合物,如邻苯二甲酸二烷基酯能与腐殖酸形成水溶性配合物。因此,水体中各种阳离子和阴离子间存在着复杂的配位反应。

七、水解作用

(一) 重金属离子的水解

重金属离子的水解反应的实质是羟基对重金属的配位作用。重金属离子与碱金属、碱土金属离子不同,它们大多数都有较高的离子电位和较小的离子半径,OH^- 的吸引力与对 H^+ 的吸引力相当,可以吸引 OH^- 并发生水解。这种水解反应能在较低的 pH 下进行,且随着 pH 的升高而增强。在水解过程中,H^+ 离开水合重金属离子的配体水分子。以二价离子为例,其水解反应通式如下:

$$M(H_2O)_n^{2+} + H_2O \rightleftharpoons M(H_2O)_{n-1}OH^+ + H_3O^+$$

羟基与金属配位的步骤如下:

$$M^{2+} + OH^- \rightleftharpoons MOH^+ \qquad K_1$$
$$MOH^+ + OH^- \rightleftharpoons M(OH)_2 \qquad K_1$$
$$M(OH)_2 + OH^- \rightleftharpoons M(OH)_3^- \qquad K_3$$
$$M(OH)_3^- + OH^- \rightleftharpoons M(OH)_4^{2-} \qquad K_4$$

这里,K_1,K_2,K_3,K_4 为反应的平衡常数,且根据平衡常数可以求出各配合物的累积稳定常数 β。

在一定温度下 β 是定值,形态分布系数仅是 pH 的函数,它们之间的关系可用形态分布系数图表示。Hahne 和 Kroontje 的研究表明,pH 影响了各类配合物的存在形式:① Hg^{2+} 在 pH 为 2~6 时水解,在 pH 为 2.2~3.8 时 $Hg(OH)^+$ 占优势,至 pH 为 6 时生成 $Hg(OH)_2$;② Cd^{2+} 在 pH<8 时基本上以 Cd^{2+} 离子形态存在,pH 为 8 时开始形成 $Cd(OH)^+$,pH 约为 10 时 $Cd(OH)^+$ 达到峰值,pH 分别为 11,12 时 $Cd(OH)_2$,$Cd(OH)_3^-$ 分别达峰值,当 pH>13 时 $Cd(OH)_4^{2-}$ 占优势;③ Pb^{2+} 在 pH<6 时为简单离子,pH 为 6~10 时 $Pb(OH)^+$ 占优势,pH>9 时开始生成 $Pb(OH)_2$,pH>12 时 $Pb(OH)_4^{2-}$ 占优势;④ Zn^{2+} 在 pH<6 时为简单离子,pH 为 7 时有微量的 $Zn(OH)^+$ 生成,pH 为 8~10 时,$Zn(OH)_2$ 占优势,pH>11 时生成 $Zn(OH)_3^-$ 及 $Zn(OH)_4^{2-}$。羟基与重金属离子的配位作用可大大提高某些重金属氢氧化物的溶解度,例如,Zn^{2+} 和 Hg^{2+} 在纯水中的溶解度分别为 0.816 g/mL 和 0.039 g/mL;当生成 $Zn(OH)_2$ 与 $Hg(OH)_2$ 和其他羟基配离子时,水中 Zn^{2+} 和 Hg^{2+} 的总溶解度分别达 160 g/mL 和 107 g/mL。

(二) 有机物的水解

有机物的官能团 X^- 和水中的 OH^- 发生交换,整个反应可表示为

$$R - X + H_2O \longrightarrow ROH + HX$$

对于许多有机物来说,水解作用是其在环境中消失的重要途径。在环境条件下,一般酯类物质容易水解,饱和卤代烃也能在碱催化下水解,不饱和卤代烃和芳烃则不易发生水解。酯类和饱和卤代烃水解反应的通式如下:

酯类:$RCOOR' + H_2O \longrightarrow RCOOH + R'OH$

饱和卤代烃:$R1R2\,R3\,C - X + H_2O \longrightarrow R1R2R3C - OH + HX$

有机物水解可以产生一个或多个反应中间体及产物。这些中间体和产物与原有机物的结构及性质有很大的差异。水解产物一般比原有机物更易被生物降解(除极少数例外),但水解产物的毒性和挥发性则不总是低于原有机物的,很多时候会高于原有机物。例如,有机农药 2,4 - D 酯类的水解就生成了毒性更大的 2,4 - D 酸。通常水中有机物的水解是一级反应,即有机物 RX 的消耗速率正比于其浓度[RX]:

$$-\frac{\mathrm{d}[RX]}{\mathrm{d}t} = \frac{k_h}{[RX]}$$

式中,k_h 为水解反应速率常数。

在温度、pH 等反应条件不变的情况下,可推出有机物水解的半衰期:

$$t_{1/2} = \frac{0.693}{k_h}$$

但是,通常情况下,水解速率会明显受 pH 的影响。有研究者等把水解速率归结于酸性催化、碱性催化和中性过程,因而水解速率 R_h 可表示为

$$R_h = k_h[RX] = (k_A[H^+] + k_N + k_B[OH^-])[RX]$$

式中,k_A,k_B,k_N 为酸性、碱性、中性条件下水解反应速率常数,可从实验中获得;k_h 为在某 pH 下准一级水解反应速率常数,

$$k_h = k_A[H^+] + k_N + \frac{k_B K_w}{[H^+]}$$

因此,改变 pH 可通过上述计算求得一系列 k_h。羧酸酯水解常数 k_h 与 pH 的关系如图 3.12 所示:当水体 pH 超过点 I_{nb} 所对应 pH 时,羧酸酯的水解以碱性催化为主;当 pH 低于点 I_{an} 所对应 pH 时,羧酸酯的水解以酸性催化为主;而当水体 pH 在 I_{an} 和 I_{nb} 两点所对应的 pH 之间时,羧酸酯以中性水解为主,其速率最慢。

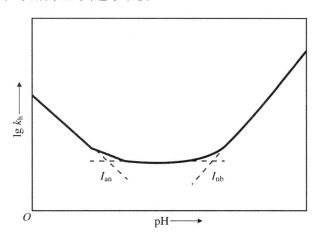

图 3.12　羧酸酯 lg k_h 与 pH 的关系图

在水中悬浮物、底泥的吸附作用下,某些有机物的水解速率会加快,称为水解的吸附催化。例如,除草剂阿特拉津在底泥的吸附作用下可以缓慢地水解生成羟基阿特拉津。如果考虑到吸附作用的影响,则水解反应速率常数(k_h)可为

$$k_h = k_N + a_w(k_A[H^+] + k_B[OH^-])$$

式中,a_w 代表有机物溶解态的分数。

八、有机物的光化学降解

自然光,尤其是紫外线($A<400$ nm)极易被有机污染物或活性物质吸收,使有机物分子受激产生激发态分子,或引发活性物质产生强氧化性氧自由基,导致有机物发生强烈的光化学反应,使有机物发生分解。

光解作用是有机污染物真正的分解过程,因为它不可逆地改变了分子的结构,强烈地影响水环境中某些有机污染物的归趋。实验证明,DDT、2,4 - D、辛硫磷、三硝基甲苯、苯并[a]蒽、多环芳烃等均可发生光化学降解(光解)。

有机物的光解可分为直接光解、敏化光解和光催化氧化降解三种类型。

(一) 直接光解

直接光解是指物质本身直接吸收了太阳能而进行分解反应。含有不饱和键或者苯环结构的物质对紫外线及可见光的照射最敏感,容易发生直接光解。例如,间位取代的卤代苯系物在水中很容易发生直接光解,该类物质首先吸收光能,然后在碳卤键位置发生断裂,发生光激发的水解反应,转化为溶解度较高、易降解的羟基衍生物如苯酚等。

(二) 敏化光解

敏化光解又称间接光解,是指水体中存在的天然光敏物质(如腐殖质等)被阳光激发,又将其激发态的能量转移给其他物质而导致其他物质分解的反应。环境中存在着许多天然的光敏剂,对物质的光解起着重要的作用。如2,5 - 二甲基呋喃就是可被敏化光解的一种化合物,其在蒸馏水中暴露于阳光下没有反应,但它在含有天然腐殖质的水中降解很快,这是由于2,5 - 二甲基呋喃自身不能吸收太阳光能,而腐殖质则可以强烈地吸收波长小于500 nm的光,并将部分光能转移给它,从而引起它的光解反应。又如,叶绿素是植物光合作用的光敏剂,它能吸收阳光中的可见光,并将光能传递给水和CO_2来合成糖类和氧气。

(三) 光催化氧化降解

光催化氧化降解是指某些天然活性物质(光催化剂)由于辐射后产生了强氧化性中间体,这些中间体能将化合物氧化分解的反应。在水环境中常见的强氧化性中间体有单重态氧($^1O_2$)、烷基过氧自由基($RO_2 \cdot$)、烷氧自由基($RO \cdot$)或羟基自由基($\cdot OH$)。因此,在有机废水处理技术上,人们常通过加入O_3,H_2O_2,Fe^{3+}等氧化剂或TiO_2,ZnO,CdS,WO_3,Fe_2O_3等半导体光催化剂来强化有机污染物的光解。在光催化氧化反应中,紫外线可促使O_3和H_2O_2等氧化剂分解产生强氧化性的$^1O_2$和$\cdot OH$等自由基,也可促使Fe^{3+}转化为Fe^{2+}过程中产生强氧化性的自由基。例如,在处理高浓度、难降解有毒有机废水方面常用的UV/Fenton催化氧化处理技术中,紫外线不仅可以促使Fenton试剂(Fe^{2+}和H_2O_2的混合体系)中的和H_2O_2分解产生更多强氧化性自由基,从而增强Fenton试剂对有机物的氧化能力,而且会促使Fe^{2+}转化为Fe^{3+},进一步使Fe^{3+}在转化为Fe^{2+}过程中产生强氧化性的自由基,因此,在紫外线辅助下,可以减少Fenton试剂中H_2O_2的用量,并增加有机物分解效率和矿化度。对于TiO_2等半导体光催化剂,主要通过促使催化剂表面发生电子跃迁,从而

产生强氧化性的 $^1O_2$ 和 $\cdot OH$ 等自由基。天然水体中主要的光催化剂为溶解氧。例如,在水中含有溶解氧时,苯并[a]蒽(B[a]A)能在阳光或紫外线作用下被催化氧化,而如除去水中的溶解氧,光照不能使 B[a]A 发生变化。

影响水体中物质进行光化学反应的因素除物质的分子结构外,还包括水体对光的吸收效率、光量子产率、吸收光波长及光照条件(光强和时间)、环境条件等。根据光化学第一定律,只有能吸收辐射(以光子的形式)能量的那些分子才会直接发生光化学转化,即直接发生光化学反应的前提条件是水体污染物的吸收光谱能与太阳光谱在水环境中可利用的部分相匹配。因此,水体对光的吸收作用是水中有机物光解的先决条件。当太阳光射到水体表面,有一部分以与入射角相等的角度反射回大气,从而减少光在水体中的可利用性。一般情况下,这部分反射光的比例小于 10%。此外,进入水体后的光会受水体中颗粒物、可溶性物质和水本身散射作用而发生折射,改变光线的方向,从而影响光化学反应。因此,物质在水体表层容易发生光化学反应,在离水面几米的深处,光化学反应可能很缓慢。光化学反应也受光量子产率影响。虽然所有光化学反应都能吸收光子,但是并不是每一个被吸收的光子均诱发化学反应。被吸收的光子还可能产生辐射跃迁等光物理过程。因此光解速率只正比于单位时间所吸收的光子数,而不是正比于所吸收的总能量。环境条件也影响光量子产率,例如,分子氧在一些光化学反应中会减少光量子产率。在另外一些情况下,它不仅影响光化学反应甚至可能参加光化学反应。因此,进行光解反应速率常数和光量子产率的测量时需要说明水体中分子氧的浓度。有机物的光解对吸收光的波长有很强的选择性。对于大部分有机物而言,紫外线往往对有机物的光解作用比可见光有效。

有机物的光解效率和速率通常随光强的增加而增加。太阳辐射到水体表面的光强,一方面会随波长而变化,特别是近紫外区光强变化很大;另一方面会随太阳辐射角高度的降低而降低。悬浮物不仅会使水体中的光线发生散射,而且可以增加光的衰减,从而影响有机物的光解速率。此外,悬浮物还会改变吸附在它们上的物质的活性,并影响光解速率。

第五节　水体中污染物的生物化学迁移转化

除物理化学过程外,生物化学过程也是水体中污染物迁移转化的重要过程。生物化学过程贯穿在生物生长、新陈代谢和死亡等生命过程中。通过生物化学过程,水体中污染物可以在生物体内富集并沿食物链迁移造成污染物的扩散和积累,威胁人体健康和生态安全;也可以被生物转化为毒性更低或更高的产物。由于生物能将水体中污染物转化为低毒或无毒产物,因此,水处理工程中常用培养微生物和种植水生植物等生物技术来处理污(废)水及天然水体中的污染物。

一、水体中污染物的生物化学过程

水体中污染物的生物化学过程包括生物转运和生物转化,其中生物转运包括吸收、分布和排泄三个过程,生物转化主要有氧化、还原、水解和结合四种反应类型。下面对污染物生物化学过程的基本概念先做一些简单介绍。

污染物的生物吸收是指污染物从生物体外环境通过各种途径进入生物体的过程,是污染物进入生物体的途径,通常包括主动吸收和被动吸收两个过程。主动吸收又称代谢吸收或主动运输,是生物体(细胞)利用其特有的代谢作用所产生的能量做功而使物质逆浓度梯度进入生物体内的过程。生物体在呼吸、摄食等过程摄取食物和营养物质等生命活动的必需物质时,分布在这些物质中的污染物会被主动吸收进入生物体内。通过主动吸收,生物体可以将外界环境中的低浓度污染物吸收并富集积累,导致生物体内的污染物浓度升高。水生生物将水体污染物吸收并成百甚至数千万倍地浓缩,就是依靠主动吸收。被动吸收又称物理吸收或非代谢吸收,是污染物依靠其在生物体(细胞)内外的浓度差,通过扩散作用或其他物理过程而进入生物体内的过程。在这种情况下,污染物分子或离子不需要能量供应,可以直接从浓度高的外液流向浓度低的细胞内,直到浓度相等为止。主动吸收和被动吸收的区别有两点:主动吸收需要能量和载体,可以逆浓度梯度运输;被动吸收不需要消耗能量,且都是顺浓度梯度运输,即靠渗透压来运输。现有的研究表明,只有溶解在溶液(通常为水或生物体液)中的污染物才能被生物吸收。污染物的生物分布是指被吸收进入生物体的污染物及其代谢转化产物,由于扩散或生物体体液流动,被转运分散至生物体各部位组织和细胞的过程。污染物的生物排泄是指进入生物体的污染物及其代谢转化产物被机体清除的过程。

污染物的生物转化是指污染物在生物体内与生物体内物质(如蛋白质等)结合或在生物体内物质(如酶等)的作用下发生分子结构变化形成其他物质甚至生物体自身组织的过程。生物转化是生物体对外源污染物处置的重要环节,是生物体抵抗污染物毒害作用并维持正常生理状态的主要机理。污染物经过生物转化可能形成比母体毒性更低甚至无毒的产物,如有机物可以被生物转化为 CO_2 和 H_2O;也可能形成比母体毒性更大的产物,如 Hg 可以被生物转化为毒性更大的甲基汞。

污染物的生物转运和生物转化都是由生物的代谢过程引起的。生物体自身的内代谢过程可分为合成代谢和分解代谢两个方面,二者同时进行。合成代谢又称同化作用或生物合成,是从小的前体或构件分子(如氨基酸和核苷酸)合成较大的分子(如蛋白质和核酸)的过程。分解代谢(异化作用)指机体将来自环境或细胞自身储存的有机营养物质分子(如糖类、脂类、蛋白质等),通过反应降解成较小的、简单的终产物(如二氧化碳、乳酸、氨等)的过程。内源呼吸是生物体分解代谢的重要机理,是细胞物质进行自身氧化并放出能量的过程。当碳源等营养物质充足时,细胞物质大量合成,内源呼吸并不显著;当缺乏营养物质时,细胞则只能通过内源呼吸氧化自身的细胞物质而获得生命活动所需的能量。污染物在生物体酶的催化作用下发生的代谢转化是有机污染物主要的生物转化过程和最重要的环境降解过程。有机物在生物体内的降解存在两种代谢模式:生长代谢(growth metabolism)和共代谢(cometabolism)。在生长代谢中,有机污染物可以作为生物生长基质为生物生长提供能量和碳源,并在生物体内参与生物体细胞组分的合成过程,使生物生长、增殖。在生长代谢过程中,生物可快速、彻底地降解或矿化有机物。因此,能被生长代谢的污染物通常对环境威胁较小。共代谢是指有机污染物不能作为唯一基质为生物生长提供所需的碳源和能量,但是它们能在其他物质提供碳源和能量的情况下,在生物生长过程中被生物利用或分解。共代谢在那些难降解的物质降解过程中起着重要作用。通过几种生物的一系列共代谢作用,可使某些特殊有机污染物彻底降解。生长代谢和共代谢具有截然不同的代谢特征和降解速率。以某个污染物作为唯一碳源培养生物,便可通过生物的生长情况鉴定其代谢是否属生长代谢。此外,生长代谢存在一个滞后期,即一个物质在开始降解前必须使生物群落适应这种物质,这个滞后期一般需要 2~50 d。但是,一旦生物群落适应了这种物质,其降解速率是相当快的。共代谢没有滞后期,降解速率一般比完全驯化的生长代谢慢。共代谢并不能为生物提供能量,也不影响种群多少,但其代谢速率直接与生物种群的多少成正比。影响污染物生物代谢的主要因素包括有机物本身的化学结构和生物的种类。此外,一些环境因素如温度、pH、反应体系的溶解氧等也能影响生物代谢降解有机物的速率。

污染物在生物体内的浓度取决于生物体对污染物的摄取(吸收)和消除(排泄及代谢转化)这两个相反过程的速率,若摄取量大于消除量,就会出现该污染物在生物体内逐渐增加的现象,称为生物积累。生物体内污染物的积累量是污染物被吸收、分布、代谢转化和排泄量的代数和。污染物在生物体内吸收积累的强度和部位与生物体的特性及污染物的性质有关。难分解或难排泄的污染物及其转化产物通常容易在生物体内积累。许多有机污染物如苯、多氯联苯及其脂溶性代谢产物等,会通过分配作用,溶解积累于生物体的脂肪组织;钡、锶、铍、镭等金属,会经离子交换吸附,进入骨骼组织的无机羟磷灰盐中而积累。污染物的生物积累常导致其在生物体内的富集和放大。生物富集是指生物体从体外环境蓄积某种元素或难降解的物质,使其在体内浓度超过周围环境中浓度的现象。从动力学上来看,生物体对水中难降解污染物的富集速率,是生物对其吸收速率、消除速率及由生物机体质量增长引起的物质稀释速率的代数和。生物体对污染物的吸收速率越大,越容易富集;而消除速率及稀释速率越大,则越不易富集。生物放大是指在同一食物链上的高营养级生物,通过吞食低营养级生物蓄积某种元素或难降解物质,使其在机体内的浓度随营养级数提高而增大的现象。生物放大并不是在所有条件下都能发生,有些物质只能沿食物链传递,不能沿食物链放大;有些物质既不能沿食物链传递,也不能沿食物链放大。生物积累、富集和放大可在不同侧面为评估水体环境中污染物的迁移及可能造成的生态环境危害、利用生物对环境进行监测及净化、制定污染物环境排放标准等提供重要的科学理论依据。

生物对水中污染物的积累、富集及放大等现象都可用生物浓缩因子(生物富集系数,BCF)表示,即

$$BCF = \frac{c_b}{c_w}$$

式中,c_b 为某种元素或难降解物质在生物体中的浓度;

c_w 为某种元素或难降解物质在水中的浓度。

污染物的生物浓缩因子大小主要与生物特性、污染物特性和环境条件三方面因素有关。生物、污染物或环境条件不同,污染物的 BCF 间可以相差几万倍甚至更多。生物特性主要指生物种类、大小、性别、器官、生长发育阶段等,如金枪鱼和海绵对铜的 BCF 分别为 100 和 1 400。影响 BCF 的污染物重要特性包括可降解性、脂溶性和水溶性。一般难降解、脂溶性高的污染物,BCF 较高,如虹鳟对 $2,2',4,4'$-四氯联苯的 BCF 为 12 400,而对四氯化碳的 BCF 为 17.7。温度、盐度、硬度、pH、溶解氧和光照状况等环境条件也会影响 BCF。例如,翻车鱼对多氯联苯的 BCF 在水温 5 ℃时为 $6.0×10^3$,而在 15 ℃时为 $5.0×10^4$。生物积累、富集和生物放大,可以导致位于食物链顶级的生物体中污染物浓度是水体中污染物浓度的

環境化学

几千万倍。例如,很多研究发现在受 DDT 污染的湖泊生态系统中,位于食物链顶级的以鱼类为食的水鸟体内 DDT 浓度,比当地湖水中浓度高出几千万倍。水生生物对水中物质的吸收富集是一个复杂过程。但是对于高脂溶性的难降解有机污染物,它们主要以被动吸收方式通过生物膜,其生物吸收富集的机理可简单认为是该类物质在水和生物体脂肪组织两相间的分配作用。研究发现,有机物在正辛醇(一种类似生物脂肪的纯化合物)-水两相分配系数的对数($\lg K_{ow}$)与其在生物体中生物浓缩因子的对数($\lg$ BCF)间存在良好的线性关系,通式为

$$\lg \text{BCF} = a \lg K_{ow} + b$$

式中,a,b 为经验回归系数。

这一经验关系可以预测各类脂溶性难降解有机污染物在各种生物体中的吸收富集情况。

二、重金属的生物甲基化作用

金属甲基化作用是指金属元素的生物甲基化,是环境中一个重要的生物转化机理。环境中的一些重金属(如 Hg,Sn,Pb 等)及类金属(如 As、Se、S 等)都能被生物甲基化。目前研究得较清楚的是 Hg 和 As 的生物甲基化作用。汞的生物甲基化就是金属汞和二价汞离子等无机汞在生物特别是微生物的作用下转化成甲基汞或二甲基汞,其转化机理主要有酶促反应和非酶促反应两种。前者是以一种厌氧细菌(甲烷形成细菌)合成的甲基钴胺素作为甲基供体,在有腺苷三磷酸(ATP)和中等还原剂的条件下把无机汞转化成甲基汞或二甲基汞。后者是由微生物直接参与进行,甲基的供体是 S-腺苷甲硫氨酸和维生素 B_{12}。

无机汞在微生物的作用下,可转化为毒性更强的甲基汞,而甲基汞又可沿食物链在生物体内逐级富集放大,最后进入人体。1967 年瑞典学者詹森(Jeasen)和吉尔洛夫(Jernlov)首先指出,淡水水体底泥中的厌氧细菌能够使无机汞甲基化,形成甲基汞和二甲基汞,存在两种可能的反应:

$$Hg^{2+} + 2R\text{---}CH_3 \longrightarrow (CH_3)_2Hg \longrightarrow CH_3Hg^+$$
$$Hg^{2+} + R\text{---}CH_3 \longrightarrow CH_3Hg^+ \longrightarrow (CH_3)_2Hg$$

1968 年美国学者伍德(J. M. Wood)用甲烷细菌的细胞提取液做实验,证明维生素 B_{12} 的甲基衍生物(如甲基钴胺素)能使无机汞转化为甲基汞和二甲基汞,从而证实了瑞典学者的假说。根据伍德的研究,辅酶(methylcorrinoidderivative)能使甲基钴胺素给出 CH_3^-,反应如下:

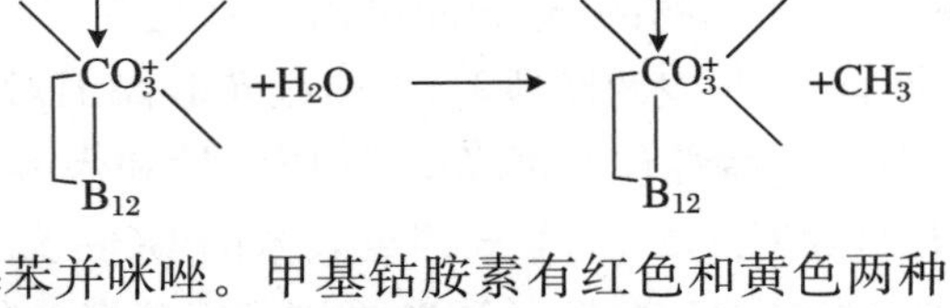

式中,B_{12} 为 5,6-次甲基苯并咪唑。甲基钴胺素有红色和黄色两种,可以相互转化,这两种甲基钴胺素在辅酶作用下均能与 Hg^{2+}(如双乙酸汞)反应生成甲基汞:

· 102 ·

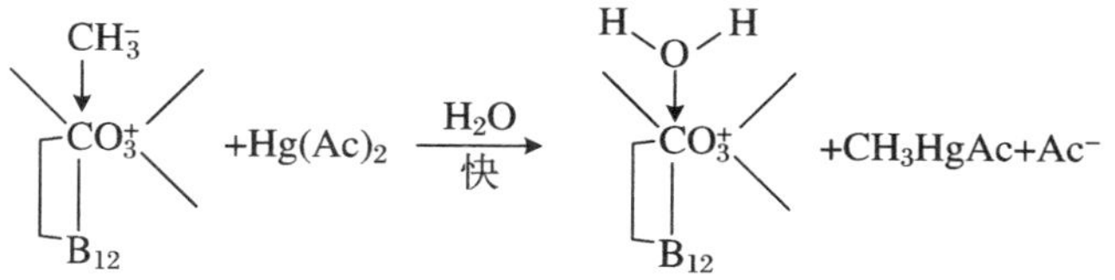

红色：甲基钴氨素

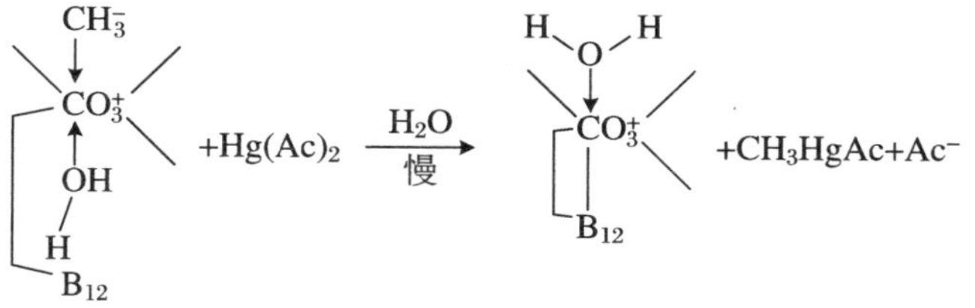

黄色：甲基钴氨素

以上反应无论在富氧条件还是在缺氧条件下,只要有甲基钴胺素存在,在微生物作用下反应就能实现,故甲基钴胺素是汞生物甲基化的必要条件。影响无机汞生物甲基化的因素很多,主要包括:

1. 无机汞的形态

研究表明,只有二价汞离子对生物甲基化是有效的,Hg^{2+} 浓度越高,对生物甲基化越有利。水体中的其他形态的汞都要转化为 Hg^{2+} 后才能被生物甲基化。单质汞(Hg)和硫化汞的生物甲基化过程可表示如下:

$$HgS \underset{I}{\rightleftharpoons} Hg^{2+} \underset{II}{\rightleftharpoons} CH_3Hg^+$$

对于单质汞来说,过程Ⅱ是生物甲基化速率的控制步骤。对于 HgS 来说,过程Ⅰ的速率极慢,为甲基化控速步骤。

2. 微生物的数量和种类

参与生物甲基化过程的微生物越多,甲基汞合成速率就越快。

3. 水温、营养物

由于生物甲基化速率与水体中微生物活性有关,适当提高水温和增加营养物必然促进和增加微生物的活性,因而有利于生物甲基化作用的进行。

4. 沉积层中富汞层的位置

在沉积物的最上层和水中悬浮物的有机质部分最容易发生生物甲基化作用。

5. pH 对生物甲基化的影响

pH 较低时(小于 5.67,最佳为 4.5)有利于甲基汞的生成;pH 较高时,有利于二甲基汞的生成。甲基汞和二甲基汞之间可以互相转化。当水体的 pH 较高时,甲基汞易转化为二甲基汞;而当 pH 较低时,二甲基汞易转化为甲基汞:

$$(CH_3)_2Hg + H^+ \rightleftharpoons CH_3Hg^+ + CH_4$$

由于甲基汞溶于水,pH 较低时以 CH_3HgCl 形式存在,故水体 pH 较低时,鱼体内积累的甲基汞含量较高。

除汞的生物甲基化作用外,有人发现天然水中,在非生物的作用下,只要存在甲基给予体,汞也可被甲基化。Hg^{2+} 在乙醛、乙醇或甲醇作用下,经紫外线照射可发生甲基化。此外,一些哺乳动物和鱼类本身也存在汞的甲基化过程。水体中的甲基汞可通过食物链而富集于生物体内。例如,藻类对甲基汞的生物浓缩因子可高达 5 000～10 000。即使水中汞含量极微,但通过生物富集和食物链放大就会大大提高汞对人体健康的危害。水俣病主要是人们食用含有大量甲基汞的鱼、贝等水产品导致的。

砷与汞一样,也可以被生物甲基化。砷化合物可在厌氧细菌作用下被还原,然后与甲基作用,生成毒性很大的易挥发的二甲基胂和三甲基胂(反应过程如下)。

二甲基胂和三甲基胂虽然毒性很强,但在环境中易氧化为毒性较低的二甲基胂酸。

三、无机氮污染物的生物转化

氮是构成生物有机体的基本元素之一,主要以分子态氮、有机氮化合物及无机氮化合物三种形态存在。无机氮化合物又分为硝酸盐氮、亚硝酸盐氮和氨氮。在水环境中,氮元素的各种形态可以通过生物的同化、氨化、硝化、反硝化等作用不断发生相互转化。植物和微生物可以吸收铵盐和硝酸盐等无机氮化合物,并将它们转化为有机体内的含氮有机物(这个过程称为同化作用)。含氮有机物也可以经过微生物分解产生铵根(即氨化作用)。铵盐中的铵根在有氧条件下,通过微生物作用,可以被氧化逐渐形成亚硝酸盐和硝酸盐(即硝化作用)。氨氮对于大多数植物是有毒害作用的。植物摄取的氮元素主要是以硝酸盐为主,只有一些能够适应缺氧条件的植物如水稻、湿地植物等能吸收氨氮。因此,硝化作用对植物生长具有很重要的作用。硝酸盐在缺氧条件下,可被微生物还原为亚硝酸盐、氮气和氨氮(即反硝化作用)。

氨氮在微生物的硝化作用下主要发生如下两阶段氧化反应,生成亚硝酸盐和硝酸盐:

$$2NH_3 + 3O_2 \longrightarrow 2H^+ + 2NO_2^- + 2H_2O + 能量$$

$$2NO_2^- + O_2 \longrightarrow 2NO_3^- + Energy$$

能够进行硝化反应的微生物大都是以二氧化碳为碳源的自养型细菌。它们从氨氮氧化转化生成亚硝酸盐和硝酸盐的过程中摄取反应产生的能量。硝化反应是微生物的好氧呼吸作用导致的耗氧反应,通常只有在合适的环境条件下才能进行,这些条件包括:① 水体溶解氧含量高;② 微生物最适宜生长的温度约为 30 ℃,低于 5 ℃或高于 40 ℃时,硝化细菌和亚硝化细菌很难存活;③ 水体为中性或微碱性,在 pH 大于 9.5 时,硝化细菌活动受到抑制,而亚硝化细菌活动则非常活跃,会导致水体中亚硝酸盐的积累;在 pH 小于 6.0 时,亚硝化细菌活动被抑制,整个硝化反应很难发生。除自养型硝化细菌外,还有些异养型细菌、真菌和放线菌能将氨氮氧化成亚硝酸盐和硝酸盐。异养型微生物对氨氮的氧化效率远不如自养型细菌高,但其耐酸,并对不良环境的抵抗能力较强,所以在自然界的硝化过程中也发挥着一定的作用。硝化反应是污(废)水生物脱氮工艺中的核心反应之一。

在缺氧条件下,微生物对硝酸盐的还原作用有两种完全不同的途径。一是利用其中的硝酸盐作为氮源,将硝酸盐还原成氨,进而合成氨基酸、蛋白质和其他含氮有机高分子化合物,称为同化性硝酸盐还原作用:$NO_3^- \longrightarrow NH_4^+ \longrightarrow$ 含氮有机高分子化合物。许多细菌、放线菌和真菌能利用硝酸盐作为氮源。另一途径是利用 NO_2^- 和 NO_3^- 为呼吸作用的最终电子受体,把硝酸盐还原成氮分子(N_2),发生反硝化作用(或脱氮作用):$NO_3^- \longrightarrow NO_2^- \longrightarrow N_2$。能进行反硝化作用的只有少数细菌,这个生物群称为反硝化细菌。大部分反硝化细菌是异养型细菌,例如脱氮小球菌、反硝化假单胞菌等,它们以有机物为氮源和能源,进行厌氧呼吸,其生化过程可用下式表示:

$$C_6H_{12}O_6 + 12NO_3^- \longrightarrow 6H_2O + 6CO_2 + 12NO_2^- + 能量$$

$$5CH_3COOH + 8NO_3^- \longrightarrow 6H_2O + 10CO_2 + 4N_2 + 8OH^- + 能量$$

少数反硝化细菌为自养型细菌,如脱氮硫杆菌,它们通过氧化硫或硝酸盐获得能量,同化二氧化碳合成自身细胞物质,并以硝酸盐作为呼吸作用的最终电子受体。其生化过程可用下式表示:

$$5S + 6KNO_3 + 2H_2O \longrightarrow 3N_2 + K_2SO_4 + 4KHSO_4$$

在有机和含氮污(废)水处理工程中的生物处理单元,常设置一个反硝化装置,以防止污(废)水中的硝酸盐和亚硝酸盐排入水体造成富营养化等污染。微生物的反硝化作用只有在合适的厌氧条件下才能进行:一是水体环境氧分压越低,微生物反硝化能力越强;二是水体必须存在有机物作为碳源和能源;三是水体一般是中性或微碱性;四是温度通常在 25 ℃左右。

四、有机物的生物转化

有机物在微生物的催化作用下发生降解的反应称有机物的生化降解反应。水体中的生物,特别是微生物能使许多物质进行生化降解反应,绝大多数有机物因此而降解成为更简单的物质。水体中很多有机物如糖类、脂肪、蛋白质等比较容易降解,一般经过醇、醛、酮、脂肪酸等生化氧化阶段,最后降解为二氧化碳和水。有机物生化降解的基本反应可分为两大类,即水解反应和氧化反应。对于有机氯农药、多氯联苯、多环芳烃等难降解有机污染物,降解过程中除上述两种基本反应外,还可能发生脱氯、脱烷基等反应。

(一)生化水解反应

生化水解反应是指有机物在水解酶的作用下与水发生的反应。在反应中,有机物(RX)的官能团 X- 和水分子中的 OH- 发生交换,反应式可表示如下:

$$RX + H_2O \longrightarrow ROH + HX$$

水解是很多有机物发生分解的重要途径。能在环境中发生水解反应的有机物主要有烷基卤化物、酰胺类、脂类等。多糖在水解酶的作用下逐渐水解成二糖、单糖、丙酮酸:

$$(C_6H_5O_5)_n \xrightarrow{水解酶} C_{12}H_{22}O_{11} \xrightarrow{水解酶} C_6H_{12}O_6 \xrightarrow{水解酶} Pyruvate$$

烯烃的水解反应可表示如下:

$$RHC = CHR' + H_2O \xrightarrow{Enolase} RCH_2\underset{|}{\overset{}{C}}HR' \quad OH$$

蛋白质在水解酶的作用下逐渐水解成多肽、氨基酸和有机酸:

$$Protein \xrightarrow{\text{水解酶}} Polypetide \xrightarrow{\text{水解酶}} \text{水解酶 mino acid} \xrightarrow{\text{水解酶}} NH_3 + Organic\ caid$$

其中氨基酸的水解脱氢反应如下:

$$CH_3\,CHCOOH + H_2O \xrightarrow[\text{hydrolases}]{\text{Peptide}} CH_3\,CHCOOH + NH_3$$
$$\qquad\quad |\qquad\qquad\qquad\qquad\qquad\qquad\quad |$$
$$\qquad\quad NH_2\qquad\qquad\qquad\qquad\qquad\qquad OH$$

(二) 生化氧化反应

在微生物作用下发生的有机物的氧化反应称为生化氧化反应。有机物在水环境中的生化氧化降解,一部分是被生物同化,为生物提供碳源和能量,转化成生物代谢物质;另一部分则被生物活动产生的酶催化分解。微生物对有机物的生化氧化是其呼吸作用导致的。微生物的呼吸作用是微生物获取能量的生理功能。自然水体中能分解有机物的微生物种类很多,根据这些微生物呼吸作用与氧气需要程度的关系,常分为好氧微生物和厌氧微生物。厌氧微生物能在缺氧条件下进行厌氧呼吸,并氧化分解有机物;好氧微生物能利用氧气进行好氧呼吸,并氧化分解有机物。有机污染严重的水体往往缺氧,在这种情况下有机物的分解主要靠厌氧微生物进行。

由于呼吸作用是生化氧化和还原的过程,存在着电子、原子转移。在有机物的生物分解和合成过程中,都有氢原子的转移。因此,呼吸作用按受氢体的不同划分为好氧呼吸和厌氧呼吸。有机物的生化氧化大多数是脱氢氧化。脱氢氧化时可从—CHOH—或—CH$_2$—CH$_2$—基团上脱氢:

$$RCHCOOH \xrightarrow{-2H} RCCOOH$$
$$\quad |\qquad\qquad\qquad\qquad \|$$
$$\quad OH\qquad\qquad\qquad\ O$$

$$RCH_2CH_2COOH \xrightarrow{-2H} RCH=CHCOOH$$

脱去的氢转给受氢体,若以氧分子作为受氢体,则该脱氢氧化称好氧呼吸过程;若以化合氧(如 CO_2,SO_4^{2-},NO_3^- 等)作为受氢体,即为厌氧呼吸过程。

在微生物作用下脱氢氧化时,从有机物分子上脱下来的氢原子往往不是直接交给受氢体,而是首先将氢原子传递给载氢体 NAD,形成 NADH$_2$,同时放出电子:

$$\text{有机物} + NAD \longrightarrow \text{有机氧化物} + NADH_2$$

在好氧呼吸过程中,生物氧化酶利用有机物放出的电子激活游离氧,而氢原子经过一系列载氢体的传递后,与激活的游离氧分子结合形成水分子。因此,好氧呼吸过程是脱氢和氧活化相结合的过程,是有分子氧参与的生化氧化,反应的最终受氢体是分子氧,在这个过程中同时放出能量。在微生物好氧呼吸过程中,有机物通常能被彻底氧化为二氧化碳和水。除了有机物能为好氧呼吸提供电子外,无机物如 S^{2-} 和 NH_4^+ 等也可以作为电子供体发生好氧氧化(如硝化反应),生成 SO_4^{2-} 和 NO_3^- 等,同时放出能量。厌氧呼吸是无分子氧存在下发生的生化氧化。厌氧微生物只有脱氢酶系统,而没有氧化酶系统。在厌氧呼吸过程中,有机物中的氢被生物脱氢酶活化,并从有机物中脱出来交给辅酶(载氢体 NAD),然后传递给除氧以外的有机物或无机物,使其还原。厌氧呼吸的电子受体不是分子氧。

1. 厌氧氧化

有机物的厌氧氧化包括发酵和厌氧呼吸两类。发酵是指供氢体和受氢体都是有机物的生化氧化作用。在厌氧氧化中,发酵通常不能使有机物彻底氧化,最终产物不是二氧化碳和水,而是一些较原来有机物简单的化合物。发酵包括酸性发酵和碱性发酵两类。酸性发酵主要由兼性微生物的厌氧呼吸导致,这类微生物可以在含微量分子氧的水中生长繁殖,并通过厌氧呼吸作用把大分子断裂成小分子有机物,并进一步使这些小分子有机物转化成有机酸。碱性发酵主要由甲烷细菌的厌氧呼吸导致。甲烷细菌是专一性的绝对厌氧细菌,只能在完全没有分子氧的弱碱性(一般 pH 为 7~8)水体中生长繁殖。它们能把有机酸进一步分解为 CH_4,CO_2,NH_3 及 H_2S 等气体产物。甲烷细菌对有机酸的碱性发酵反应过程可示意如下:

$$CH_3COOH \longrightarrow CH_4 + CO_2$$

$$CO_2 + 4NADH_2 \longrightarrow CH_4 + 2H_2O + 4NAD$$

产甲烷过程是自然水体中有机物生物处理和降解的主要过程。在有机废水的生物处理过程中,厌氧氧化通常是高浓度有机废水生物处理的前端工艺,也被用来降解削减产生的活性污泥。有机废水厌氧生物处理的优点在于运行费用低(省却了加氧费用)、剩余污泥少及可回收能源(CH_4)等;其缺点在于会产生 H_2S 等有毒气体和反应速率慢,常导致工艺单元操作处理时间长、构筑物容积和占地面积大等问题。

除了有机物外,无机氧化物如 SO_4^{2-} 和 NO_3^- 等也可代替分子氧作为最终受氢体发生生化氧化,如反硝化作用,这个过程称为厌氧呼吸。除了反硝化细菌能对有机物(如 $C_6H_{12}O_6$)产生厌氧氧化外,硫酸盐还原菌对有机物也能实行厌氧氧化,该反应把 SO_4^{2-} 作为受氢体,接受氢原子最终形成硫化氢:

$$C_6H_{12}O_6 + 6H_2O \longrightarrow 6CO_2 + 24[H]$$

$$SO_4^{2-} + 10[H] \longrightarrow H_2S + 4H_2O + 2e^-$$

总的反应式如下:

$$5C_6H_{12}O_6 + 12SO_4^{2-} \longrightarrow 30CO_2 + H_2S + 18H_2O + 2e^- + 能量$$

反硝化作用对有机物厌氧氧化的总反应式可表示如下:

$$C_6H_{12}O_6 + 4NO_3^- \longrightarrow 6CO_2 + 2N_2 + 6H_2O + 4e^- + 能量$$

在厌氧呼吸中,供氢体和受氢体间也需要细胞色素等载氢体。

2. 好氧氧化

好氧微生物在生长过程中要大量消耗水中的溶解氧,因此,只有在溶解氧含量丰富的水体中才能生长繁殖。好氧微生物能以水中的有机物作为它们进行新陈代谢的营养物,并把有机物氧化为二氧化碳和水及少量 NO_3^- 等,例如,可以通过如下主要途径把甲烷氧化为二氧化碳和水:

$$CH_4 \longrightarrow CH_3OH \longrightarrow HCHO \longrightarrow HCOOH \longrightarrow CO_2 + H_2O$$

较高级烷烃主要通过单端氧化、双端氧化或次末端氧化三条途径降解为脂肪酸,脂肪酸再经过其他有关生化反应,最后分解为二氧化碳和水。在有机废水的好氧生物处理中,约有 2/3 会被转化合成新的原生质(细胞质),实现微生物自身生长繁殖;剩余的 1/3 被分解降解,并为微生物生理活动提供所需的能量。相对于厌氧生物处理,好氧生物处理具有反应速率快、氧化降解彻底、散发臭气少等优点。常见的好氧生物处理法有活性污泥法和生物膜法两大类。

（三）典型有机污染物的生化降解途径

有机物的生化降解是水体自净的最重要途径。水体中各类有机物生化降解通常按照某种固定的反应路径进行，不同有机物的生化降解路径有较大的差别。水体中有些物质如糖类、脂肪、蛋白质等比较容易降解，有机氯农药、多氯联苯、多环芳烃等难降解。总的来说，直链烃易被生化降解，支链烃降解较难，芳烃降解更难，环烷烃降解最为困难。下面以饱和烃、苯、有机酸的生化降解为例做简单介绍。

饱和烃的氧化按醇、醛、酸的路径进行：

$$RCH_2CH_3 \xrightarrow{-2H} RHC = CH_2 \xrightarrow{+H_2O} RCH_2CH_2OH \xrightarrow{-2H} RCH_2CHO$$
$$\xrightarrow{+2H_2O,\ -2H} RCH_2CHO$$

苯环的分裂、芳香族化合物的氧化按酚、二酚、醌、环分裂的路径进行：

$$\text{苯} \xrightarrow{+H_2O} \text{苯酚—OH} \xrightarrow{+H_2O} \text{邻苯二酚} \begin{array}{c} OH \\ OH \end{array} \xrightarrow{-2H} \text{醌} \begin{array}{c} O \\ O \end{array} \longrightarrow \begin{array}{c} COOH \\ COOH \end{array}$$

有机酸的 β－氧化：有机酸在含巯基（－SH）的辅酶 A（以 HSCoA 表示）作用下发生 β－氧化：

$$RCH_2CH_2COOH + HSCoA \xrightarrow{-H_2O} RCH_2CH_2COSCoA$$
$$\xrightarrow{+H_2O,\ -2H} RCH(OH)CH_2COSCoA$$

RCOSCoA 可进一步发生 β－氧化使碳链不断缩短。若有机酸的碳原子总数为偶数，则最终产物为乙酸；若碳原子总数为奇数，则最终生成乙酸后，同时生成甲酰辅酶 A（HCOSCoA）。甲酰辅酶 A 立即水解成甲酸：

$$HCOSCoA + H_2O \longrightarrow HCOOH + HSCoA$$

酶催化剂 HSCoA 继续起催化作用。同样，反应中生成的乙酰辅酶 A 也可水解生成乙酸。在缺氧条件下，上述有机物生化反应生成的小分子有机酸如甲酸、乙酸和丙酮酸等是最终产物；而在有氧条件下，这些小分子有机酸会被好氧微生物进一步彻底氧化为二氧化碳和水。

值得指出的是，微生物虽然对大部分有机物有降解作用，但在有机物浓度很低的情况下不起主要作用，即可能存在一个"极限浓度"。所谓极限浓度，是指维持微生物生长的最低有机物浓度。极限浓度的存在也可能是由于一些有机物在微量浓度下具有特别的稳定性，能够抵抗生物的降解。典型的有 2,4－D，如 2,4－D 在天然水体中质量浓度为 $0.22\sim22$ mg/L 时，经过 8 d 无机化率达 80%；当质量浓度为 $0.22\sim22$ μg/L 时，经过相同时间的无机化率仅有 10%，故当以微量浓度存在时，2,4－D 能在水体中稳定数年。除"极限浓度"外，还有以下几个因素不利于微生物对有机物的生化降解：① 有机物沉积在微小环境中，接触不到微生物；② 微生物缺乏生长的基本条件（碳源及其必需营养物）；③ 微生物受到环境毒害（不合适的 pH 等因素）；④ 在生化反应中起催化作用的酶被抑制或失去活性；⑤ 分子本身具有阻碍酶作用的化学结构，致使有机物难以被生化降解，甚至几乎不能进行生化反应。

（四）水体中耗氧有机物分解与溶解氧平衡

有机物被好氧微生物氧化分解时会消耗水中大量的溶解氧,这类有机物被称为耗氧有机物。在水体中,由于耗氧有机物的生化氧化降解会导致溶解氧降低,并破坏大气中的氧气浓度和水体中的氧浓度间的平衡,使大气中的氧气补充到水体中。因此,对于一个天然水体,如湖泊或河流,水中耗氧有机物的浓度和溶解氧浓度有如图 3.13 所示的变化规律,该图称为耗氧有机物分解与溶解氧平衡模式图。在图中,纵坐标表示水体溶解氧（DO）、好氧生物即时需氧量（OD）和总生化需氧量（BOD）;对于河流,横坐标表示流向及距离［以英里（mile）计,1 mile = 1.609 km］,对于湖泊,横坐标表示时间（以 d 计）。根据耗氧有机物分解与溶解氧平衡模式图,可把河流分为清洁区、恶化区、恢复区和洁净区。

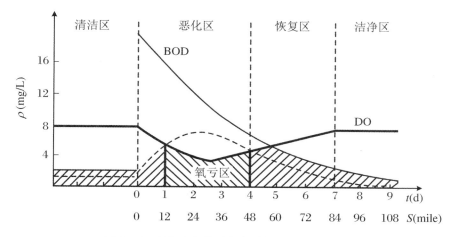

图 3.13　耗氧有机物分解与溶解氧平衡模式图

在清洁区,水体没有受到污染,耗氧有机物浓度非常低且水体含有丰富的溶解氧,好氧微生物生长繁殖由于缺乏有机营养物质而受到抑制,因此,好氧微生物生理活动耗氧的速率远低于大气向水体补充氧气的速率,只需要向水体补充少量的氧就能使水中溶解氧饱和（正常溶解氧为 8 mg/L）。

在恶化区,当污水从 0 点排入时,由于耗氧有机物大量排入水体,好氧微生物开始迅速生长繁殖,其生长繁殖所需的氧（OD）也迅速增加,有机物被好氧微生物分解,而且耗氧有机物被好氧微生物氧化降解耗氧的速率大于大气向水体补充氧的速率,导致水中实际溶解氧（DO）降低;但在这个初始阶段,由于水体含有丰富的 DO,尽管 DO 降低,仍能满足好氧微生物生长繁殖的需求;随着好氧微生物继续生长繁殖,其生长繁殖所需氧量（OD）继续增加,水体 DO 进一步降低,从而不能满足好氧微生物生长繁殖的需氧量,出现水体溶解氧亏缺现象。此时,好氧微生物会继续利用水体中残余的溶解氧生长繁殖,使水体 DO 继续降低到最低点,同时微生物生物量由于水体 DO 的限制达到最大值,其生长繁殖的需氧量（OD）也达到最大值;此后,由于耗氧有机物氧化降解,有机物浓度降低,微生物生物量及生长繁殖的需氧量（OD）开始降低,当好氧微生物生长的耗氧速率小于大气向水体补充氧的速率后,水中实际溶解氧（DO）开始缓慢回升。

当水中实际溶解氧（DO）大于好氧微生物氧化有机物生长耗氧的需求量时,水体进入恢复区。在恢复区,由于有机物浓度继续降低,微生物生物量及生长繁殖的需氧量(OD)也继续降低,而水体实际溶解氧(DO)则由于大气中氧的补充继续增加,直至恢复到污水排入前的水平,即水体恢复到洁净状态。需要特别关注的是,好氧微生物生长有一个延滞期,因此,好氧微生物生长所需的最大需氧量(OD)并不是出现在耗氧有机污水刚排入浓度最大时,而是在排入一段时间以后才出现。其次,图中 BOD 表示的是某个时间点氧化所有耗氧有机物所需要的溶解氧,而不是该时间点微生物氧化降解耗氧有机物生长的实际需氧量。最后,由于微生物生长受水体溶解氧限制,微生物氧化降解耗氧有机物生长的实际需氧量(OD)的最大值不会超过水体的饱和溶解氧。

1. 耗氧作用定律

耗氧有机物氧化降解速率符合 1944 年 Streeter 和 Phelps 提出的耗氧作用定律,即有机物的生物化学氧化速率与尚未被氧化的有机物的浓度成正比:

$$-\frac{dL}{dt} = kL$$

$$\lg\left(\frac{L_t}{L}\right) = -kt$$

可以推断

$$\frac{L_t}{L} = 10^{-kt} \text{ 或 } L_t = L \times 10^{-kt}$$

式中,L 为起始时的有机物浓度;

L_t 为 t 时的有机物浓度;

L_t/L 为剩余的有机物占起始有机物的比例;

k 为耗氧速率常数,单位为 d^{-1},普通生活污水在 20 ℃时的 k 为 0.1 d^{-1};

t 为时间,单位为 d^{-1}。

Streeter-Phelps 定律的另一表达形式为

$$y = L(1 - 10^{-kt})$$

式中,y 为 t 时间内已分解的有机物量。

由 Streeter-Phelps 定律的表达式可知,有机物的正常生化氧化速率在 $k = 0.1$ d^{-1}时,每天氧化前一天剩余的有机物的 20.6%。虽然有机物氧化速率不变,但每天氧化的量却逐渐减少(表 3.2)。从表中还可看出,经过 3 d,有机物分解 50%,即有机物的半衰期($t_{1/2}$)为 3 d。在正常分解速率下,20 ℃时的五日生化需氧量(BOD$_5$)相当于有机物总耗氧量的 68.4%。

表 3.2 普通生活污水有机物的氧化速率(20 ℃,$k = 0.1$ d^{-1})

时间(d)	剩余量	当天氧化量	积累氧化量
0	100%	0%	0%
1	79.4%	20.6%	20.6%
2	63.1%	16.3%	36.9%
3	50.0%	13.1%	50.0%
4	39.8%	10.2%	60.2%

续表

时间(d)	剩余量	当天氧化量	积累氧化量
5	31.6%	8.2%	69.4%
6	25.0%	6.6%	75.0%
7	20.0%	5.0%	80.0%
8	15.8%	4.2%	84.2%
9	12.6%	3.2%	87.4%
10	10.0%	2.6%	90.0%
11	7.9%	2.1%	92.1%
12	6.3%	1.6%	93.7%
13	5.0%	1.3%	95.0%
14	4.0%	1.0%	96.0%
15	3.2%	0.8%	96.8%
16	2.5%	0.7%	97.5%
17	2.0%	0.5%	98%
18	1.6%	0.4%	98.4%
19	1.3%	0.3%	98.7%
20	1.0%	0.3%	99.0%

温度对耗氧速率常数 k 有很大的影响,其关系式为

$$k_1 = k_2\theta(t_1 - t_2)$$

式中,k_1,k_2 为相应温度 t_1 和 t_2 时的耗氧速率常数;

θ 为温度系数。

在河流温度范围内,实验所得温度系数 $\theta = 1.047$,即

$$k_t = k_{20℃} \times 1.047(t - 20)$$

已知 20 ℃时,$k = 0.1\ \mathrm{d}^{-1}$,$t_{1/2}$ 为 3 d,BOD_5 仅为 68.4%;当温度升高至 29 ℃时,k 为 $0.15\ \mathrm{d}^{-1}$,$t_{1/2}$ 为 2 d,BOD_5 为 82%;当温度下降至 14 ℃时,k 下降至 $0.075\ \mathrm{d}^{-1}$,$t_{1/2}$ 为 4 d,BOD_5 下降为 58%。

有机物生化降解的耗氧作用是一个复杂的生物化学过程,以上讨论的只是一般正常的耗氧情况。自然界中,由于影响因素较多,因而会出现很多偏离的情况,但 Streeter-Phelps 定律对河流中有机物耗氧作用的研究仍有实际应用价值。

2. 复氧作用定律

当耗氧使水中溶解氧下降到饱和浓度以下时,大气中的氧向水中补充,这种作用称为复氧作用,它受溶解定律和扩散定律所控制,即溶解速率与溶解氧低于饱和浓度的亏缺值成正比以及在水中两点间的扩散速率与两点间的浓度差成正比。根据这两条定律,Phelps 确定了静水中的复氧作用的公式:

$$D = 100 - \left(1 - \frac{B}{100}\right) \times 81.06\left(\mathrm{e}^{-k} + \frac{\mathrm{e}^{-9k}}{9} + \frac{\mathrm{e}^{-25k}}{25} + \cdots\right)$$

式中,D 为经复氧后溶解氧的含量(各深度的平均饱和度);

B 为复氧开始的溶解氧的含量；

K 为常数，$k = \dfrac{\pi^2 \cdot \alpha \cdot t}{4L^2}$；

t 为复氧时间，单位为 h；

L 为水深，单位为 cm；

α 为某温度时的扩散系数，20 ℃时，其平均值为 1.42，温度改变时，其可由下式确定：

$$\alpha = 1.42 \cdot 1.1^{(t-20)}$$

3. 河流溶解氧下垂曲线及方程

当有机污染物进入清洁河流后，在耗氧与复氧的综合作用下，沿河流断面形成一条溶解氧下垂曲线（图 3.14），它对评价河流水体污染状况及控制污染有十分重要的意义。

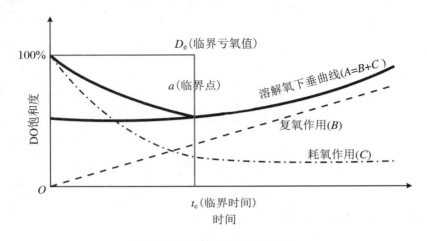

图 3.14　溶解氧（DO）下垂曲线

图 3.14 表明，耗氧速率开始最大，之后逐渐减小（趋于零）。复氧速率开始为零（水中溶解氧饱和），以后随溶解氧消耗的增大，复氧速率增大。当耗氧作用使水中溶解氧达到某一最低点以后，复氧作用开始占优势，水中溶解氧上升，这一溶解氧最低点称为"临界点"。溶解氧下垂曲线方程为

$$\frac{\mathrm{d}D}{\mathrm{d}t} = k_1 L - k_2 D$$

上式表明，水体中的亏氧量（D）的增加速率等于耗氧速率和复氧速率的代数和。对上式积分可得

$$D = \frac{k_1 L_a}{(k_2 - k_1) \cdot (10 - k_1 t - 10^{-k_2 t})} + D_a \cdot 10^{-k_2 t}$$

式中，D 为任意一点的氧亏值（亏氧量）；

L_a, D_a 为河流开始时的 BOD 值和亏氧量；

k_1, k_2 分别表示耗氧系数、复氧系数；

t 为时间，单位为 d。

根据以上公式，可以计算出下游任意时间（距离）的亏氧量。

k_1 按下式求解：

$$k_1 = \frac{1}{\Delta t \lg(L_a - L_b)}$$

式中，L_a，L_b 分别为 A，B 点的 BOD 的平均值。

k_2 按下式求解：

$$k_2 = \frac{k_1 \overline{L}}{\overline{D}} - \frac{\Delta D}{2.3 \Delta t \cdot \overline{D}}$$

式中，$\overline{L}$ 为 A，B 两点间的 BOD 的平均值；

$\overline{D}$ 为 A，B 两点间的亏氧量；

Δt 为流经时间；

ΔD 为 A 点至 B 点的亏氧量的变化值。

下面看 3 个重要参数：

临界时间：

$$t_c = \frac{1}{k_2 - k_1} \cdot \lg \left\{ \frac{k_2}{k_1} \cdot \left[1 - \frac{D_a(k_2 - k_1)}{L_a k_1} \right] \right\}$$

临界亏氧量：

$$D_c = \frac{k_1}{k_2} \cdot L_a \cdot 10^{-k_1 t_c}$$

自净速率：

$$f = \frac{k_2}{k_1}$$

温度每上升 $1°$，f 约下降 3%。

第六节　水体中污染物的归趋和处理方法

污染物在水体中的物理、化学和生物化学迁移转化过程决定着它们的归趋，包括它们在水体各组分中的存在形态和存在量以及它们从水体中转移到与水体相连各介质中的形态和量。水体中污染物的迁移转化过程十分复杂，不同污染物在水体中的迁移转化过程不尽相同。总体来说，决定着污染物归趋的迁移转化途径主要有 5 条：一是以气态挥发进入大气，如挥发性有机化合物；二是通过微生物、化学或光化学作用等降解转化为无害物；三是溶解在水中；四是被水中悬浮颗粒物/沉积物吸附或形成沉淀从水相转入底泥；五是被水生生物直接吸收富集或经食物链的富集及生物转化而归宿于生物体。污染物在水体中的迁移转化不仅取决于它们自身的种类和理化性质（如电荷数、水溶解度及溶度积常数等），而且取决于水体的组分和环境条件（如胶体、微生物、pH、氧化还原电位等）。根据各个污染物在水体中的迁移转化过程及其规律，可以预测评价它们在水环境中的归宿；若进一步结合各污染物的生物毒性，则可以深入预测评价它们在水环境中的生物生态效应及环境健康风险。对污染物在水体中迁移转化过程的调控（包括加速、减缓，甚至逆转迁移转化过程）是目前水体污染物处理的主要原理和常见技术手段。例如，中和沉淀常用于废水中重金属的处理，而生化氧化则常用于废水中有机物的处理。因此，了解污染物在水体中的迁移转化过程及其规律可为环境管理、环境风险评价及环境污染治理提供理论依据和技术支撑。

一、重金属的归趋及处理方法

由于重金属通常不挥发(除 Hg^0 外),也不能被降解,因此,水体中的重金属离子的主要归宿有 3 条途径:溶解在水中、沉积在底泥中和吸收富集在生物体中。除重金属离子的种类和理化性质(如形态、电荷数及溶度积常数等)外,影响重金属在水中归趋的主要因素有:① 水体的 pH;② 悬浮物或胶体物质对重金属离子的吸附;③ 无机、有机配合剂的种类及浓度;④ 水体的氧化还原条件;⑤ 微生物的作用。上述各种因素共同作用且互相联系构成重金属在水体中迁移转化及归宿。近年来的研究表明,通过各种途径进入水体中的重金属,绝大部分将迅速转入沉积物或悬浮物内。吸附、沉淀、共沉淀等物理化学转化是重金属离子迅速转入沉积物或悬浮物内的主要原因。例如,我国黄河中重金属的迁移主要是泥沙对其的吸附迁移作用。黄河水 pH 为 8.3 左右,黄河泥沙中主要有蒙脱石、高岭石、伊利石等,其中粒径小于 $50~\mu m$ 的占 82% 。研究表明,泥沙的粒径越小,比表面积越大,吸附重金属的量越大;泥沙对重金属的吸附量随 pH 的升高而增大;泥沙中重金属的吸附量与有机质的含量呈正相关。重金属在河水、悬浮物、沉积物中的含量情况为悬浮物>沉积物≫河水。

水体中腐殖质能明显影响重金属的形态、迁移转化、富集等环境化学行为和归宿。例如,中国科学院生态环境中心彭安等对天津蓟运河中腐殖酸影响汞迁移转化的研究表明:① 从氯碱厂汞污染源至下游底泥中总汞含量迅速降低,但其中腐殖酸结合态汞的相对含量却逐渐增加;② 腐殖酸对底泥中的汞有显著的溶出影响,随着投加富啡酸量的增加,从底泥中释放的汞量增加;③ 腐殖酸对河水中溶解态汞的沉淀有抑制作用,如富啡酸可明显地抑制 HgS 沉淀;④ 腐殖酸对河水中的悬浮物吸附汞有抑制作用。因此,在河水中汞可与富啡酸结合以溶解态向下游输送,而且含腐殖酸的间歇水可以缓慢地溶出底泥中的汞,二次释放于水相,向下游输送;天然水中如腐殖酸含量高,将加速汞的迁移。此外,腐殖质还对重金属的生物效应产生影响。例如,腐殖酸的存在可以减弱汞(Ⅱ)对浮游植物生长的抑制作用,也可降低汞对浮游动物的毒性,还会影响鱼类及软体动物对汞的富集效应。

化学沉淀法和离子交换法是目前最常用的废水重金属离子处理方法。化学沉淀法利用重金属离子能和 OH^-,S^{2-},Cl^- 等形成沉淀产物的原理去除重金属离子。化学沉淀法的处理效果取决于重金属离子形成沉淀产物的溶度积常数。一般硫化物沉淀处理比氢氧化物沉淀处理后废水中重金属离子的浓度低。对于重金属阴离子盐,需要先采用化学氧化还原法将其转化为阳离子后才能形成沉淀。例如,$Cr_2O_7^{2-}$ 需要先在酸性条件下加入还原剂将其还原为 Cr^{3+},才能与 OH^-,S^{2-} 等形成沉淀,常用的还原剂有硫酸亚铁、零价铁、焦亚硫酸钠等。对于某些重金属阳离子,也可以直接加入还原剂,使其形成重金属单质沉淀。例如,Hg^{2+} 可以被零价铁、$NaBH_4$ 等直接还原成金属汞单质沉淀。离子交换法是利用离子交换剂中的无毒无害离子(H^+,OH^- 等)与废水中的重金属离子或阴离子盐(如 $Cr_2O_7^{2-}$ 等)进行交换来去除废水中的重金属。常用的离子交换剂有离子交换树脂、磺化煤、合成沸石等。离子交换树脂通常分阳离子交换树脂和阴离子交换树脂。阳离子交换树脂包括强酸性及弱酸性阳离子交换树脂,其可供交换的离子为阳离子(H^+),能与重金属阳离子进行交换,可用酸洗再生。阴离子交换树脂包括强碱性及弱碱性阴离子交换树脂,其可供交换的离子为阴离子(OH^-),能与重金属阴离子盐(如 $Cr_2O_7^{2-}$ 等)进行交换,可用碱洗再生。除了上述常用方法,重金属离子也可以用吸附、电渗析、反渗透等技术进行深度处理。

二、有机污染物的归趋及处理方法

有机污染物的理化性质对它们在水体中的迁移转化过程具有决定性作用,导致它们在水体中的归宿有显著的差异。挥发性有机化合物通常以气态挥发进入大气;易降解有机物主要通过微生物、化学或光化学作用等降解为无害物;高溶解度难降解有机物则主要溶解在水中或被生物吸收富集;低溶解度难降解有机物则容易被水中悬浮颗粒物/沉积物中的有机质吸附转入底泥,或者被生物摄取、吸收,并沿食物链(网)富集传递或随生物(如藻类)残体一起沉积到底泥中。有机物在水体中的归宿也取决于它们在水相与水体气相/固相各介质间的平衡。例如,有机污染物在悬浮颗粒物或胶体物质表面上的吸附会抑制它们的挥发、降解和生物吸收富集;而有机污染物的挥发、降解和生物吸收富集则会促进有机污染物从悬浮颗粒物或胶体物质表面上脱附。因此,水体中的各种迁移转化过程相互影响,共同决定着有机污染物在环境中的归趋。

有机物在水环境中的降解是它们自然净化的主要过程,主要通过水解、氧化、光解、生物化学分解等途径实现。自然水体中有机物的化学降解和光解过程一般较为缓慢。相对于化学降解和光解,生物降解是大部分有机物在水环境中的主要降解途径。在某些情况下,这3个降解过程之间也存在相互依赖关系。一部分有机物只有先经过生物降解,才能进行化学降解,反之亦然。有机物生物降解,若通过氧化路线,最终降解为二氧化碳、硫酸盐、硝酸盐、磷酸盐等;若通过还原路线,最终降解为甲烷、硫化氢、氨、磷化氢等;但在变成最终产物之前,还会出现一系列中间产物或生物代谢产物。有机物降解的难易取决于其组成和结构,降解程度则取决于水体条件和降解路线。地下水体中基本上没有微生物活动,也不能发生光解,一旦受到有机物污染,将难以净化。

水生生物的富集是难降解有机物的重要归宿之一。例如,鱼类有可能通过两条途径富集污染物:一是直接从水中吸收;二是通过食物链吸收。鱼类每天通过鳃吸排的水量多达10～1 000 L,即使水中污染物质量浓度只有 ng/L 级或更低,长期生存在水中的鱼类也能成千上万倍地富集污染物。此外,鱼类作为水体食物链的终端,通过食用浮游、底栖生物将更多地富集有机污染物。相比之下,食物链的吸收比水中吸收更为重要。影响鱼类富集有机污染物的因素很多,主要有有机物本身的结构和特性、鱼类对有机物的吸收和代谢能力、水体成分及物理条件等。

生物法是目前废水中可降解有机污染物处理的主要方法,该方法通过微生物的作用,把废水中可降解的有机物分解为无机物,达到废水净化的目的;同时,微生物又可以废水中有机物为碳源生长繁殖,使净化得以持续进行。生物法分为好氧生物处理和厌氧生物处理两大类。好氧生物处理是在有氧情况下,借好氧或兼性微生物的作用来进行的,包括生物过滤法和活性污泥法两种。对于高浓度可降解有机废水,通常先采用厌氧生物处理提高废水的可生化性并削减活性污泥产生,然后通过好氧生物处理将有机物分解为无机物。对于某些难降解有机物,可以采用化学氧化、电解等处理提高废水可生化性后再用生物法处理。除生物法外,对于挥发性有机化合物常采用吹脱或汽提等物理方法处理,对于高浓度有机物则可用煤油、乙酸丁酯等有机相萃取处理。有机废水深度处理及难降解有机废水处理也常用吸附、反渗透等方法。植物也可吸收废水中的有机物并积累或转化为自身组分,因此也可以用来处理废水。

 案例分析

水体硝基苯污染事件案例

J 省某石化公司双苯厂一车间发生爆炸,约 80 t 苯类物质(苯、硝基苯等)流入 S 江,造成了江水严重污染,沿岸数百万居民的生活受到影响。硝基苯是一种有害物质,对环境和人类健康都会造成负面影响。

1. 硝基苯对人体的影响

硝基苯可能引起急性中毒,症状包括气短、眩晕、头痛、恶心、呕吐、耳鸣、手指麻木、昏厥、神志不清以及皮肤发蓝等。硝基苯还可导致肾脏、肝脏受损,患者可出现血尿、蛋白尿、无尿、黄疸、肝脏肿大、肝功能异常等,严重时可发生呼吸衰竭而死亡。

2. 硝基苯对环境的影响

① 硝基苯是一种持久性有机污染物,具有高毒性、高积累性和难以降解的特性。它可以在环境中长期存在并被生物富集,进而对生态环境和人体健康产生危害。

② 硝基苯在环境中可以发生一系列的化学反应,产生一系列的衍生物,这些衍生物同样具有毒性,可能对环境和人体健康造成更大的危害。例如,硝基苯可以被一些细菌还原成氨基苯酚,而氨基苯酚可以被其他细菌进一步还原成苯胺,这些物质都具有一定的毒性。

③ 硝基苯还可能与其他化合物发生反应,生成具有更大毒性的物质。例如,硝基苯可以被一些细菌还原成氨基苯酚,而氨基苯酚可以与某些醛类反应生成具有更大毒性的缩二脲类化合物。

3. 硝基苯的迁移转化

① 硝基苯将随着河流迁移至下游。

② 硝基苯具有很好的脂溶性,会富集到生物体内,最终迁移至人体。

③ 硝基苯可以吸附在水体中的颗粒物表面,也可随大颗粒物沉积到水底而存在于底泥中。

④ 硝基苯不易被光解。

第四章　土壤环境化学

内容提要

1. 土壤基本性质。
2. 影响重金属在土壤－植物体系中转移的因素,迁移转化规律,耐性机制。
3. 主要农药在土壤中的迁移、转化和归趋。

土壤环境化学主要研究农药、化肥等农用化学品,污染物(如重金属、类金属、放射性元素、有机污染物等)在土壤环境中的浓度水平、存在状态、迁移转化、归趋及其生物生态效应以及土壤污染修复与控制措施。

土壤是重要的自然环境要素之一,它是处于岩石圈最外面的一层疏松的部分,具有支持植物和微生物生长繁殖的能力,被称为土壤圈(pedosphere)。土壤圈与其他圈层之间的关系密切(图 4.1),它处于大气圈、岩石圈、水圈和生物圈的过渡地带,是联系无机界和有机界的中心枢纽,是固态地球表面具有生命活动、处于生物与环境间进行物质循环和能量交换的重要场所。土壤是由固相－液相－气相－生物构成的多介质复杂体系,也是一切生物赖以生存、农作物生长的重要基础,是地球关键区(earth's critical zone)界面反应研究关注的重点区域。

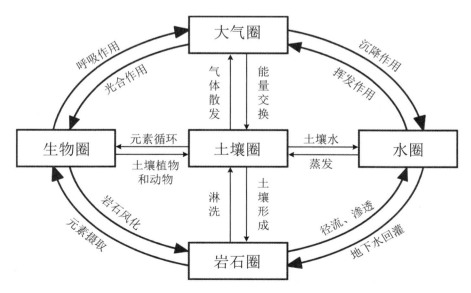

图 4.1　土壤圈与大气圈、生物圈、水圈、岩石圈之间的物质及能量交换

(Lal,1997)

土壤有两个重要功能:一是肥力作用(土壤具有供应与调控植物根系所需水、气、热、养料的能力);二是净化作用(土壤具有同化和代谢外界进入土壤中的物质的能力,是保护环境的重要的净化剂)。

随着现代工农业生产的发展,化肥、农药的大量施用,工矿废水不断侵袭农田,污水灌溉、垃圾填埋渗滤、油井开采和大气沉降等,城市工业废物和其他人工合成物质不断进入土壤,导致严重的污染事故不断发生。污染物进入土壤后,可能对地表水、地下水等造成次生污染,还会影响植物生长及土壤内部生物群落的变化与物质的转化;污染物可通过土壤-植物系统迁移积累,经食物链进入人体,危害人体健康。日本的"痛痛病"公害事件就是上游铅锌冶炼厂的废水污染水体,被污染的河水用于农田灌溉,导致污染物进入土壤-植物生态系统,造成稻米中镉的含量增加,人们食用"镉米"而发病。土壤是各种污染物的"汇",曾被认为具有无限抵抗人类活动干扰的能力,但在一定情况下污染土壤又可变为其他介质的污染源。土壤污染将对农产品、生态安全及人群健康构成严重威胁。因此,防治土壤污染是土壤环境化学的重要研究内容之一,而污染物在土壤中的存在、迁移转化及生物生态效应,则是采取防治措施的重要理论依据。

土壤化学的发展。土壤化学包括土壤结构化学、土壤表面化学和土壤溶液化学三方面。早在 19 世纪中叶,英国学者 J. T. Way 和 J. B. Lawes 就发现了土壤具有离子交换性质,开创了土壤中元素化学行为研究的新领域。到 20 世纪 30—40 年代,对土壤胶体进行系列研究,并开始应用 X 射线分析赫土矿物的成分和结构。10 多年后,R. K. Schofield 提出了土壤矿物中同晶置换引起的永久电荷和在酸性条件下质子化的水合氧化物带有正电荷等理论,开创了土壤表面化学,至此,对土壤的离子吸附机理才有了清晰的认识。20 世纪 50 年代起,随着对配合物化学、氧化还原过程和土壤酸化学的研究,人们对土壤中有机质与金属离子配合物还原作用,Fe,Mn,As,Cr 等元素价态变化与 pH,pE 及有机质的关系等有了新的认识,进一步推动了土壤中金属,尤其是重金属的形态及其转化条件的研究。以上这些研究为土壤环境化学的发展奠定了理论基础。

土壤环境化学的发展相对较晚。20 世纪 70 年代前后研究的重点为重金属元素污染问题;到 20 世纪 80 年代,主要研究目标转移到农药等有机物、酸雨和稀土元素等问题上。在金属及类金属元素的研究中,人们最关注的是硒、铅和铝等的行为;研究内容也更集中于化学物质在土壤中的转化、降解行为及元素的形态等。近十几年来,由于大量固体废物,特别是危险固体废物的填埋和堆放以及污水排放、石油开采及大气沉降等引起的全球土壤污染问题十分普遍,土壤持久性有机污染物污染问题尤为严重;另外,陆生生态系统是温室气体生物排放源和重要的碳库,因此,土壤环境化学研究受到广泛的关注。

土壤环境化学主要研究农用化学品(农药和化肥)、污染物(重金属、类金属、放射性元素、有机污染物)在土壤环境中的浓度水平、存在状态、迁移转化、归趋、生物生态效应及土壤污染修复与缓解措施。当前,土壤环境化学的主要研究领域包括土壤有毒污染物的背景值及环境基准,土壤中有毒有机污染物的降解与转化等环境行为及生物有效性,金属、类金属的存在形态及其转化过程,污染物在土壤固/液/气/生物体系中的多界面、多过程行为,稀土元素在土壤环境中的归宿及其生物生态效应,土壤复合污染过程及生物生态效应,土壤中温室气体的释放、吸收与传输,土壤污染的物理、化学、生物修复技术的方法及原理等。

第一节　土壤的组成

土壤是由固、液、气三相组成的,如图 4.2 所示。

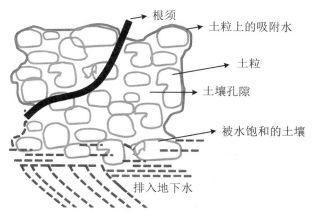

图 4.2　土壤中固、液、气相结构图
(Manahan,1984)

土壤固相包括土壤矿物质和土壤有机质,占土壤体积的 50% 左右。土壤矿物质占土壤的绝大部分,占土壤固体总重量的 90% 以上,土壤矿物质的组成如图 4.2 所示。土壤有机质约占固体总重量的 1%～10%,一般在可耕性土壤中约占 5%,且绝大部分在土壤表层。土壤液相是指土壤中水分及其所含的可溶物,占土壤体积的 20%～30%。土壤气相指土壤中无数孔隙间充满的空气,占土壤体积的 20%～30%。典型土壤约有 35% 的体积是充满空气的孔隙,所以土壤具有疏松的结构(图 4.3)。土壤中还有数量众多的细菌、微生物及其分泌物等,构成一个“活”的体系。因此,土壤是一个以固相为主的不均质多相体系,三相物质相互联系、制约,构成一个有机整体。与污染物的环境化学行为关系密切的土壤组分主要是矿物质、有机质和微生物。

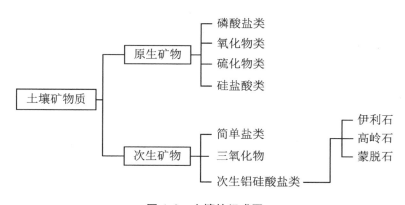

图 4.3　土壤的组成图

土壤的五大形成条件是母质、气候、地形、生物、时间。在土壤所依赖的自然环境条件中,岩石及其风化产物——母质是形成土壤的基质,其形成过程如图4.4所示。气候是直接的水、热、空气条件,它使相同的母质在不同的气候条件下产生不同的物理、化学和生物学变化。地形使气候因素发生局部的重新分配,是间接的水、热、空气条件。生物通过生长繁育、新陈代谢进行着有机物质的合成与分解,一方面充实与丰富了土壤的基质,另一方面以有机物形式为土壤累积化学能。时间是一切作用过程的累积因素,没有时间则任何作用均不可能进行,它是所有作用及其由量变到质变的基本保证。

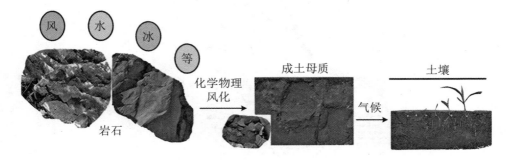

图4.4　土壤形成过程

土壤剖面指从地表到母质的垂直断面。不同类型的土壤具有不同形态的土壤剖面。土壤剖面可以表示土壤的外部特征,包括土壤的若干发生层次、颜色、质地、结构、新生体等。在土壤形成过程中,由于物质的迁移转化,土壤分化成一系列组成、性质和形态各不相同的层次,称为发生层。发生层的顺序及变化情况,反映了土壤的形成过程及土壤性质。典型土壤随深度呈现不同的层次(图4.5)。最上层为覆盖层(A_0),由地面上的枯枝落叶所构成。第二层为淋溶层(A),是土壤中生物最活跃的一层,土壤有机质大部分在这一层,重金属离子和黏土颗粒在此层中被淋溶得最显著;第三层为淀积层(B),它接纳来自上一层淋溶出来的有机物、盐类和黏土颗粒类物质;C层也叫母质层,由风化的成土母岩构成;母质层下面为未风化的基岩,常用D层表示。

一、土壤矿物质

土壤矿物质是岩石经过物理风化和化学风化形成的,按其成因可将土壤矿物质分为两类:原生矿物和次生矿物。

(一)原生矿物

它们是各种岩石(主要是岩浆岩)受到程度不同的物理风化而未经化学风化的碎屑物,其原来的化学组成和结晶构造都没有改变;原生矿物主要有石英、长石类、云母类、辉石、角闪石、橄榄石、赤铁矿、磁铁矿、磷灰石、黄铁矿等。其中前五种最常见。土壤中原生矿物的种类和含量,随母质的类型、风化强度和成土过程的不同而异。土壤中粒径为$0.001\sim1$ mm的砂和粉砂几乎都是原生矿物。在原生矿物中,石英最难风化,长石次之,辉石、角闪石、黑云母易风化。因而石英常成为较粗的颗粒,遗留在土壤中,构成土壤的砂粒部分;辉石、角闪石和黑云母在土壤中残留较少，一般都被风化为次生矿物。

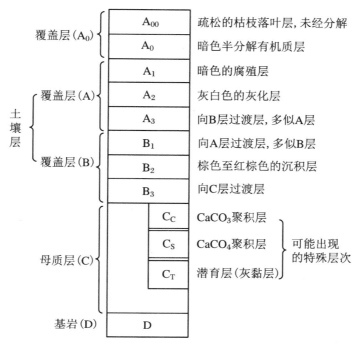

图 4.5　自然土壤的综合剖面图

岩石化学风化主要分为三个历程，即氧化、水解和酸性水解。下面以橄榄石为例介绍，氧化：其化学组成为 $(Mg、Fe)SiO_4$，其中 $Fe(II)$ 可以氧化为 $Fe(III)$：

$$2(Mg、Fe)SiO_4(s) + \frac{1}{2}O_2(g) + 5H_2O \longrightarrow Fe_2O_3 \cdot 3H_2O(s) + Mg_2SiO_4(s) + H_4SiO_4(aq)$$

水解：

$$2(Mg、Fe)SiO_4(s) + 4H_2O \longrightarrow 2Mg^{2+}(aq) + 4OH^-(aq) + Fe_2SiO_4(s) + H_4SiO_4(aq)$$

酸性水解：

$$(Mg、Fe)SiO_4(s) + 4H^+(aq) \longrightarrow Mg^{2+}(aq) + Fe^{2+}(aq) + H_4SiO_4(aq)$$

风化反应释放出来的 Fe^{2+}，Mg^{2+} 等离子，一部分被植物吸收；一部分则随水迁移，最后进入海洋。$Fe_2O_3 \cdot 3H_2O$ 形成新矿；SiO_4^{4-} 也可与某些阳离子形成新矿。

土壤中最主要的原生矿物有 4 类：硅酸盐类矿物、氧化物类矿物、硫化物类矿物和磷酸盐类矿物。其中硅酸盐类矿物占岩浆岩重量的 80% 以上。

（二）次生矿物

它们大多数是由原生矿物经化学风化后形成的新矿物，其化学组成和晶体结构都有所改变，其粒径较小，大部分以黏粒和胶体（粒径小于 0.002 mm）分散状态存在。在土壤形成过程中，原生矿物以不同的数量与次生矿物混合成为土壤矿物质。许多次生矿物具有活动的晶格、强的吸附和离子交换能力，吸水后膨胀，有明显的胶体特性。次生矿物是构成土壤的最主要组成部分，常与土壤有机质发生强烈作用，对土壤中无机或有机污染物的行为和归趋影响很大；同时，矿物胶体在调节全球碳循环、碳分配、碳沉积、碳固定中起至关重要的作用。

　　土壤中次生矿物的种类很多,不同的土壤所含的次生矿物的种类和数量也不尽相同。通常根据其性质与结构可分为 3 类:简单盐类、三氧化物类和次生铝硅酸盐类。

　　次生矿物中的简单盐类属水溶性盐,易淋溶流失,一般土壤中较少,多存在于盐渍土中。三氧化物和次生铝硅酸盐是土壤矿物质中最细小的部分,粒径小于 $0.25~\mu m$,一般称之为次生黏土矿物。土壤很多重要物理、化学过程和性质都和土壤所含的黏土矿物,特别是次生铝硅酸盐的种类和数量有关。

　　次生硅酸盐类:这类矿物在土壤中普遍存在,种类很多,是由长石等原生硅酸盐矿物风化后形成的。它们是构成土壤的主要成分,故又称为黏土矿物和黏粒矿物。由于母岩和环境条件的不同,使岩石风化处在不同的阶段,在不同的分化阶段所形成的次生黏土矿物的种类和数量也不同。但其最终产物都是铁铝氧化物。例如,在干旱和半干旱的气候条件下,风化程度较低,处于脱盐基初期阶段,主要形成伊利石;在温暖湿润和半湿润的气候条件下,脱盐基作用增强,多形成蒙脱石和蛭石;在湿热气候条件下,原生矿物迅速脱盐基、脱硅,主要形成高岭石。进一步脱硅后,矿物质彻底分解,造成铁铝氧化物的富集(即红土化作用)。所以土壤中次生硅酸盐可分为 3 大类,即伊利石、蒙脱石和高岭石。它们由硅氧四面体(1 个硅原子与 4 个氧原子组成,形成一个三角锥形的晶格单元)和铝氧八面体(1 个铝原子与 6 个氧原子或氢氧原子组成,形成具有 8 个面的晶格单元)的片层组成。

　　黏土矿物通常分为 1:1 和 2:1 两种类型。根据构成晶层时硅氧四面体(硅氧片)与铝氧八面体(水铝片)的数目和排列方式,黏土矿物可分为三大类:

　　(1) 高岭石类

　　由一硅氧片与一水铝片组成一个晶层,属 1:1 型二层黏土矿物。高岭石没有或很少有同晶置换,层电荷几乎为零,永久电荷极少,负电荷的主要来源为结构边缘的断键和暴露在表面的羟基的解离。晶层的一面是氧原子,另一面是氢氧原子组,晶层之间通过氢键紧密连接,层间没有水分子和阳离子。晶层间的距离很小,约为 0.72 nm。矿物颗粒较大,呈六角形片状,比表面积较小(一般为 $5\sim20~m^2/g$),以外表面为主,阳离子交换量很低(为 $5\sim15$ cmol/kg)。

　　(2) 蒙脱石类

　　由两层硅氧片中间夹一层水铝片组成一个晶层,属于 2:1 型的三层黏土矿物,是土壤中最常见的黏土矿物,层电荷数较低,阳离子交换量为 $80\sim100$ cmol/kg。晶层表面都是氧原子,没有氢氧原子组,晶层间没有氢键结合力,而通过范德华力产生松弛的联系;晶层间的距离为 $0.96\sim2.14$ nm。水分子或其他交换性阳离子可以进入层间。蒙脱石颗粒细小,有很大的比表面积,为 $700\sim800~m^2/g$,且以内表面为主。蒙脱石的吸湿性、膨缩性和对阳离子的交换吸附性以及对有机污染物和农药的吸附性,使其在垃圾填埋、重金属、放射性、有机污染物的吸附去除、地下水有机污染物修复中具有特殊的意义和用途。

　　(3) 伊利石类

　　由 2:1 型晶格,即两层硅氧片中间夹着一层水铝片组成一个晶层。但伊利石类晶格中有一部分硅被铝代替,不足的正电荷被处在两个晶层间的钾离子所补偿。矿物呈片状,颗粒较大,比表面积为 $100\sim120~m^2/g$,以外表面为主,阳离子交换量为 $20\sim40$ cmol/kg。高岭石类、蒙脱石类、伊利石类黏土矿物的性质比较如表 4.1 所示。

表 4.1　三种主要黏土矿物的性质比较

黏土矿物	结晶类型	分子层排列情况	晶格距离（nm）	晶层间联结力	颗粒大小	比表面积（m²/g）	CEC（cmol/kg）	黏结性可塑性	胀缩性
高岭石	1:1	—OH 层与—O 层相接	0.72	强	大	5～20	5～15	弱	弱
伊利石	2:1	—O 层相接中间有 K	1.00	较强	中	100～120	20～40	中等	中等
蒙脱石	2:1	—O 层相接	0.96～2.14	弱	小	700～800	80～100	强	强

在黏土矿物的形成过程中,性质相近的元素在矿物晶格中相互替换而不破坏晶体结构的现象,称为同晶置换。低价阳离子同晶置换高价阳离子则产生剩余负电荷,为达到电荷平衡,矿物晶层之间常吸附有阳离子(K^+,Na^+,Mg^{2+}、Ca^{2+} 等)。阳离子同晶置换的数量会影响晶层表面电荷量的多少,而同晶置换的部位会影响晶层表面电荷的强度。如 Mg^{2+},Fe^{2+} 等离子取代 Al—O 中的 Al(Ⅲ),Al^{3+} 取代 Si—O 四面体中的 Si(Ⅳ),如图 4.6 所示。这一特征决定了黏土矿物具有离子交换吸附等性能。

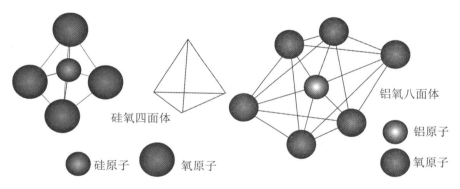

图 4.6　硅氧四面体、铝氧八面体结构示意图

二、土壤有机质

土壤有机质是土壤中含碳有机化合物的总称。一般占固相总重量的 10% 以下,却是土壤的重要组成部分,是土壤形成的主要标志,对土壤性质有很大的影响。

土壤有机质主要来源于动植物和微生物残体。可以分为两大类:一类是组成有机体的各种有机化合物,称为非腐殖物质,如蛋白质、糖类、树脂、有机酸等;另一类是称为腐殖质的特殊有机化合物,它不属于有机化学中现有的任何一类,它包括腐殖酸、富里酸和腐黑物等。

三、土壤溶液及空气

土壤溶液由溶质和土壤水分组成。溶质主要有 Na^+,K^+,Mg^{2+},$Al(H_2O)_6^{3+}$,Ca^{2+},Cl^-,NO_3^-,SO_4^{2-},HCO_3^-,CO_3^{2-} 及少量的 Fe,Mn,Cu 等无机物,还含有可溶性氨基酸、腐殖

酸、糖类,有机-金属离子的配合物。除此之外,还含有营养元素、农药等有机污染物及 Cd,
Hg,Pb 等无机污染物及溶剂性气体。土壤溶液中单一溶质组成的浓度变化很大,是非理想
溶液,化学势或化学行为与理想溶液有偏差。

土壤水分是土壤的重要组成部分,主要来自大气降水和灌溉。在地下水位接近地面
(2～3 m)的情况下,地下水也是上层土壤水分的重要来源。此外,空气中水蒸气冷凝后成为
土壤水分。水进入土壤以后,由于土壤颗粒表面的吸附力和微细孔隙的毛细管力,可将一部
分水保持住。但不同土壤保持水分的能力不同,砂土由于土质疏松,孔隙大,水分容易渗漏
流失;黏土土质细密,孔隙小,水分不容易渗漏流失。气候条件对土壤水分含量影响也很大。

土壤水分并非纯水,实际上是土壤中各种成分和污染物溶解形成的溶液,即土壤溶液。
因此土壤水分既是植物养分的主要来源,也是进入土壤的各种污染物向其他环境圈层(如水
圈、生物圈等)迁移的媒介。

土壤溶液是各种物质发生作用的介质和交换的场所,如图 4.7 所示,过程 1 为植物从土
壤溶液中摄取离子;2 为植物根系分泌物进入土壤溶液;3 为离子被土壤有机或无机组分所
吸附;4 为吸附的离子脱附进入土壤溶液;5 为矿物质成分在土壤溶液中过饱和所发生的沉
淀作用;6 为矿物质成分在土壤溶液中不饱和所发生的溶解作用;7 为通过土壤溶液迁移进
入地下水或通过地表径流而去除;8 为通过蒸发和干燥进入土壤溶液;9 为微生物吸收土壤
溶液中的离子;10 为微生物死亡和有机质分解时离子被释放到土壤溶液;11 为气体成分释
放到大气中;12 为气体溶解在土壤溶液中。土壤孔隙水是物质交换及生物活动最为激烈和
频繁的区域,包括了液-固-气-生物之间的各种微界面过程,因此对其研究对了解物质的迁
移转化及生物生态效应具有重要的意义。

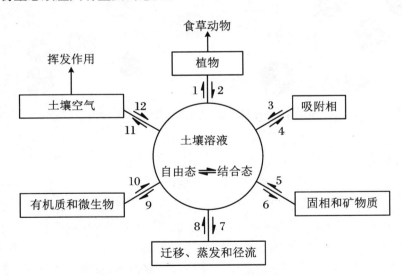

图 4.7 土壤溶液中各种反应过程示意图

(Sparks,2002)

土壤是一个多孔体系,在水分不饱和的情况下,孔隙中充满空气。土壤空气主要来自大
气,其次来自土壤中的生物化学过程。土壤空气是不连续的,它存在于被土壤固体隔开的孔
隙中,其组成在不同位置有所差异。土壤空气与大气组成有较大的差别:① CO_2 含量一般
远比大气中高,氧的含量则低于大气,造成这种差别的原因是土壤中植物根系的呼吸作用以

及微生物活动中有机物的降解及合成时消耗其中的 O_2，放出 CO_2；② 土壤空气一般比大气有更高的含水量，土壤含水量适宜时，相对湿度接近 100%。除此之外，由于土壤空气经常被水蒸气所饱和，在通气不良情况下，厌氧细菌活动产生的少量还原性气体如 CH_4，H_2S，H_2 也积累在土壤空气中。

四、粒级分组及质地分类

（一）土壤矿物质的粒级划分

土壤矿物质是以大小不同的颗粒状态存在的。不同粒径的土壤矿物质颗粒（即土粒），其性质和成分都不一样。为了研究方便，人们常按粒径的大小将土粒分为若干组，称为粒组或粒级，同组土粒的成分和性质基本一致，组间则有明显差异。

土壤颗粒大小是连续分布的，要确定土壤颗粒的分级，需要研究土壤颗粒大小和性状间关系，找到由量变到质变分界点、突变点，就可以作为划分类别的依据。

通常根据土粒的有效直径把土粒由粗粒到细粒划分为：石砾、砂粒、粉粒和黏粒。

粒级的划分标准及详细程度，各国尚不一致。

（二）各粒级的主要矿物成分和理化特性

由于各种矿物抵抗风化的能力不同，它们经受风化后，在各粒级中分布的多少也不相同。石英抗风化的能力很强，故常以粗的土粒存在，而云母、角闪石等易于风化，故多以较细的土粒存在（表 4.2）。矿物的粒级不同，其化学成分有较大的差异。在较细粒级中，钙、镁、磷、钾等元素含量增加。一般来说，土粒越细，所含养分越多；反之，则越少（表 4.3）。

表 4.2　各级土粒的矿物组成

粒径（mm）	石英	长石	云母	角闪石	其他
0.25～1	86%	14%	—	—	—
0.05～0.25	81%	12%	—	4%	3%
0.01～0.05	74%	15%	7%	3%	3%
0.005～0.01	63%	8%	21%	5%	3%
<0.005	10%	10%	66%	7%	7%

（戴树桂，环境化学，2004）

表 4.3　不同粒径土粒的化学组成

粒径（mm）	SiO_2	Al_2O_3	Fe_2O_3	CaO	MgO	K_2O	P_2O_5
0.2～1.0	93.6%	1.6%	1.2%	0.4%	0.6%	0.8%	0.05%
0.04～0.2	94.0%	2.0%	1.2%	0.5%	0.1%	1.5%	0.1%
0.01～0.04	89.4%	5.0%	1.5%	0.8%	0.3%	2.3%	0.2%
0.002	74.2%	13.2%	5.1%	1.6%	0.3%	4.2%	0.1%
<0.002	53.2%	21.5%	13.2%	1.6%	1.0%	4.9%	0.4%

(戴树桂,环境化学,2004)

由于土粒大小不同,矿物成分和化学组成也不同,各粒级所表现出来的物理化学性质和肥力特征差异很大。

1．石块和石砾

多为岩石碎块,直径大于 1 mm,山区土壤和河漫滩土壤中常见。土壤中含石块和石砾多时,其孔隙过大,水和养分易流失。

2．砂粒

主要为原生矿物,大多为石英、长石、云母、角闪石等,其中以石英为主,粒径为 1～0.05 mm,在冲积平原土壤中常见。土壤含砂粒多时,孔隙大,通气和透水性强,毛管水上升高度很低(小于 33 cm),保水保肥能力弱,营养元素含量少。

3．黏粒

主要是次生矿物,粒径小于 0.001 mm。含黏粒多的土壤,营养元素含量丰富,团聚能力较强,有良好的保水保肥能力,但土壤的通气和透水性较差。

4．粉粒

也称作面砂,是原生矿物与次生矿物的混合体,原生矿物有云母、长石、角闪石等,其中白云母较多;次生矿物有次生石英、高岭石、含水氧化铁、铝,其中次生石英较多,粒径为 0.05～0.005 mm,在黄土中含量较多。粉粒的物理及化学性状介于砂粒和黏粒之间;团聚、胶结性差,分散性强;保水保肥能力较好。

（三）土壤质地分类

由不同的粒级混合在一起所表现出来的土壤粗细状况,称为土壤质地(或土壤机械组成)。土壤质地数据是研究土壤的最基本的资料之一,有很多用途,尤其是在土壤模型研究和土工试验方面。质地是土壤的一种十分稳定的自然属性,反映母质来源及成土过程的某些特征,对肥力有很大影响,因而常被用作土壤分类系统中基层分类的依据之一。土壤质地一般分为砂土、壤土和黏土三类。根据土壤机械分析,计算各粒级的相对含量,确定土壤质地。表 4.4 所示为我国土壤质地分类。

表 4.4　中国土壤质地分类

质地组	质地名称	土粒组成		
		砂粒(0.05～1 mm)	粗粉粒(0.001～0.05 mm)	细黏粒(<0.001 mm)
砂土	极重砂土	＞80%		<30%
	重砂土	70%～80%		
	中砂土	60%～70%		
	轻砂土	50%～60%		
壤土	砂粉土	≥20%	≥40%	
	粉土	<20%		
	砂壤	≥20%	<40%	
	壤土	<20%		

续表

质地组	质地名称	土粒组成		
		砂粒(0.05~1 mm)	粗粉粒(0.001~0.05 mm)	细黏粒(<0.001 mm)
黏土	轻黏土			30~35%
	中黏土			35~40%
	重黏土			40~60%
	极重黏土			>60%

（黄昌勇，2000）

土壤质地可在一定程度上反映土壤矿物组成和化学组成，同时土壤颗粒大小与土壤的物理性质有密切关系，并且影响土壤孔隙状况，因此对土壤水分、空气、热量的运动和养分转化均有很大的影响。质地不同的土壤表现出不同的性状，如表4.5所示。由表可见，黏土兼有砂土和黏土的优点，而克服了两者的缺点，是理想的土壤质地。

表4.5　土壤质地与土壤性状

土壤性状	土壤质地		
	黏土	砂土	壤土
比表面积	小	中等	大
紧密性	小	中等	大
孔隙状况	大孔隙多	中等	细孔隙多
通透性	大	中等	小
有效含水量	低	中等	高
保肥能力	小	中等	大
保水分能力	低	中等	高
在春季的土温	暖	凉	冷
触觉	砂	滑	黏

（戴树桂，2004）

第二节　土壤的性质

土壤是一个复杂的物质体系，其中含有有生命的有机体，还有各种无机物和有机物，在这些物质的各相界面（如水-固、水-气、气-固、水-生物）上进行着多种多样的物理的、化学的、生物化学的反应。环境中的有机、无机污染物可以通过各种途径进入土壤-植物系统。土壤本身是一个活的过滤器，对污染物起到过滤、稀释等物理作用，土壤的吸附作用对重金属、有机污染物等的迁移转化有较大的影响，土壤微生物和植物生命活动产生的化学、生物化学反应对污染物也有显著的净化、代谢作用。

一、土壤胶体的表面性质

(一) 表面积与表面能

比表面是单位质量(或体积)物质的表面积,单位为 cm^2/g 或 cm^2/cm^3。一定体积的物质被分割时,随着颗粒数的增多,比表面显著增大,表 4.6 所示为各粒径土粒的比表面积情况。

表 4.6 各粒径土粒的比表面积

土粒(粒径 mm)	比表面积(cm^2/g)	土粒(粒径 mm)	比表面积(cm^2/g)
粗砂粒(1)	22.6	黏粒(0.0005) 500 nm	45 200
中砂粒(0.1)	226	胶粒(0.0001) 100 nm	226 000
细砂粒(0.01)	2 260	胶粒(0.00005) 50 nm	452 000
黏粒(0.001)	22 600	胶粒(0.00001) 10 nm	2 260 000

很显然,土粒越细比表面越大,土壤中颗粒的形状各异,只有砂粒近似球形,但其表面大多不平,大部分黏粒为片状、棒状、针状,实际上胶体的表面积比光滑的球体大得多。

(二) 电荷及电性

土壤胶体微粒具有双电层,微粒的内部称微粒核(胶核),一般带负电荷,形成一个负离子层(即决定电位离子层),其外部由于电性吸引,而形成一个正离子层(又称反离子层,包括非活动性离子层和扩散层),即合称为双电层(图 4.8)。决定电位层与液体间的电位差通常叫热力电位,在一定的胶体系统内它是不变的。在非活动性离子层与液体间的电位差叫电动电位,它的大小视扩散层厚度而定,随扩散层厚度增大而增加。扩散层厚度取决于补偿离子的性质,电荷数量多少,而水化程度大的补偿离子(如 Na^+),形成的扩散层较厚;反之,扩散层较薄。

(三) 凝聚性及分散性

由于胶体的比表面和表面能都很大,为减小表面能,胶体具有相互吸引、凝聚的趋势,这就是胶体的凝聚性。但是在土壤溶液中,胶体常带负电荷,即具有负的电动电位,所以胶体微粒又因相同电荷而相互排斥,电动电位越高,相互排斥力越强,胶体微粒呈现出的分散性也越强,胶体的凝聚与分散作用如图 4.9 所示。

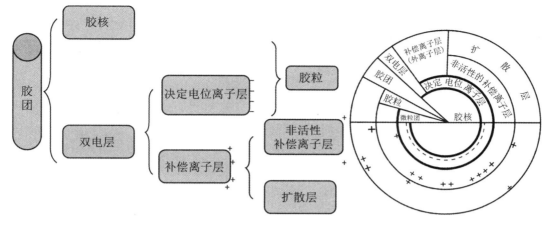

图 4.8　土壤胶体的构造及其示意图

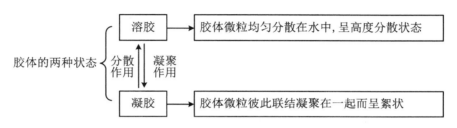

图 4.9　土壤胶体的凝聚性和分散性

影响土壤凝聚性能的主要因素是土壤胶体的电动电位和扩散层厚度,例如,当土壤溶液中阳离子增多,由于土壤胶体表面负电荷被中和,从而加强了土壤的凝聚。阳离子改变土壤凝聚作用的能力与其种类和浓度有关。一般,土壤溶液中常见阳离子的凝聚能力顺序如下:

$$Na^+ < K^+ < NH_4^+ < H^+ < Mg^{2+} < Ca^{2+} < Al^{3+} < Fe^{3+}$$

此外,土壤溶液中 pH、电解质浓度也将影响其凝聚性能,表 4.7 为 0.5 μm 黏土悬浊液开始凝聚时不同电解质浓度情况。

表 4.7　0.5 μm 黏土悬浊液开始凝聚时不同电解质浓度

电解质名称	开始凝聚时的浓度(mol/L)	电解质名称	开始凝聚时的浓度(mol/L)
NaCl	0.012 5～0.025 0	$MgCl_2$	0.000 25～0.000 6
KCl	0.012 5～0.025 0	$CaCl_2$	0.000 25～0.000 6
NH_4Cl	0.012 5～0.025 0	$AlCl_3$	<0.000 042
HCl	0.000 5～0.001	$FeCl_3$	<0.000 042

（四）离子交换及吸附作用

在土壤胶体双电层的扩散层中,补偿离子可以和溶液中相同电荷的离子以离子价为依据作等价交换,称为离子交换(或代换)。离子交换作用包括阳离子交换吸附作用和阴离子交换吸附作用。

1. 土壤胶体的阳离子交换吸附

土壤胶体吸附的阳离子,可与土壤溶液中的阳离子进行交换。土壤胶体阳离子交换吸附过程除了以离子价为依据进行等价交换和受质量作用定律支配外,各种阳离子交换能力的强弱,主要依赖以下因素:

① 电荷数:离子电荷数越高,阳离子交换能力越强;

② 离子半径及水化程度:同价离子中,离子半径越大,水化离子半径就越小,因而具有较强的交换能力,土壤中一些常见阳离子的交换能力顺序如下:

$$Fe^{3+} > Al^{3+} > H^+ > Ba^{2+} > Sr^{2+} > Ca^{2+} > Mg^{2+} > Cs^+ > Rb^+ > NH_4^+ > K^+ > Na^+ > Li^+$$

每千克干土中所含全部阳离子总量,称阳离子交换量,以厘摩尔每千克土(cmol/kg)表示。不同土壤的阳离子交换量不同:① 不同种类胶体的阳离子交换量的顺序为:有机胶体 >蒙脱石>水化云母>高岭土>含水氧化铁、铝;② 土壤质地越细,阳离子交换量越高;③ 土壤胶体中的 SiO_2/R_2O_3 比值越大,其阳离子交换量越大,当 SiO_2/R_2O_3 小于 2 时,阳离子交换量显著降低;④ 因为胶体表面 OH 基团的离解受 pH 的影响,所以 pH 下降,土壤负电荷减少,阳离子交换量降低,反之,交换量增大。

土壤的可交换性阳离子有两类:一类是致酸离子,包括 H^+ 和 Al^{3+};另一类是盐基离子,包括 Ca^{2+},Mg^{2+},K^+,Na^+,NH_4^+ 等。当土壤胶体上吸附的阳离子均为盐基离子,且已达到吸附饱和时的土壤,称为盐基饱和土壤。当土壤胶体上吸附的阳离子有一部分为致酸离子,则这种土壤为盐基不饱和土壤。在土壤交换性阳离子中盐基离子所占的百分数称为土壤盐基饱和度:

$$盐基饱和度(\%) = \frac{交换性盐基总量(cmol/kg)}{阳离子交换量(cmol/kg)} \times 100\%$$

土壤盐基饱和度与土壤母质、气候等因素有关。

2. 土壤胶体的阴离子交换吸附

土壤中阴离子交换吸附是指带正电荷的胶体所吸附的阴离子与溶液中阴离子的交换作用。阴离子的交换吸附比较复杂,它可与胶体微粒(如酸性条件下带正电荷的含水氧化铁、铝)或溶液中阳离子(Ca^{2+},Fe^{3+},Al^{3+})形成难溶性沉淀而被强烈地吸附。如 PO_4^{3-},HPO_4^{2-} 与 Ca^{2+},Fe^{3+},Al^{3+} 可形成 $CaHPO_4 \cdot 2H_2O$,$Ca_3(PO_4)_2$,$FePO_4$,$AlPO_4$ 难溶性沉淀。由于 Cl^-,NO_3^-,NO_2^- 等离子不能形成难溶盐,故它们不被或很少被土壤吸附。各种阴离子被土壤胶体吸附的顺序如下:

$$F^- > 草酸根 > 柠檬酸根 > PO_4^{3-} \geqslant AsO_4^{3-} \geqslant 硅酸根 > HCO_3^- > H_2BO_3^-$$
$$> CH_3COO^- > SCN^- > SO_4^{2-} > Cl^- > NO_3^-$$

二、土壤的酸碱性

由于土壤是一个复杂的体系,其中存在着各种化学和生物化学反应,因而使土壤表现出不同的酸性和碱性。根据土壤的酸度可以将其划分为 9 个等级(表4.8)。

表 4.8　土壤酸碱度分级

pH	酸碱度分级	pH	酸碱度分级
<4.5	极强酸性	7.0～7.5	弱碱性
4.5～5.5	强酸性	7.5～8.5	碱性
5.5～6.0	酸性	8.5～9.5	强碱性
6.0～6.5	弱酸性	>9.5	极强碱性
6.5～7.0	中性		

　　我国土壤的 pH 大多数在 4.5～8.5 之间,并呈由南向北 pH 递增的规律,长江(北纬 33°)以南的土壤多为酸性和强酸性,如华南、西南地区广泛分布的红壤、黄壤(图 4.10),pH 多在 4.5～5.5 之间,有少数低至 3.6～3.8;华中华东地区的红壤,pH 在 5.5～6.5 之间;长江以北的土壤多为中性或碱性,如华北、西北的土壤大多含 $CaCO_3$,pH 一般在 7.5～8.5 之间,少数强碱性土壤的 pH 高达 10.5。

图 4.10　红壤和黄壤示意图

(一) 土壤酸度

根据土壤中 H^+ 离子的存在方式,土壤酸度可分为两大类:活性酸度和潜性酸度。

1. 活性酸度

土壤的活性酸度是土壤溶液中氢离子浓度的直接反映,又称为有效酸度,通常用 pH 表示。

土壤溶液中氢离子的来源,主要是土壤中 CO_2 溶于水形成的碳酸和有机质分解产生的有机酸以及土壤中矿物质氧化产生的无机酸,还有施用的无机肥料中残留的无机酸,如硝酸、硫酸和磷酸等。此外,大气污染形成的大气酸沉降,也会使土壤酸化,所以它也是土壤活性酸度的一个重要来源。

2. 潜性酸度

土壤潜性酸度的来源是土壤胶体吸附的可代换性 H^+ 和 Al^{3+}。当这些离子处于吸附状态时,是不显酸性的,但当它们通过离子交换作用进入土壤溶液之后,即可增加土壤溶液的 H^+ 浓度,使土壤 pH 降低。只有盐基不饱和土壤才有潜性酸度,其大小与土壤代换量和盐基饱和度有关。

根据测定土壤潜性酸度所用的提取液,可以把潜性酸度分为代换性酸度和水解酸度。

(1) 代换性酸度

用过量中性盐(如 NaCl 或 KCl)溶液淋洗土壤,溶液中金属离子与土壤中 H^+ 和 Al^{3+} 发生离子交换作用,而表现出的酸度,称为代换性酸度,即

$$\boxed{土壤胶体} - H^+ + KCl \rightleftharpoons \boxed{土壤胶体} - K^+ + HCl$$

由土壤矿物质胶体释放出的氢离子是很少的,只有土壤腐殖质中的腐殖酸才可产生较多的氢离子。

$$R—COOH + KCl \Leftrightarrow R— COOK + H^+ + Cl^-$$

研究表明,代换性 Al^{3+} 是矿物质土壤中潜性酸度的主要来源。例如,红壤的潜性酸度 95%以上是由代换性 Al^{3+} 产生的。由于土壤酸度过高,造成铝硅酸盐晶格内铝氢氧八面体的破裂,使晶格中的 Al^{3+} 释放出来,变成代换性 Al^{3+}。

$$\boxed{土壤胶体} - Al^{3+} + 3KCl \rightleftharpoons \boxed{土壤胶体} - 3K^+ + AlCl_3$$

$$AlCl_3 + 3H_2O \rightleftharpoons Al(OH)_3 + 3HCl$$

(2) 水解性酸度

用弱酸强碱盐(如醋酸钠)淋洗土壤,溶液中金属离子可以将土壤胶体吸附的 H^+,Al^{3+} 代换出来,同时生成某弱酸(醋酸)。此时,所测定出的该弱酸的酸度称为水解性酸度。其化学反应分几步进行,首先,醋酸钠水解:

$$CH_3 COONa + H_2O \longrightarrow CH_3 COOH + Na^+ + OH^-$$

由于生成的醋酸分子离解度很小,而氢氧化钠可以完全离解。氢氧化钠离解后,所生成的钠离子浓度很高,可以代换出绝大部分吸附的 H^+ 和 Al^{3+},其反应如下:

$$H^+ - \boxed{土壤胶体} - Al^{3+} + 4CH_3COONa \xrightarrow{3H_2O} Na^+ - \boxed{土壤胶体} - 3Na^+ + Al(OH)_3$$
$$+ 4CH_3COOH$$

水解性酸度一般比代换性酸度高。由于中性盐所测出的代换性酸度只是水解性酸度的一部分,当土壤溶液在碱性增大时,土壤胶体上吸附的 H^+ 较多地被代换出来,所以水解酸度较大。但在红壤和灰化土中,由于胶体中 OH^- 离子能中和醋酸,且对醋酸分子有吸附作用,因此,水解性酸度接近于或低于代换性酸度。

(二) 土壤碱度

土壤溶液中 OH^- 离子的主要来源,是 CO_3^{2-} 和 HCO_3^- 的碱金属(Na,K)及碱土金属(Ca,Mg)的盐类。碳酸盐碱度和重碳酸盐硬度的总和称为总碱度,可用中和滴定法测定。不同溶解度的碳酸盐和重碳酸盐对土壤碱性的贡献不同,$CaCO_3$ 和 $MgCO_3$ 的溶解度很小,在正常的 CO_2 分压下,它们在土壤溶液中的浓度很低,故富含 $CaCO_3$ 和 $MgCO_3$ 的石灰性土壤呈弱碱性(pH 为 7.5~8.5);Na_2CO_3,$NaHCO_3$ 及 $Ca(HCO_3)_2$ 等都是水溶性盐,可以大量出现在土壤溶液中,使土壤溶液中的总碱度很高,从土壤 pH 来看,含 Na_2CO_3 的土壤,其 pH 一般较高,可到 10 以上,而含 $NaHCO_3$ 和 $Ca(HCO_3)_2$ 的土壤,其 pH 常在 7.5~8.5,碱性较弱。

当土壤胶体上吸附的 Na^+,K^+,Mg^{2+}(主要是 Na^+)等离子的饱和度增加到一定程度时,会引起交换性阳离子的水解作用:

$$\boxed{\text{土壤胶体}} - x\text{Na}^+ + y\text{H}_2\text{O} \Longleftrightarrow \boxed{\text{土壤胶体}} - (x - y)\text{Na}^+ + y\text{NaOH} - y\text{H}^+$$

结果在土壤溶液中产生 NaOH，使土壤呈碱性，此时 Na^+ 离子饱和度亦称为土壤碱化度。

胶体上吸附的盐基离子不同，对土壤 pH 和土壤碱度的影响也不同，如表 4.9 所示。

表 4.9　不同盐基离子完全饱和吸附于黑钙土时的 pH

吸附性盐基离子	黑钙土的 pH	吸附性盐基离子	黑钙土的 pH
Li	9.00	Ca	7.84
Na	8.04	Mg	7.59
K	8.00	Ba	7.35

（三）土壤的缓冲性能

土壤缓冲性能是指土壤具有缓和其酸碱度发生剧烈变化的能力，它可以保持土壤反应的相对稳定，为植物生长和土壤生物的活动创造比较稳定的生活环境，所以土壤的缓冲性能是土壤的重要性质之一。

1．土壤溶液的缓冲作用

土壤溶液中含有碳酸、硅酸、磷酸、腐殖酸和其他有机酸等弱酸及其盐类，构成一个良好的缓冲体系，对酸碱具有缓冲作用。现以碳酸及其钠盐为例说明。

当加入盐酸时，碳酸钠与它作用，生成中性盐和碳酸，大大抑制了土壤酸度的提高：

$$\text{Na}_2\text{CO}_3 + 2\text{HCl} \Longleftrightarrow 2\text{NaCl} + \text{H}_2\text{CO}_3$$

当加入 $Ca(OH)_2$ 时，碳酸与它作用，生成溶解度较小的碳酸钙，也限制了土壤碱度的变化范围：

$$\text{H}_2\text{CO}_3 + \text{Ca(OH)}_2 \Longleftrightarrow \text{CaCO}_3 + 2\text{H}_2\text{O}$$

土壤中的某些有机酸（如氨基酸、胡敏酸等）是两性物质，具有缓冲作用，如氨基酸含氨基和羧基可分别中和酸和碱，从而对酸和碱都具有缓冲作用。

2．土壤胶体的缓冲作用

土壤胶体吸附有各种阳离子，其中盐基离子和氢离子能分别对酸和碱起缓冲作用。

（1）对酸的缓冲作用（以 M 代表盐基离子）

$$\boxed{\text{土壤胶体}} - \text{M} + \text{HCl} \Longleftrightarrow \boxed{\text{土壤胶体}} - \text{H} + \text{MCl}$$

（2）对碱的缓冲作用

$$\boxed{\text{土壤胶体}} - \text{H} + \text{MOH} \Longleftrightarrow \boxed{\text{土壤胶体}} - \text{M} + \text{H}_2\text{O}$$

土壤胶体的数量和盐基代换量越大，土壤的缓冲性能就越强。因此，砂土掺黏土及施用各种有机肥料，都是提高土壤缓冲性能的有效措施。在代换量相等的条件下，盐基饱和度愈高，土壤对酸的缓冲能力愈大；反之，盐基饱和度愈低，土壤对碱的缓冲能力愈大。

（3）铝离子对碱的缓冲作用

在 pH＜5 的酸性土壤里，土壤溶液中 Al^{3+} 有 6 个水分子围绕着，当加入碱类使土壤溶液中 OH^- 离子增多时，铝离子周围 6 个水分子中有一两个水分子离解出 H^+，与加入的 OH^- 中和，并发生如下反应：

$$2Al(H_2O)_6^{3+} + 2OH^- \rightleftharpoons [Al_2(OH)_2(H_2O)_8]^{4+} + 4H_2O$$

水分子离解出来的 OH^- 则留在铝离子周围,这种带有 OH^- 离子的铝离子很不稳定,它们要聚合成更大的离子团,可多达数十个铝离子相互聚合成离子团,如图 4.11 所示。聚合的铝离子团越大,解离出的 H^+ 越多,对碱的缓冲能力就越强。

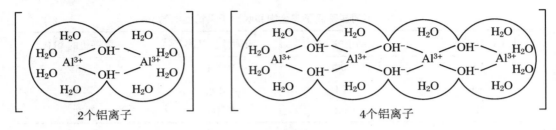

图 4.11 铝离子缓冲作用示意图

(戴树桂,2006)

在 pH>5.5 时,铝离子开始形成 $Al(OH)_3$ 沉淀,而失去缓冲能力。一般土壤缓冲能力的大小顺序是:腐殖质土>黏土>砂土。

三、土壤的氧化还原性

氧化还原反应是土壤中无机物和有机物发生迁移转化并对土壤生态系统产生重要影响的化学过程。

(一) 土壤主要氧化还原体系

土壤中的主要氧化剂有土壤中氧气、NO_3^- 离子和高价金属离子,如 Fe(Ⅲ),Mn(Ⅳ),V(Ⅴ),Ti(Ⅳ)等。土壤中的主要还原剂有有机质和低价金属离子。此外,土壤中植物的根系和土壤生物也是土壤发生氧化还原反应的重要参与者。主要氧化还原体系如表 4.10 所示。

表 4.10 土壤氧化还原体系

体　系	反应式	氧化态	还原态
铁体系	$Fe(OH)_3 + 3H^+ + e \rightleftharpoons Fe^{2+} + 3H_2O$	Fe(Ⅲ)	Fe(Ⅱ)
锰体系	$\frac{1}{2}MnO_2 + 2H^+ + e \rightleftharpoons \frac{1}{2}Mn^{2+} + H_2O$	Mn(Ⅳ)	Mn(Ⅱ)
硫体系	$\frac{1}{8}SO_4^{2-} + \frac{5}{4}H^+ + e \rightleftharpoons \frac{1}{8}H_2S + \frac{1}{2}H_2O$	SO_4^{2-}	H_2S
氮体系	$\frac{1}{2}NO_3^- + H^+ + e \rightleftharpoons \frac{1}{2}NO_2^- + \frac{1}{2}H_2O$	NO_3^-	NO_2^-
	$2NO_3^- + 12H^+ + 10e \rightleftharpoons N_2 + 6H_2O$	NO_3^-	N_2
	$NO_3^- + 10H^+ + 8e \rightleftharpoons NH_4^+ + 3H_2O$	NO_3^-	NH_4^+
有机碳体系	$\frac{1}{8}CO_2 + H^+ + e \rightleftharpoons \frac{1}{8}CH_4 + \frac{1}{4}H_2O$	CO_2	CH_4

土壤氧化还原能力的大小可以用土壤的氧化还原电位(Eh)来衡量,其值是以氧化态物质与还原态物质的相对浓度比为依据的。由于土壤中氧化态物质与还原态物质的组成十分复杂,因此计算土壤的实际 Eh 很困难。主要以实际测量的土壤氧化还原电位(Eh)衡量土壤的氧化还原性。一般旱地土壤的氧化还原电位(Eh)为 $400 \sim 700$ mV;水田的 Eh 值在 $-200 \sim 300$ mV。根据土壤的 Eh 可以确定土壤的有机物和无机物可能发生的氧化还原反应和环境行为。

当土壤的 Eh>700 mV 时,土壤完全处于氧化条件下,有机物质会迅速分解;当 Eh 在 $400 \sim 700$ mV 时,土壤中氮素主要以 NO_3^- 形式存在;当 Eh<400 mV 时,反硝化开始发生;当 Eh<200 mV 时,NO_3^- 开始消失,出现大量的 NH_4^+。当土壤渍水时,Eh 降至 -100 mV 时,Fe^{2+} 浓度已经超过 Fe^{3+};Eh 再降低至小于 -200 mV 时,H_2S 大量产生,Fe^{2+} 就会变成 FeS 沉淀,其迁移能力降低了。其他变价金属离子在土壤中不同氧化还原条件下的迁移转化行为与水环境相似。

(二)影响土壤氧化还原因素

土壤的氧化还原电位 Eh 受通气状况、微生物活动、易分解有机质的含量、植物根系的代谢作用、土壤 pH 及人为措施的影响。旱地 Eh 较高,以氧化作用为主,在土壤深处,Eh 较低;水田的 Eh 可降至负值,以还原作用为主。例如,土壤中 Hg^{2+} 可被有机质、微生物等还原为 Hg_2^{2+},再发生歧化反应还原为 Hg^0。旱地土壤的 Eh 为 $8.5 \sim 11.84$,Hg 以 $HgCl_2$ 和 $Hg(OH)_2$ 形态存在;水田土壤 Eh 为 -5.1,产生的 H_2S 与 Hg^{2+} 形成 HgS 沉淀。土壤 Eh 还与 pH 有关,pH 降低,Eh 升高。植根系分泌物可直接或间接影响根际土壤氧化还原电位。

黏土矿物和氧化物能促进某些氧化还原反应如酚和芳胺的氧化,这些反应不同于均相溶液中的氧化还原反应过程,它包括吸附和电子转移步骤的表面反应,因为铁、锰氧化物和含 Fe^{3+} 的层状硅酸盐矿物等赫土矿物都是很活跃的电子受体。

土壤 Eh 可影响有机物和无机物的存在形态和生物有效性,从而影响它们在土壤中的迁移转化和对作物的毒害程度,这对那些变价元素尤为重要。例如,在 Eh 很低的还原条件下,Cd^{2+} 形成难溶的 CdS 沉淀,难以被植物吸收,毒性降低。但水田落干后,CdS 被氧化为可溶性的 $CdSO_4$,易被植物吸收,若 Cd^{2+} 含量较高,则会影响植物生长。因此,可通过调节土壤的 Eh 及 pH,降低污染物的毒性。利用或强化土壤的氧化还原性质,使污染物脱毒,达到修复或缓解土壤有机物、重金属污染引起了广泛关注。

1. 微生物的活动

微生物的活动需消耗氧,释放 CO_2。

2. 易分解有机物的含量

有机物质分解过程是一个耗氧过程。在一定的通气条件下,土壤中易分解的有机物愈多,耗氧也愈多,其氧化还原电位就较低。

3. 土壤中易氧化和还原的无机物的含量

土壤的氧化体和硝酸盐含量高时,可使 Eh 值下降得较慢。

4. 植物根系的代谢作用

根系呼吸和分泌物参与了氧化还原作用,水稻根系输氧,根系附近为红色的。

5. 土壤的 pH

一般随 pH 升高而下降,下降幅度很复杂,随母质类型,气候特征不同而不同。

四、土壤的配位及螯合作用

土壤中的有机、无机配体能与金属离子发生配位或螯合作用,从而影响金属离子迁移转化等行为。土壤中有机配体主要是腐殖质,其表面含有多种含氧、含氮等多配位原子的官能团,能与金属离子形成配合物或螯合物。不同配体与金属离子亲和力的大小顺序为 $-NH_2 > -OH > -COOH > C=O$。腐殖质官能团中羧基和酚羟基分别约占官能团的 50% 和 30%,成为腐殖质-金属配合物的主要配位基团。我国土壤中腐殖酸的羟基含量(340~480 cmol/kg)低于富啡酸(700~800 cmol/kg),前者羧基与羟基的含量比为 0.7~1.9,后者为 2.7~5.6,富啡酸的配位、还原能力高于腐殖酸。

土壤中常见的无机配体有 Cl^-,SO_4^{2-},HCO_3^-、OH^- 等,它们与金属离子生成各种配合物,如 $Cu(OH)^+$,$Cu(OH)_2$,$CuCl^+$,$CuCl_3^-$ 等。

金属配合物或螯合物的稳定性与配体或螯合剂、金属离子种类及环境条件有关。土壤有机质对金属离子的配位或螯合能力的顺序为 $Pb^{2+} > Cu^{2+} > Ni^{2+} > Zn^{2+} > H^+ > Cd^{2+}$。土壤介质 pH 对螯合物的稳定性有较大的影响。pH 低时,H^+ 与金属离子竞争螯合剂,螯合物的稳定性较差;pH 高时,金属离子可形成氢氧化物、磷酸盐或碳酸盐等不溶性无机化合物。配位或螯合作用对金属离子迁移的影响取决于所形成螯合物的可溶性。若形成的螯合物易溶于水,则有利于金属的迁移;反之,有利于金属在土壤中滞留,降低其活性。一般来说,腐殖酸与金属离子形成的螯合物是难溶的,富啡酸与金属离子形成的螯合物是易溶的。重金属与腐殖质生成可溶性稳定螯合物,能够有效阻止重金属作为难溶盐而沉淀。例如,腐殖质与 Fe,Al,Ti,V 等形成的螯合物易溶于中性、弱酸或弱碱性土壤溶液中,使之以螯合物的形式迁移,当缺乏腐殖质时它们便析出沉淀。

在土壤表层的溶液中,汞主要以 $Hg(OH)_2$,$HgCl_2$ 形式存在;在氯离子浓度高的盐碱土中,则以 $HgCl_4^{2-}$ 为主。Cd^{2+},Zn^{2+},Pb^{2+} 则可生成 MCl_2,MCl_3^-,MCl_4^{2-} 配离子。盐碱土的 pH 高,重金属可发生水解,生成羟基配离子,此时即发生羟基配位作用与氯配位作用的竞争,或形成各种复杂的配离子,如 $HgOHCl$,$CdOHCl$ 等。重金属与羟基及氯离子的配位作用,可提高难溶重金属化合物的溶解度,并减弱土壤胶体对重金属的吸附,从而影响土壤中重金属的迁移转化。

五、土壤的生物学性质

土壤中存在着由土壤动物、原生动物和微生物组成的生物群体,生物活性最为活跃的是根际(rhizosphere)土壤,即受植物根系直接影响的那部分微域土壤;土壤的生物学性质,特别是土壤的根际过程对环境中物质的迁移转化和生物生态效应有重要的影响。

土壤根际微环境的性质及其环境和生物生态效应引起土壤界和环境界的极大关注。平均来讲,一年生植物净光合作用碳的 30%~60% 分布在根系,其中相当一部分(4%~70%)是以有机碳的形式释放到根际(根际沉积作用)。根际土壤沉积物的主要有机碳组分是各种低分子、高分子有机溶质及剥落的细胞组织等。低分子的有机溶质(分泌物)包括有机酸、酚类化合物和植物铁载体,它们可以直接活化根际土壤的矿物质养分,降低某些有害金属离子(如铝)的毒性,但同时也可能活化根际土壤中部分重金属(如铅、镉等),促进植物对重金属离子的吸收。高分子有机分泌物(黏液)主要是多聚糖,包括半乳糖醛酸,它们可以与多价金属阳离子形成配合物,保护根尖分裂组织免受铝及重金属的毒害。脱落的植物细胞组织主要是根际微生物的碳源,但也可以微生物代谢产物的形式对根际土壤矿物质养分进行活化,降低土壤中某些金属阳离子的毒性,表 4.11 所示为根际土壤沉积物的类别。根系还会向根际土壤释放 H^+ 及 CO_2(HCO_3^-)而改变根际土壤的 pH。此外,根系对氧气的消耗或释放可使根际土壤的氧化还原电位(Eh)发生变化。

表 4.11 根际土壤沉积物的类别

种 类	物 质
根系分泌物	相对分子质量大的有机物质、高分子的黏胶物质、根细胞脱落物及其分解产物以及气体、质子和养分离子等
渗出物	糖类、有机酸、氨基酸、水、无机离子、核黄素等
排泄物	CO_2、HCO_3^-、质子、电子、乙烯等
泌出物	黏液、质子、电子、酶、铁载体、异株克生物质等
根系碎片	根冠细胞、细胞内容物

土壤微生物是土壤生物的主体,它的种类繁多,数量巨大。特别是在土壤表层中,1 g 土壤含有以亿和十亿计的细菌、真菌、放线菌和酵母菌等微生物。它们能产生各种专性酶,因而在土壤有机质的分解转化过程中起主要作用。土壤微生物和其他生物对有机污染物有强的自净能力,即生物降解作用。土壤这种自身更新能力和去毒作用为土壤生态系统的物质循环创造了决定性的有利条件,也对土壤肥力的保持提供了必要的保证。污染物可被生物吸收并富集在体内,植物根系对污染物的吸收是植物污染的主要途径。

六、土壤的自净功能及环境容量

土壤的上述性质对污染物的迁移转化有很大的影响。如土壤胶体能吸附各种污染物并降低其活性,微生物对有机污染物有特殊的降解作用,使得土壤具有优越的自身更新能力而无需借助外力。土壤的这种自身更新能力,称为土壤的自净作用。污染物进入土壤后,其自净过程大致如下:污染物在土壤内经扩散、稀释、挥发等物理过程降低其浓度;经生物和化学作用降解为无毒或低毒物质,或通过化学沉淀、配位或螯合作用、氧化还原作用转化为不溶性化合物,或被土壤胶体牢固吸附,难以被植物吸收而暂时退出生物小循环,脱离食物链或被排至土体之外的大气或水体中。因此,土壤具有同化和降解外源物质的能力,是保护环境的重要净化剂。

土壤自净能力与土壤的物质组成和其他特性及污染物的种类、性质有关。不同土壤的自净能力是不同的,同一土壤对不同污染物的自净能力也是有差异的。总的来说,土壤的自净速率比较缓慢,污染物进入土壤后较难净化。

环境容量是指在人类生存和自然生态不受损害的前提下,某一环境单元中所能容纳污染物的最大负荷。土壤环境容量就是将环境容量的概念用于土壤体系,其含义是在维持土壤的正常结构和功能,并保证农产品的生物学产量和质量的前提下。土壤所能容纳污染物的最大负荷。土壤环境容量可用下式表示:

$$Q = \rho_s \times S \times (R - B) \times 10^{-6}$$

式中,Q 为区域土壤环境容量,单位为 kg;

ρ_s 为耕层土壤的面密度,单位为 kg/m^2;

S 为区域面积,单位为 m^2;

R 为某种污染物的土壤评价指标,单位为 mg/kg,即造成作物生长障碍时该污染物的浓度,或作物食用部分残毒达到卫生标准 50%时该污染物的浓度;

B 为该污染物的土壤环境背景或现有浓度,单位为 mg/kg。

土壤环境背景值是指未受污染的条件下,土壤中各元素和化合物,特别是有毒污染物的含量。目前绝对未受污染的土壤已经很难找到,通常选择离污染源很远、污染物难以到达、生态条件正常地区的土壤作为调查土壤环境背景值的基本依据。土壤环境背景值是一个相对的概念,其值因时间和空间因素而异。

第三节　土壤中污染物的迁移转化

土壤污染(soil pollution)是指人类活动所产生的污染物通过各种途径进入土壤,其数量和速度超过了土壤的容纳和净化能力,而使土壤的性质、组成及性状等发生变化,使污染物质的积累过程逐渐占据优势,破坏了土壤的自然生态平衡,并导致土壤的自然功能失调、土壤质量恶化的现象。简言之,土壤污染是指在人类生产和生活活动中排出的有害物质进入土壤中,直接或间接地危害人畜健康的现象。土壤污染的明显标志是土壤生产力下降。

一、土壤污染的基本特点

土壤环境的多介质、多界面、多组分以及非均一性和复杂多变的特点,决定了土壤环境污染具有区别于大气环境污染和水环境污染的特点。

1. 土壤污染的隐蔽性

土壤污染具有隐蔽性,因为各种有害物质在土壤中总是与土壤相结合,有的有害物质被土壤生物所分解或吸收,从而改变了其本来性质和特征,它们可被隐藏在土壤中或者以难于被识别、发现的形式从土壤中排出。当土壤将有害物质输送至农作物,再通过食物链而损害人畜健康时,土壤本身可能还会继续保持其生产能力。土壤对机体健康产生危害以慢性、间接危害为主。

2. 累积性与地域性

① 土壤的累积性表现为土壤对污染物进行吸附、固定,其中也包括植物吸收,从而使污

染物聚集于土壤中。特别是重金属和放射性元素都能与土壤有机质或矿物质相结合,并且长久地保存在土壤中,无论它们如何转化,也很难重新离开土壤,成为顽固的环境污染问题。

② 污染物在土壤环境中并不像在大气和水体中那样容易扩散和稀释,因此容易不断积累而达到很高的浓度,从而使土壤环境污染具有很强的地域性特点。

3. 不可逆转性

难降解污染物积累在土壤环境中则很难靠稀释作用和自净化作用来消除。重金属污染物对土壤环境的污染基本上是一个不可逆转的过程。同样,许多有机化合物对土壤环境的污染也需要较长的时间才能降解,尤其是那些持久性有机污染物不仅在土壤环境中很难被降解,而且可能产生毒性较大的中间产物。例如,"六六六"和 DDT 在我国已禁用 30 年(1993 年全面停止使用),但至今仍然能从土壤环境中检出,就是由于其中的有机氯非常难降解。

4. 治理周期长

土壤环境一旦被污染,仅仅依靠切断污染源的方法往往很难自我修复,如被某些重金属污染的土壤可能要 100～200 年时间才能够恢复。必须采用各种有效的治理技术才能消除现实污染。

二、土壤污染的主要来源

土壤是一个开放体系,土壤与其他环境要素间进行着不间断的物质和能量的交换。因而造成土壤污染物质的来源是极为广泛的,有天然污染源,也有人为污染源。按照污染物进入土壤的途径,可将土壤污染源分为以下几类(图 4.12):

图 4.12　土壤污染源

1. 农业污染源

农业污染源主要是指出于农业生产自身的需要而施入土壤的化肥、化学农药以及其他农用化学品和残留于土壤中的农用地膜等。相对于工业污染源,农业生产过程排放的污染物具有剂量低、面积大等特点,属于非点源污染。

2. 工业污染源

工业污染源是指工矿企业排放的废水、废气和废渣等,是土壤环境中污染物非常重要的来源之一,该类污染源对土壤环境系统带来的污染可以是直接的,也可以是间接的。工业"三废"在陆地环境中的堆积以及不合理处置直接引起周边土壤中污染物的累积,进而引起动物、植物等生物体内污染物的累积。此外工业废气中的污染物也可以随着大气飘尘降落地面,对土壤环境造成二次污染。

3. 生活污染源

人粪尿及畜禽排出的废物含有致病的各种病菌和寄生虫,也会产生严重的土壤和水体污染问题。将这种未经处理的肥源施于土壤,会引起土壤严重的生物污染。城市垃圾及电子垃圾的不合理处置是居民生活引起土壤污染的另一个主要途径。由于这些垃圾成分复杂,有害物质含量多,如果未经合理处理,有害物质就可进入环境,会严重污染土壤和水源,进而危害人体健康。

4. 交通污染源

交通工具对土壤的污染主要体现为汽车尾气中的各种有毒有害物质通过大气沉降造成对土壤的二次污染以及事故排放所造成的污染。

(1) 重金属污染

公路、铁路两侧土壤中的重金属污染,主要是 Pb,Zn,Cd,Cr,Co,Cu 的污染为主。它们来自于含铅汽油的燃烧,汽车轮胎磨损产生的含锌粉尘等,它们呈条带状分布,以公路、铁路为轴向两侧重金属污染强度逐渐减弱,目前,随着无铅汽油的推广使用,交通工具尾气中的重金属等污染物明显减少。

(2) 有机物污染

由于交通工具数量的急剧增加,尾气排放总量明显增加,由汽车尾气排放引起的石油烃等有机污染对土壤环境污染问题也愈显突出。

5. 灾害污染源

(1) 自然灾害

如强烈火山喷发区的土壤、富含某些重金属或放射性元素的矿床附近地区的土壤,由于含矿物质(岩石、矿物)的风化分解和播散,可使有关元素在自然力的作用下向土壤中迁移,引起土壤污染。

(2) 战争灾害

战争灾害对战区的生态环境造成了严重影响,例如:贫铀弹含放射性的爆炸物和空气中灰尘的沉降引起土壤的污染,土壤中的放射性铀和分散在植物叶面上的放射性物质可被植物吸收,人或动物食用这类植物后可能造成再次污染;越战中美军大量使用的橙色落叶剂(orange agent),含有大量二噁英至今仍严重影响着越南的土壤环境。

三、土壤的主要污染物

（一）土壤污染物的分类

凡是进入土壤并影响到土壤的理化性质和组成物而导致土壤的自然功能失调、土壤质量恶化的物质,统称为土壤污染物。土壤污染物的种类繁多,既有化学污染物也有物理污染物、生物污染物和放射污染物等,其中以土壤的化学污染物最为普遍、严重和复杂。土壤中的污染物来源广、种类多,按污染物的性质一般可分为 4 类:有机污染物、无机污染物(以重金属为主)、放射性元素和病原微生物。

1. 有机污染物

土壤有机污染物主要是化学农药。目前大量使用的化学农药有 50 多种,其中主要包括有机磷农药、有机氯农药、氨基甲酸酶类、苯氧羧酸类、苯酚、胺类等。此外,苯、甲苯、二甲苯、乙苯、三氯乙烯等挥发性有机污染物以及多环芳烃、多氯联苯等,也是土壤中常见的有机污染物。

2. 无机污染物

无机污染物以重金属为主,如镉、汞、砷、铅、铬、铜、锌、镍、钴等,局部地区还有锰、钴、硒、钒、锑、铊、钼等。使用含有重金属的废水进行灌溉是重金属进入土壤的一个重要途径。重金属进入土壤的另一条途径是随大气沉降落入土壤。由于重金属不能被微生物分解,而且可为生物富集,土壤一旦被重金属污染,其自然净化过程和人工治理都是非常困难的。此外,重金属可以被生物富集,因而对人类有较大的潜在危害。

3. 放射性元素

放射性元素主要来源于大气层核试验的沉降物以及原子能和平利用过程中所排放的各种废气、废水和废渣。含有放射性元素的物质不可避免地随自然沉降、雨水冲刷和废弃物的堆放而污染土壤。土壤一旦被放射性物质污染就难自行消除,只能自然衰变为稳定元素,而消除其放射性。放射性元素可通过食物链进入人体。

4. 病原微生物

土壤中的病原微生物,主要包括病原菌和病毒等,主要来源为人畜的粪便及用于灌溉的污水(未经处理的生活污水,特别是医院污水)。人类若直接接触含有病原微生物的土壤,可能会对健康带来影响;若食用被土壤污染的蔬菜、水果等则间接受到污染。

（二）污染物污染土壤的方式

各种污染物污染土壤的方式有以下 3 种:

1. 气型污染

是由大气中污染物沉降至地面而污染土壤。主要污染物有铅、镉、砷、氟以及大气中的硫化物和氮氧化物形成酸雨降至土壤,使土壤酸化;同时还包括汽车废气对土壤的污染。气型污染的分布特点和范围受大气污染源性质、气象因素的影响。

2. 水型污染

主要是工业废水和生活污水通过污水灌溉而污染土壤,灌区土壤中污染物的浓度分布特点是进水口附近土壤中的浓度高于出水口处,污染物一般多分布于较浅的耕作层,水型污染在渗水性强、地下水位高的地方容易污染地下水;污水灌溉的农田中有些农作物大量吸收富集某些有害物质,甚至可引起食用者中毒。

3. 固体废弃物型污染

包括生产生活的固体废弃物对土壤的污染,其特点是污染范围比较局限和固定,有些重金属和放射性废弃物污染土壤,持续时间长,不易自净,影响长久。

四、氮磷污染及迁移转化

氮、磷是植物生长不可缺少的营养元素。农业生产过程中常施用氮、磷化肥以增加粮食作物的产量,但过量使用化肥会影响作物的产量和质量。此外,未被作物吸收利用和被耕层土壤吸附固定的养分,则在耕层以下积累和转入地下水和地表水,成为潜在的环境污染物。

(一)氮污染

农田中过量施用氮肥会影响农业产量和产品的质量,还会间接影响人类健康,同时在经济上也是一种损失。施用过多的氮肥,由于水的渗滤作用,土壤中积累的硝酸盐渗滤并进入地下水;如水中的硝酸盐浓度超过 $4.5~\mu g/mL$,就不宜饮用。蔬菜和饲料作物等可以积累土壤中的硝酸盐。空气中的细菌可将烹调过的蔬菜中的硝酸盐还原为亚硝酸盐,饲料中的硝酸盐在反刍动物胃里也可被还原为亚硝酸盐。亚硝酸盐能与胺类反应生成亚硝酸胺类化合物,具有致癌、致畸、致突变的性质,对人类有很大的威胁。硝酸盐和亚硝酸盐进入血液,可将其中的血红蛋白 Fe^{2+} 氧化为 Fe^{3+},变成氧化血红蛋白,后者不能将其结合的氧分离供给机体组织,导致组织缺氧,使人和家畜发生急性中毒。此外,农田施用过量的氮肥容易造成地表水的富营养化。

土壤中氮的形态多样,包含有机氮和无机氮。表层土壤中的氮大部分是有机氮,占总氮的90%以上。根据溶解度大小和水解难易程度,土壤有机氮可分为水溶性有机氮、水解性有机氮、非水解性有机氮。

尽管某些植物能直接利用氨基酸,但植物摄取的几乎都是无机氮,说明土壤中氮以有机态来储存,而以无机态被植物吸收。显然,有机氮与无机氮之间的转化是十分重要的。有机氮转化为无机氮的过程称为矿化过程,无机氮转化为有机氮的过程称为非流动性过程,这两种过程都是微生物作用的结果。研究表明,矿化的氮量与外部条件如温度、酸度、氧及水的有效量、其他营养盐等有关。土壤中氮元素的迁移转化是全球氮循环的重要组成部分。

以下简单介绍土壤中氮的迁移转化过程。假定有机氮完全被截留在土壤中并达一定的深度,那么氮的迁移主要是指经过矿化过程以后的氮及加到表层土壤中的无机氮,并假定污水的次生流出物中90%~95%的氮是 NH_4^+,污水中可能存在天然肥料或腐败物质。土壤中氮的迁移转化过程如图4.13所示。具体如下:

(1)在碱性条件

进入土壤中的 NH_4^+ 转化为 NH_3,挥发至大气中,由于多数植物可吸收利用 NH_4^+,也使一部分氮从土壤中迁出。

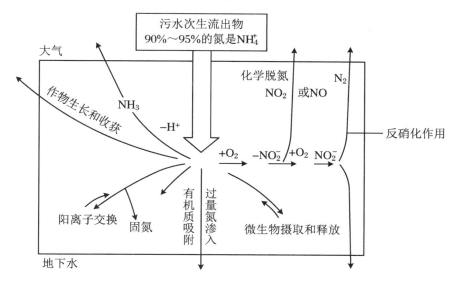

图 4.13　土壤中氮的迁移转化过程

（2）被土壤胶体吸附

NH_4^+ 可通过离子交换作用被土壤中的黏土矿物或腐殖质吸附。

（3）硝化作用

如果土壤中有足够的含氮有机物、氧,适量的碳源及必要的湿度和温度条件,就能产生硝化作用,使 NH_4^+ 逐渐转化为 NO_2^-,NO_3^-,提高了氮的流动性,使之易进入土壤深处,除非被某些植物的根吸收而被截留。土壤中硝酸盐的含量与土的深度和降水量有关。降水量愈小,土壤表层中的硝酸盐含量愈高;在土壤深处,硝酸盐含量迅速减少。

（4）反硝化脱氮作用

包括化学和微生物脱氮作用。脱氮作用要有足够的能源,并有还原性物质存在;温度、pH 对脱氮作用也很重要。例如,25 ℃ 以下脱氮作用速率便减小,至 2 ℃ 时趋于零;pH＜5 时,脱氮作用便终止。脱氮作用似乎不利于农业生产,但当氮过量时,特别是在植物根部不能达到的深度就显得重要。因此,当土壤受氮污染时,脱氮过程是十分有利的,而土壤用水浸泡可以造成十分有利的脱氮条件。此外,土壤的渗水作用可使相当数量的氮流失。要尽可能控制化肥的用量,避免氮污染。

（二）磷污染

磷是植物生长的必需元素之一。植物摄取的磷几乎全是磷酸根离子。土壤的磷污染很难判断,而植物缺锌往往是高磷造成的。

土壤中的磷主要包括无机磷及有机磷。土壤中的无机磷几乎全部是正磷酸盐,根据其所结合的主要阳离子的性质不同,可分为 4 个类别:磷酸钙（镁）化合物（以 Ca—P 表示）、磷酸铁和磷酸铝类化合物（分别以 Fe—P 和 Al—P 表示）、闭蓄态磷（以 O—P 表示,氧化铁胶膜包着的磷酸盐）以及复合磷酸盐类（磷酸铁铝和碱金属、碱土金属复合而成）。有机磷在总磷中所占比例范围较宽,土壤中有机磷的含量与有机质的量呈正相关,其含量在表层土中较高。土壤中有机磷主要是磷酸肌醇酯,也有少量核酸及磷酸内酯。与磷酸盐一样,磷酸肌醇酯能被土壤吸附沉淀。

表层土壤中磷酸盐含量可达 $200\ \mu g/g$，在黏土层可达 $1\ 000\ \mu g/g$。土壤中磷酸盐主要以固相存在，其活度与总量无关；土壤对磷酸盐有很强的亲和力。因此，磷污染比氮污染情形要简单，只是在灌溉时才会出现磷过量的问题。另外，土壤中 Ga^{2+}，Al^{3+}，Fe^{3+} 等容易和磷酸盐生成低溶性化合物，能抑制磷酸盐的活性，即使土壤中含磷量高，但作物仍可能缺磷。由此可见，土壤磷污染对农作物的生长影响并不很大，但其中的磷酸盐可随水土流失进入湖泊、水库等，造成水体富营养化。

土壤中磷的测定分为全磷和速磷测定。土壤全磷的测定（硫酸-高氯酸消煮）。其原理是在高温条件下，土壤中含磷矿物及有机磷化合物与高沸点的硫酸和强氧化剂高氯酸作用，使之完全分解，全部转化为正磷酸盐而进入溶液，然后用相锑抗比色法测定。了解土壤中速效磷供应状况，对于施肥有着直接的指导意义。土壤速效磷的测定方法很多，由于提取剂的不同所得的结果也不一致。提取剂的选择主要根据各种土壤性质而定，一般情况下，石灰性土壤和中性土壤采用碳酸氢钠来提取，酸性土壤采用酸性氟化铵或氢氧化钠-草酸钠法来提取，即碳酸氢钠法。石灰性土壤由于大量游离碳酸钙存在，不能用酸溶液来提取速效磷，可用碳酸盐的碱溶液。由于碳酸根的同离子效应，碳酸盐的碱溶液降低碳酸钙的溶解度，也就降低了溶液中钙的浓度，这样就有利于磷酸钙盐的提取。同时由于碳酸盐的碱溶液也降低了铝和铁离子的活性，有利于磷酸铝和磷酸铁的提取。此外，碳酸氢钠碱溶液中存在着 OH^-，HCO_3^-，CO_3^{2-} 等阴离子有利于吸附态磷的交换，因此，碳酸氢钠不仅适用于石灰性土壤，也适用于中性和酸性土壤中速效磷的提取。

五、重金属在土壤-植物系统中的迁移转化

（一）重金属污染的危害

土壤本身均含有一定量的重金属元素，其中有些是作物生长所需的微量元素，如 Mn，Cu，Zn 等，而有些如 Cd，As，Hg 等对植物生长是不利的。即使是营养元素，当其过量时也会对作物生长产生不利的影响。同一浓度下，重金属对植物等的毒性与其存在形态有密切关系。土壤胶体的吸附作用能抑制重金属的活性，土壤酸碱度对重金属的活性也有明显影响。因此，土壤的重金属污染问题较为复杂。采用城市污水或工业废水灌溉时，其中的有机物及重金属污染物进入农田；矿渣、炉渣及其他固体废物任意堆放，其淋溶物随地表径流进入农田，这些都可造成土壤重金属污染。

当进入土壤的重金属元素积累到一定程度，超过作物的需要量和耐受程度，作物生长将受到影响；或作物生长并未受害，但其产品中重金属含量超过卫生标准，有可能对人、畜产生一定的危害。重金属在土壤-植物体系中的迁移转化行为及作用机理非常复杂，影响因素很多，主要包括土壤的类型、组成及理化性质、重金属的种类、浓度及在土壤中的存在形态，植物的种类及生长发育状况，土壤复合污染过程，施肥等。

（二）重金属的迁移转化。

重金属进入土壤后，与各种土壤组分发生物理、化学、生物反应，包括吸附-解吸、沉淀-

溶解、配位-解离、同化-矿化、迁移转化等过程。重金属在土壤固相-液相间的迁移转化如图4.14所示。重金属在土壤中极少以溶解态形式存在于土壤溶液中,大部分与各种土壤组分相结合而形成各种不同的存在形态,如吸附在土壤颗粒表面,存在于颗粒物表面的离子交换位点,以沉淀或共沉淀形式存在,特别是与无定形铁和锰氧化物相结合,与有机分子形成配合物,或形成包裹态,或进入矿物的晶格。重金属不同的结合状态又有各种作用机理。

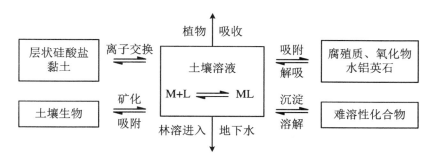

图 4.14　重金属在土壤固相-液相间的迁移转化过程
(骆永明,2009)

图 4.14 中,M 为自由金属离子;L 为某些无机配体/大部分有机酸;ML 为可溶性配合物。

重金属在土壤多介质体系中吸附-解吸作用是重要的环境化学行为之一,对其迁移转化和生物生态效应及可供选择的经济有效的修复或环境技术有重要的影响。土壤对重金属的吸附作用(sorption)包括表面吸附作用(adsorption)、表面沉淀(surface precipitation)和聚合作用(polymerization)。土壤中的无机矿物、有机质和微生物三种活跃组分对重金属的吸附-解吸行为有重要的影响。重金属在土壤黏土矿物表面可发生各种各样的物理化学过程包括:① 外层配合物的表面吸附;② 失去一个结合水形成内层配合物;③ 在黏土晶格扩散和同晶置换作用;④ 通过快速扩散形成表面聚合物;⑤ 或吸附在层间,随着颗粒增大表面聚合物镶嵌在黏土晶格结构中,当然有一部分吸附的离子由于动力学平衡或作为表面氧化还原反应产物重新扩散到土壤溶液中;作用力包括范德华力和离子交换的静电引力(对外层配合物)等作用以及键合交换(内层配合物)、共价键和氢键等作用。

重金属在土壤中的吸附量随污染物浓度的增大而增大,相应的吸附机理也发生变化。图 4.15 所示为金属离子在水合氧化物表面的吸附反应示意图,图中(a)为在低的表面吸附量下,以表面的单核吸附为主(如形成外层配合物和内层配合物);(b)为当表面吸附量增大,将出现金属氢氧化物的成核(nucleation)现象;当金属的表面吸附量进一步增大时,将导致出现表面沉淀作用(c)和表面聚簇作用(d)。Fendorf 和 Sparks 等研究了 Cr(Ⅲ)在氧化硅表面的吸附作用,结果表明,当 Cr(Ⅲ)在低的表面覆盖量(<20%)下,以形成内层配合物为主;当其覆盖量增大(>20%)时,将出现表面沉淀现象,并逐渐成为主要的吸附过程。因此,用含有大量重金属的污水长期灌溉农田,常常造成重金属在土壤中大量积累,成为一颗"定时炸弹"。

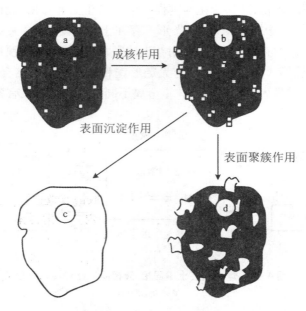

图 4.15 金属离子在水合氧化物表面的吸附反应示意图
(Spark,2002)

重金属在自然土壤中的吸附作用是一个非平衡的动力学过程,不同化学反应机理所需的平衡时间范围非常宽,从微秒、毫秒的离子配位和离子交换,到数年的表面沉淀和黏土成核作用。随时间变化重金属在土壤颗粒上的表面吸附、表面沉淀和固相转化连续变化过程见图 4.16。重金属在黏土矿物表面沉淀作用和随后的滞留时间对重金属的释放和脱附(解吸)滞后效应(hysteresis effect)影响极大,进而影响重金属的生物有效性(bioavailability)。一般土壤中的重金属污染物,随着与土壤作用时间的延长,常常形成表面沉淀物或成核作用进入黏土,降低土壤中重金属污染物的释放(脱附滞后效应)和生物有效性,这种现象常称为"老化"(aging)。由于重金属的老化效应,对重金属污染物在土壤环境中的迁移转化行为研究、毒性和生物生态效应评价、环境标准制定及重金属污染土壤修复和缓解技术的实施有重要影响,成为了研究热点和焦点之一。当然,根系分泌物和土壤溶解性有机质对重金属污染物老化的影响,特别是活化作用,需要进一步深入研究。

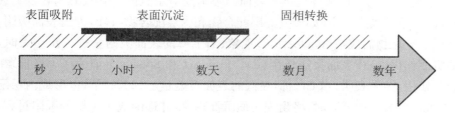

图 4.16 重金属在土壤颗粒上的连续变化过程与反应时间之间的分类
(Sparks,2002)

土壤中重金属对植物的影响主要是通过吸附富集抑制其生长并造成重金属在植物体内残留。重金属在土壤-植物系统中的迁移过程与重金属的种类、存在形态及土壤的类型、物理化学性质、植物的种类和根系分泌物有关。不同的重金属形态在土壤中往往有不同的环境化学行为及生物生态效应。

（三）重金属的生物有效性

重金属进入土壤后，可以可溶性自由态或配离子的形式存在于土壤溶液中；重金属主要被土壤胶体所吸附，或以各种难溶化合物的形态存在，因此，土壤中重金属总量并不能反映植物对重金属吸收的有效性。生物有效性是土壤中植物、动物或其他生物在其生活史上吸收一定形态的污染物的通量或速率。生物有效性是个动态过程，可分三步来描述（图4.17）：污染物在土壤中的有效性（即环境有效性），也常被定义为生物可利用性（bioaccessibility）；污染物被生物体吸收和（即环境生物有效性）污染物在生物体内的积累或产生效应（即毒理生物有效性）。生物有效性可用生物学方法和化学方法来评价和表征。生物学方法是将生物体暴露于土壤或土壤洗出液以监测其环境效应，化学方法（即提取法）是测定一类污染物对特定受体的有效性或在土壤中的移动性。目前最常用的是间接的化学方法，即有效态的化学提取或仿生采样装置－特殊形态测定。土壤因子对重金属生物有效性和移动性的影响见表4.12。

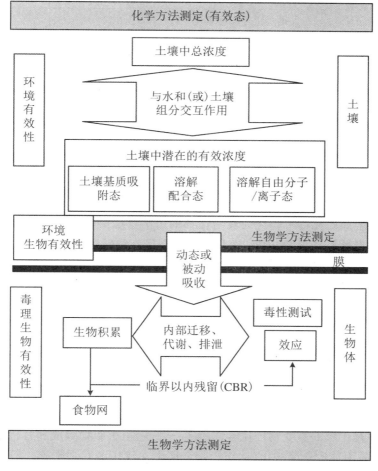

图4.17　土壤中重金属的总浓度、生物有效性及效应之间的关系

（Harmsen,2007;骆永明,2009）

表 4.12 土壤因子对重金属生物有效性和移动性的影响

土壤因子	原因过程	生物有效性和移动性
低 pH	降低阳离子在 Fe,Mn 氧化物上的吸附	增
	增加阴离子在 Fe,Mn 氧化物上的吸附	降
高 pH	增加阳离子的碳酸盐、氢氧化物沉淀	降
	增加阳离子在 Fe,Mn 氧化物上的吸附	降
	增加某些阳离子与可溶性配体的配位	增
	增加阳离子在(固相)腐殖质上的吸附	降
	降低阴离子的吸附	增
高黏土含量	增加重金属阳离子的离子交换(所有 pH)	降
高 SOM(固相)	增加阳离子在腐殖质上的吸附	降
高(可溶)腐殖质含量	增加大多数重金属阳离子的配位	降/增
竞争性阳离子	增加吸附点位的竞争	增
可溶性无机配体	增加重金属溶解度	增
可溶性有机配体	增加重金属溶解度	增
Fe,Mn 氧化物	随 pH 增加而增加重金属阳离子的吸附	降
	随 pH 降低而增加重金属阴离子的吸附	降
低氧化还原电位	低 pE 时以金属硫化物降低溶解度	降
	更低 pE 时降低溶液的配位作用	增/降

(骆永明,2009)

重金属在土壤-植物系统中的迁移与重金属的性质和土壤的物理化学性质有关,还与环境条件(如耕作状况、灌溉用水性质等)有关。例如,稻田灌水时,氧化还原电位明显降低,重金属可以硫化物的形态存在于土壤中,植物难以吸收;而当排水时,稻田变成氧化环境,S^{2+} 转化为 SO_4^{2-},重金属硫化物可转化为较易迁移的可溶性硫酸盐,被植物吸收。不同的重金属形态对生物的毒性差异很大,因此,土壤中重金属形态的转化及影响因素对控制重金属的生物有效性具有重要意义。例如,硒是生命必需元素,土壤缺硒会引发克山病、大骨节病;高硒又可使人、畜中毒。土壤中硒多以硒酸盐、亚硒酸盐、元素硒、无机硒化物及有机硒化物等多种形态存在;但在土壤溶液中硒的主要存在形态是亚硒酸盐,其他形态的硒通过氧化、水解或还原作用均可转化为稳定的亚硒酸盐;土壤 pH、pE、黏土矿物和铁、铝水合氧化物及有机质都会直接影响土壤硒对植物的有效性。研究表明,在低硒土壤中施用亚硒酸盐可增加植物对硒的吸收,但亚硒酸盐易被黏土矿物复合体吸收,与铁、铝氧化物形成难溶盐,大大减少硒对植物的有效性。因此,了解硒在土壤中的存在形态及其转化,就可采取相应措施,为解决土壤缺硒和改变高硒土壤提供科学依据。

土壤酸碱性是土壤的重要物理化学性质之一,它随土壤矿物组成和有机成分而变,但保持恒定的 pH。酸雨导致土壤酸化,从而影响金属在土壤中的存在形态。研究表明,土壤酸化的直接后果是铝离子增多,致使植物生长受到影响,还能从土壤胶体中置换出其他碱性阳离子,使之遭受淋溶损失,而加速土壤酸化、淋溶。人为灌溉也可引起土壤酸化。土壤酸化可引起重金属存在形态的变化,从而影响重金属在土壤中的迁移转化及生物生态效应。

目前常采用两种方法进行金属形态研究,即利用各种合适的化学试剂提取土壤中的金属,或测定在此土壤上生长的植物中的金属含量,并寻找两者之间的相关性。前一种方法人为影响因素较多,后一种方法与环境条件、作物生长期等关系密切,故所获结果难以相互比较。近年来,计算机程序如 GEOCHEM 被广泛应用于计算土壤溶液中化学元素的平衡形态,可用来预测给定条件下土壤溶液中的金属形态,但这种预测取决于金属与无机、有机及混合配体所形成的配合物稳定常数等的准确性。迄今尚无公认较好的分析方法可用来研究金属形态及其与生物有效性的关系。一些研究者指出,农业环境中同时存在的多种金属之间及它们与土壤中其他元素之间存在着复杂的相互作用,都将增强或削弱单一元素的生物生态效应。但目前尚无能表征多种重金属污染综合生物生态效应的指标。土壤中重金属污染物存在的形态研究对预测其迁移转化、生物有效性及选择经济有效的修复或缓解技术具有重要意义,成为土壤重金属污染研究的热点和难点之一。

(四) 典型重金属在土壤-植物系统中的迁移转化及生物生态效应

在环境中,重金属污染物是一类常见的污染物,也是一类危害特别严重的污染物。1953年以来在日本发生的"水俣病"和 20 世纪 60 年代在日本富士山发现的"骨痛病",都是震惊世界的重金属污染的典型事例。我国重金属矿藏丰富,开采及利用广泛,其造成的环境污染也是一个非常突出的问题。在环境污染方面所说的重金属,实际上主要是指汞、镉、铅、铬类金属、砷等生物毒性显著的元素。在这些毒元素中,以汞的毒性最大,镉次之,铅、铬、砷也有相当的毒害,俗称"五毒元素"。

1. 土壤重金属污染的来源

环境污染中重金属污染主要来自以下几个方面:① 金属矿山的开采;② 金属冶炼厂的排放;③ 金属加工和金属化合物的制造;④ 大量使用金属的企业和部门;⑤ 汽车尾气的排放(排出铅);⑥ 肥料和农药等的使用。

2. 土壤重金属污染的特点

(1) 重金属的形态多变

大多数重金属元素处于元素周期表中的过渡区,有较高的化学活性,能参与多种反应和过程。随着环境的氧化还原状况、pH、配位体的不同,重金属常有不同的价态、化合态和结合态,而且形态不同的重金属的稳定性和毒性也不同。

(2) 重金属容易在生物体内积累

各种生物对重金属都有较大的富集能力,其富集系数有时可高达几十倍至几十万倍,因此,即使微量的重金属的存在,也可能构成污染。有研究表明,若海水中含汞为 0.0001 mg/L,经浮游生物的富集为 0.001~0.002 mg/kg,食浮游生物的小鱼就已经富集到 0.2~0.5 mg/kg,最后大鱼吃小鱼富集到 1~5 mg/kg,最终浓缩了 10 000~50 000 倍。污染物经过食物链的放大作用,逐级在较高级的生物体内成千上万倍地富集起来,然后通过食物链进入人体,在人体的某些器官中积累起来,造成慢性中毒,影响人体的健康。

(3) 重金属不能被降解而消除

尽管重金属能够参与各种物理化学过程,例如中和、沉淀、氧化、还原、吸附、絮凝、凝聚等过程,但只能从一种形态转化为另一种形态,从甲地转移到乙地,从浓度高变到浓度低,无法从环境中彻底消除。

3．土壤中的汞

汞在世界土壤中的平均含量是 0.10 mg/kg,范围值为 0.03～0.30 mg/kg,我国土壤汞的背景值为 0.040 mg/kg。贵州汞矿物周围的土壤含汞量为 9.6～155.0 mg/kg。土壤含汞量高的地区大多是汞矿区。我国 41 种主要土类的汞的背景值有所不同,详见表 4.13,我国大多数土类汞背景值低于其他国家和地区的土壤汞背景值。与全国汞背景值相比较,低于全国土壤汞背景平均值的土类占有较大的比值,有 31 个土类达到 73.17%,大部分土类低于全国土壤汞背景值或与之相接近。

表 4.13　各土类与全国土壤汞背景值比较

类　别	土壤及其背景值(mg/kg)
极显著高于全国平均值的土类	石灰土(0.131)、水稻土(0.128)、黄壤(0.086)、红壤(0.069)、棕色针叶林土(0.054)、黄棕壤(0.044)、赤红壤(0.044)
接近全国平均值的土类	黄棕壤(0.044)、赤红壤(0.044) 塿土(0.040)、棕壤(0.039)、暗棕壤(0.039)
极显著低于全国平均值的土类	白浆土(0.033)、潮土(0.033)、紫色土(0.033)、灰色森林土(0.033)、沼泽土(0.032)、砖红壤(0.031)、黑土(0.030)、磷质石灰土(0.029)、草甸土(0.027)、褐土(0.026)、燥红土(0.024)、盐土(0.023)、黑毡土(0.023)、草毡土(0.023)、绿洲土(0.022)、黑钙土(0.022)、灰褐土(0.020)、栗钙土(0.020)、巴嘎土(0.020)、寒漠土(0.020)、高山漠土(0.019)、莎嘎土(0.017)、灰钙土(0.017)、黑垆土(0.015)、碱土(0.015)、棕钙土(0.014)、棉土(0.013)、灰棕漠土(0.012)、风沙土(0.011)、灰漠土(0.010)、棕漠土(0.009)

我国土壤汞背景值区域差异是:东南部>东北部>西部西北部。石灰土、水稻土的汞背景值最高。石灰土偏高是由石灰岩土风化特性的影响造成的,而水稻土偏高主要是由于长期使用化肥和农药及灌溉等农业生产活动将汞带入土壤中,增加了土壤汞含量。土壤有机质对汞的亲和能力较强,表现为对汞元素的富集,因此有机质含量高的土壤,其汞背景值一般也较高。棕色针叶林有机质含量高于灰色森林土,造成前者汞背景值高于后者,厚度的有机质含量较低,其汞背景值。汞在岩石圈、水圈、大气圈、生物圈和土壤圈之间不断进行迁移转化,构成一个大循环体系,如图 4.18 所示。

(1) 汞在土壤中的形态及迁移转化

土壤中的汞按照其化学形态可分为金属汞、无机化合态汞和有机化合态汞。

土壤中金属汞的含量甚微,但很活泼;由于能以零价态存在,汞在土壤中可以挥发,并且其挥发速度随土壤温度的升高而加快。无机化合态的汞有 $Hg(OH)_2$,$Hg(OH)_3^-$,$HgCl_2$,$HgCl_3^-$,$HgCl_4^{2-}$,$HgSO_4$,HgO 和 HgS 等,其中,$Hg(OH)_3^-$,$HgCl_2$,$HgCl_3^-$,$HgCl_4^{2-}$ 具有较高的溶解度,易随水迁移。有机化合态的汞分为有机汞(如甲基汞、乙基汞等)和有机络合汞(富里酸结合汞、胡敏酸结合汞)。植物能吸收有机汞,而被腐殖质络合的汞较难被植物吸收利用。土壤中的甲基汞毒性大,易被植物吸收,通过食物链在生物体逐级累积,对生物和人体造成危害。土壤中汞的迁移过程见图 4.19 所示。

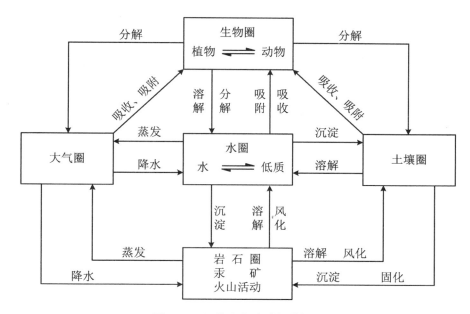

图 4.18　汞的生物地球化学循环

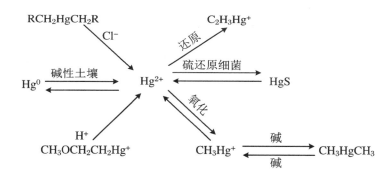

图 4.19　土壤系统中汞形态间的相互转化示意图

进入土壤的汞大部分能迅速被土壤吸收或固定,主要是被土壤中的黏土矿物和有机质强烈吸附。土壤中吸附的汞一般积累在表层,并随土壤的深度增加而递减,这与表层土中有机质多,汞与有机质结合成螯合物后不易向下层移动有关。影响土壤中汞迁移的主要因素有 3 点:土壤有机质的含量、氧化还原条件、pH 等。各价态汞间转换公式如下:

$$2Hg^+ \longrightarrow Hg^{2+} + Hg^0$$

一般,还原态下,二价汞、有机汞可以被还原成零价的金属汞;氧化态下,汞以稳定形态存在,土壤中汞的可给量低、迁移能力弱;在酸性条件下,土壤系统中汞的溶解度增大,加速了汞在土壤中的迁移;偏碱性环境中,由于汞的溶解度降低,土壤中汞不易发生迁移而在原地沉积。除了上述因素外,土壤类型对汞的挥发有明显的影响,汞的损失率是沙土＞壤土＞黏土。

（2）土壤中汞的生物效应

人体可通过呼吸道、消化道、皮肤等途径吸收汞及其化合物。在水生食物链中,低等动物依靠同化作用而同时摄取和积累无机的和烷基汞化合物。较高的营养级依靠摄取这些动物体形成生物放大。鱼类的浓缩因子为 5 000～100 000,当人食用这些积累汞的鱼类后,可在人体内引起"水俣病"的致病物质就是甲基汞。甲基汞有较高的化学稳定性,极易被肠道黏膜吸收,当摄入量超过排出量时,就会在体内累积。甲基汞一旦进入脑组织,其衰减是非常缓慢的,可以引起神经系统的损伤、运动的失调等,严重时会导致疯狂的痉挛而死。甲基汞还能通过胎盘对胎儿产生较大的毒性。

无机汞盐引起的急性中毒就表现出急性胃肠炎的症状,如恶心、呕吐、上腹疼痛、腹痛、腹泻等。慢性中毒主要表现为多梦、失眠、易兴奋等,还有手足震颤。

对大多数植物来讲,体内汞背景含量为 0.01～0.20 mg/kg,而在汞矿附近生长的植物含汞量可高达 0.5～3.5 mg/kg。汞是危害植物的生长的元素之一,植物受汞毒害以后,表现为植株矮化,根系发育不良,植株的生长发育受到影响。受汞蒸气毒害的植物,叶片、茎、花瓣等可变成棕色或黑色,严重时还能使叶片和幼蕾脱落。不同植物对汞的吸收不同,一般来说,针叶植物吸收积累汞的程度大于落叶植物,对于蔬菜作物的毒害顺序是根菜>叶菜>果菜,这种差异主要与不同植物的生理功能有关。植物的不同部位对汞的积累量也不同,其分布规律主要为根>茎,叶>籽实。

4. 土壤中的镉

土壤中的镉主要有 3 种成因:① 自然地球化学的运动,包括火山喷发、岩熔和镉的自然浓集作用,它常常导致土壤具有镉高背景值;② 人类生产生活的影响,包括采矿、冶炼、灌溉、磷肥施用等工农业活动,它常常导致土壤发生镉污染;③ 上述两种作用的负荷,导致土壤中镉含量很高。自然地球化学运动使得某地区土壤中镉含量很高,常常在 1.0 mg/kg 以上的现象,一般称为土壤高背景值。

镉在大气、土壤、水、上层岩石及动植物各系统中不断运动,从而构成一个完整的循环。在该循环中,镉主要以 Cd^{2+} 的可溶性化合物形态进入环境,进一步形成络合离子,如 $CdCl^+$,$CdCl_3^-$,$CdCl_4^{2-}$,$Cd(OH)^-$,$Cd(OH)_3^-$,$Cd(HCO_3)^+$,$Cd(HS)^+$,$Cd(OH)_4^{2-}$ 等。

我国主要土类镉的背景值差异见表 4.14,石灰土镉背景值最高,达到 0.332 mg/kg,水稻土的镉背景值也较高,可达 0.115 mg/kg。镉背景值较低的土类主要是栗钙土、灰色森林土、砖红壤、赤红壤、风沙土和红壤,均在 0.060 mg/kg 以下。

(1) 镉在土壤中的形态及其迁移转化

镉在土壤中一般以二价形式存在,主要有水溶态、土壤吸附态、有机态、矿物态。

水溶态的镉主要以离子态或络合态($CdCl_4^{2-}$、$Cd(NH_3)_2^{2+}$、$Cd(HS)_4^{2-}$)形式存在,这部分镉极易进入植物体,对生物体高度有效。

土壤吸附态镉通过静电作用吸附于黏粒、有机颗粒和水合氧化物可交换负电荷点上,这部分镉也易被生物吸收利用。有机态镉主要与有机成分起络合作用,形成螯合物或被有机物所束缚,主要是以腐殖酸-镉络合物形态存在。土壤有机质的含量和性质都会影响土壤中镉的形态和含量。土壤中矿物态的镉主要有 CdS 和 $Cd_3(PO_4)_2$。由于土壤中磷酸盐的浓度控制着土壤中镉磷酸矿物的形成及其溶解度,当土壤中 SO_4^{2-} 的浓度为 10^{-3} mol/L 时,pE + pH<4.74 时能够形成 CdS,同时与其他硫化物的存在也相关。土壤中吸附态镉是植物主要的有效态,其活度大约为 10^{-7}mol/L,在 pH>7.5 时,取决于 CO_3^{2-} 的浓度,镉的活度为 $CdCO_3$ 所控制。在 CO_2 的分压为 304 Pa 时,每增加 1 个 pH 单位,则 Cd^{2+} 的活度将降低 99%。

表 4.14　我国各土类镉背景值的差异

类　别	土类及其背景值(mg/kg)
极显著高于全国平均值的土类	石灰土(0.332)、磷质石灰土(0.170)、绿洲土(0.122)、水稻土(0.115)、高山漠土 0.113)、灰褐土(0.104)、草毡土(0.096)、莎嘎土(0.094)、娄土(0.094)、棕钙土(0.094)、棕壤(0.093)、灰棕漠土(0.091)、绵土(0.091)、巴嘎土(0.090)、潮土(0.090)、白浆土(0.090)
显著高于全国平均值的土类	黑钙土(0.089)、棕漠土(0.086)、暗棕壤(0.084)、盐土(0.084)、碱土(0.083)、寒漠土(0.083)、紫色土(0.082)、褐土(0.081)
接近全国平均值的土类	沼泽土(0.080)、灰漠土(0.079)、棕壤(0.078)、黄棕壤(0.078)、黑毡土(0.075)、燥红壤(0.074)、草甸土(0.073)、黑土(0.072)、灰钙土(0.072)
极显著低于全国平均值的土类	黄壤(0.070)、栗钙土(0.057)、灰色森林土(0.051)、红壤(0.049)、风沙土(0.037)、砖红壤(0.034)、赤红壤(0.032)

　　土壤中的镉主要积累于土壤的表层,很少向下迁移。土壤中镉的形态受到 pH、pE、有机质、阳离子交换量等因素制约。pH 是影响土壤中镉迁移转化的重要因素:在酸性环境中,土壤中镉的溶解度增大,从而加速镉在土壤中的迁移和转化;在偏碱性的环境中,土壤中的镉的溶解度减小,土壤中的镉不易发生迁移而在原地沉淀。进入土壤中的镉可缓慢转化为不溶态或植物非有效态。土壤中镉的形态转化如图 4.20 所示。

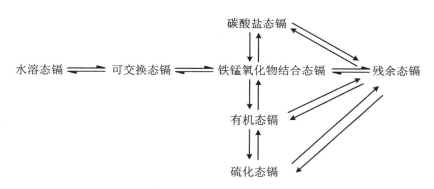

图 4.20　土壤系统中镉形态的相互转化示意图

（2）土壤镉的生物效应

　　镉作为一种严重污染性元素,表现在人体中的镉都是在出生后由外界环境摄取而积累于体内的。长期食用受过污染地区中生长的大米,会引起慢性中毒,从而损害人体健康,表现在抑制许多酶的活性,刺激人体胃肠系统,致使食物不振,导致人体食物摄入量下降,使人体质量受到影响,影响骨的钙质代谢,使骨质软化、变形或骨折,积累于肾脏、肝脏和动脉中,导致尿蛋白症、糖尿病和水肿病,诱发骨癌、直肠癌、食管癌和胃肠癌,使睾丸坏死,影响生殖功能,造成流产、新生儿畸形和死亡,导致贫血症和高血压的发生。土壤中镉与其他元素相比,以更低浓度对植物产生毒害作用。这种毒害作用主要与植物种类及土壤含镉量有关。一般地,水稻生长受阻时,植物组织中镉的临界浓度约为 10 mg/kg。大麦镉的临界组织浓度为 14～16 mg/kg;谷物类镉的毒害症状一般类似于缺铁的萎黄病。除萎黄病以外,植物受镉毒害还表现为枯斑、萎蔫、叶片产生红棕色斑块和茎生长受阻。

国外案例:20世纪60年代在日本富士山县出现的"骨痛病"就是震惊世界的金属镉污染的典型事例。

国内案例:我国沈阳市郊张士灌区的镉污染对周围居民的身体健康也造成了严重的影响。

5. 土壤中的铅

铅是自然界常见的元素之一,是一种蓝色或银灰色的软金属,属于亲硫元素,也具有亲氧性。自然界中很少发现单质铅,其多以硫化物的形式存在($PbS,5PbS \cdot 2Pb_2S_2$),还有硫酸盐、磷酸盐、砷酸盐及少数氧化物。铅在地壳中的平均丰度为 12.5 mg/kg,火成岩及变质岩铅的含量范围为 10~20 mg/kg,磷灰岩的铅含量可超过 100 mg/kg,深海沉积物中铅的含量可高达 100~200 mg/kg。

岩石在风化成土过程中,大部分铅仍保留在土壤中,无污染土壤中铅来自成土母质,土壤铅含量都稍高于母质母岩含量,不同母质上发育的土壤含铅量差异显著。

人类活动对铅的区域性及全球性生物地球化学循环的影响比其他任何一种元素都明显得多。研究资料表明,在北极近代冰层中,铅的含量比史前高 10~100 倍,即使在南极,现代铅的沉积速度也比工业革命前高 2~5 倍,特别是工业城市的土壤,铅的污染更明显。国外某些大城市土壤中铅的含量高达 5 000 mg/kg,而在一些冶炼厂、矿山附近,土壤铅含量可高达百分之几,今日世界上也很难找到土壤中铅含量未受人类活动影响的净土了。

大气传输和沉降是土壤外源铅的主要传输途径。空气中铅通过远程传输和近程沉降进入土壤。空气中铅人为来源比自然来源要高一到两个数量级,而汽油废油、汽油废油燃烧排放在人为源中要占一半以上。近年来,国内外对汽车废气排放对土壤铅含量的影响的研究比较多。研究表明,路旁土壤中铅含量和车流量呈现显著的正相关关系。在城市高车流量地区,汽车尾气对土壤的铅污染不亚于污灌区,而前者发生在人口密集区,其危害更为严重。图4.21所示为铅的生物地球化学循环示意图。

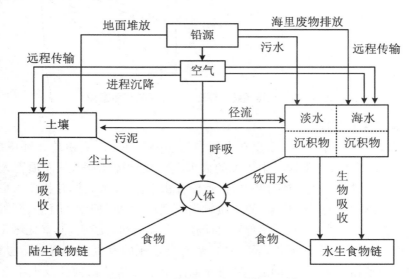

图4.21 铅的生物地球化学循环示意图

我国主要土类间的铅背景差异明显,背景值从磷质石灰土的 1.04 mg/kg 到燥红壤的

39.8 mg/kg,变幅达 38.4 mg/kg。37 种土壤中,铅背景值显著小于全国土壤平均背景值(表 4.15)。含量范围在 25.3~39.8 mg/kg 的黑土、砖红壤、赤红壤、红壤、黄壤、燥红壤、黄棕壤、石灰土、紫色土、寒漠土、黑毡土、白浆土和水稻土的铅含量高于全国平均背景值。其他土类的铅含量多在 1.4~22.1 mg/kg,均显著低于全国的平均背景值。不同土类的铅背景值表现出以下顺序:农作土壤>高山土壤、森林红壤、盐城土壤>水城土壤、草原土壤、盐碱土>荒漠土壤。土壤黏粒、有机质含量是土壤的重要特征,它们和土壤铅含量密切相关。

表 4.15　各土类与全国土壤铅背景值比较

类　别	土类及其背景值（mg/kg）
显著、极显著高于全国平均值	燥红壤(39.8)、寒漠土(34.7)、石灰土(32.2)、水稻土(29.2)、黄壤(27.5)、黑毡土(27.3)、赤红壤(27.1)、黄棕壤(26.6)、砖红壤(26.6)、红壤(26.3)、紫色土(26.0)、白浆土(25.5)、黑土(25.3)
接近全国平均值	草毡土(25.1)、巴嘎土(24.8)、莎嘎土(24.0)、暗棕壤(24.0)、棕壤(23.9)、沼泽土(22.1)、高山漠土(22.0)、垆土(22.0)
极显著低于全国平均值	草甸土(21.9)、棕色森林土(21.3)、绿洲土(21.2)、黑钙土(20.9)、灰褐土(20.8)、盐土(20.6)、潮土(20.5)、褐土(20.0)、棕钙土(19.4)、灰棕漠土(17.7)、棕漠土(17.5)、棉土(17.0)、碱土(16.4)、灰色森林土(14.3)、风沙土(13.9)、磷质石灰土(1.4)

（1）土壤中铅的形态及迁移转化

土壤中的无机铅多以二价难溶性化合物存在,水溶性的铅含量极低。这是由于土壤中磷酸根、碳酸根、氢氧根等可与铅离子形成溶解度很小的正盐、复盐和碱式盐。土壤中的铅可与黏土矿物进行阳离子交换、共价键或配位键结合,也可与固体表面土壤有机质的巯基、氨基与铅离子形成稳定的络合物。被化学吸附的铅较难解析,也不易被植物吸收。土壤溶液中除无机铅外,也含有少量可多至 4 个 C—Pb 键的有机铅,主要来源于沉降在土壤中的未充分燃烧的汽油添加剂。

成土母质在风化过程中,因富集铅的矿物大多抗风化能力较强,铅不易释放出来。风化残留铅多存在于土壤、黏土级部分。土壤中的铅的形态、可提取性、溶解度、矿物平衡、吸附和解析行为受多种因素影响。由于铅在土壤中的迁移能力弱,沉积在土壤中的外源铅大多停留在土壤的表层,随深度的增加而急剧下降,在 20 cm 以下就趋于自然水平。现在污染土壤表层的水平分布随污染方式而异。污灌区入水口处土壤铅含量较高,沿水流方向含量逐渐下降。等浓度线密度在入水口附近最大,随流经距离而很快变小。在公路两侧,受汽车尾气的影响的铅污染地沿公路两侧呈带形分布,土壤铅含量由高至低,在离公路 200~300 m 处即接近自然本底水平。

（2）土壤中铅的生物效应

小剂量的铅吸收会使人产生精神障碍,当血铅含量大于 35 μg/100 mL 时,神经传输速度减慢。我国对演练场、电瓶厂有铅接触史的工人调查表明,工人吸收铅前后表现出记忆衰退、容易疲劳、头昏、睡眠障碍等症状。铅中毒可引起动脉高血压和肾功能不全的并发症。在铅摄入量很高时,临床表现的贫血症被用作对接触铅的职业人体检的一项监测指标。普遍认为,儿童和胎儿对铅最敏感,受害最严重。铅对儿童的智力发育产生不良影响。在某冶炼厂附近,血铅含量在 $40\sim80~\mu g/100mL$ 范围内的儿童,智商减少 $4\sim5$ 个点。牙齿铅含量越高的儿童,学习越心不在焉、易冲动、天赋差。铅也与一系列精神运动缺陷相关,例如左右定向问题、语言抽象表达能力。

铅对作物的影响主要表现在作物的产量及品质上。低浓度的铅可对某些植物表现出刺激作用,而高浓度的铅除了在作物可食部分产生残留外,还表现为使幼苗萎缩、生长缓慢、产量下降甚至绝收等。在利用农作物做生态效应研究上,土壤重金属最大允许含量时,一般采用产量降低 10% 或可食部分超过食品卫生标准时土壤前的含量作为依据。

不同作物对铅的吸收和受影响的程度也不同。作物对铅的抗性相对顺序为小麦>水稻>大豆。实验表明,大豆减产 10% 时,土壤铅含量为 $240~mg/kg$,而土壤铅含量值直到 $1000~mg/kg$,对水稻生产和产量均无明显影响。小麦在土壤铅含量大于 $3000~mg/kg$ 时生长和产量仍然正常。土壤吸收的铅 90% 以上滞留在根部,体积累量的顺序为根>茎、叶>籽实,呈现由下向上骤减趋势。作物对铅的吸收量与加入铅的浓度及作物的种类有关,作物对铅的吸收量大多数低于 0.3%,而 99.7% 以上的铅仍残留在土壤中。蔬菜对铅的吸收作用很强,污灌蔬菜盆栽模式模拟实验表明,可食部分平均积累量的次序为白菜>萝卜>莴笋。叶菜类含铅量最高,土壤铅含量增加 $1~mg/kg$ 时,白菜心儿叶铅含量增加 $0.26\%~mg/kg$,比禾谷类作物高 $2\sim3$ 个数量级。

6. 土壤中的铬

土壤中铬的形态。自然界不存在铬的单质,铬通常与二氧化硅、氧化铁、氧化镁等结合。地壳中所有的岩石中均有铬的存在,其含量比钴(Co)、锌(Zn)、铜(Cu)、钼(Mo)、铅(Pb)、镍(Ni)和镉(Cd)都要高,但铬的矿物不超过 10 种,分为氧化物、氢氧化物、硫化物和硅酸盐等几大类。主要有铬铁矿 $Fe[Cr_2O_4]$、铬铅矿 $Pb[CrO_4]$、黄钾铬石 $K_2[CrO_4]$、钙铬石 $Ca[CrO_4]$、磷铬铜矿 $Pb_2Cu[CrO_4](PO_4)(OH)$、锌铬铅矿 $Pb_5Zn[CrO_4]_3(SiO_4)F_2$。铬酸盐矿物具有鲜明的颜色,$Cr^{2+}$ 一般为紫色,Cr^{3+} 为绿色,Cr^{6+} 呈浅蓝色,硬度一般为 $2\sim3$,密度一般为 $2\sim3~g/cm^3$,含铅铬盐的密度可达 $5.5\sim6.5~g/cm^3$。

世界范围内土壤铬的背景值为 $70~mg/kg$,含量范围为 $5\sim1500~mg/kg$。我国土壤铬元素背景值为 $57.3~mg/kg$,变幅为 $17.4\sim118.8~mg/kg$。土壤中铬的含量取决于母质、生物、气候、土壤有机质含量等条件。各类成土母质是土壤铬的主要来源,因此影响土壤中铬含量高低差异的主要因素是母质的不同。母岩中铬含量在火成岩中是超基性岩>基性岩>中性岩>酸性岩,土壤中铬含量的分布也大致有相同的趋势。对发育在不同母质岩上的土壤进行测定表明,蛇纹岩上发育的土壤铬含量高达 $3000~mg/kg$,橄榄岩发育的土壤铬含量为 $300~mg/kg$,花岗片麻岩发育的土壤铬含量为 $200~mg/kg$,石英云母片岩发育的土壤铬含量为 $150~mg/kg$,花岗岩发育的土壤铬含量仅为 $5~mg/kg$。

(1) 土壤中铬的形态及迁移转化

一是土壤中铬的形态。铬是一种变价元素,在自然界以不同价态出现,当土壤处于一般的 pH 和氧化还原状况下,铬的最重要的氧化态是 $Cr(III)$ 和 $Cr(VI)$,其中 $Cr(III)$ 是最稳定的形态。水溶液中 $Cr(III)$ 的形态以 Cr^{3+},$Cr(OH)^{2+}$,$Cr(OH)_3^0$ 和 $Cr(OH)_4^-$ 为主,当 pH<3.6 时以 Cr^{3+} 为主;pH>11.5 时以 $Cr(OH)_4^-$ 为主。在微酸性至碱性范围内,$Cr(III)$ 以无定形 $Cr(OH)_3$ 沉淀态存在;而当存在 Fe^{3+} 时,可形成 $(Fe,Cr)(OH)_3$ 固溶体。$Cr(VI)$ 在水溶液中的形态主要为 $HCrO_4^-$，CrO_4^{2-} 和 $Cr_2O_7^{2-}$；当 pH>6.5 时以 CrO_4^{2-} 为主；在 pH<6.5 时则以 $HCrO_4^-$ 为主；在酸性条件并存在高浓度 Cr(Ⅵ) 时，可形成 $Cr_2O_7^{2-}$。在 pH 为 8~9 的碱土和氧化能力较强的新鲜土壤中，六价铬多以 CrO_4^{2-} 离子态存在。六价铬有很强的活性，其化合物可以随水自由移动，并有更大的毒性。

二是土壤中铬的迁移转化。土壤体系中铬的迁移转化非常复杂，既有不同价态的相互转化，也有水-土介质中的迁移。Cr(Ⅲ) 进入土壤体系后主要有 3 个转化过程：① Cr(Ⅲ) 与羟基形成氢氧化物沉淀，K_s 为 $6.7×10^{-31}$；② 土壤胶体、有机质对 Cr(Ⅲ) 吸附、络合；③ Cr(Ⅲ) 被土壤中的氧化锰等氧化为 Cr(Ⅳ)。

在土壤溶液中，当 pH>4 时，Cr(Ⅲ) 溶解度明显降低；当 pH=5.5 时，铬开始沉淀；当 pH>5.5 时，$Cr(OH)_3$ 的溶解度最低。在土壤中，大部分有机质参与铬复合物的形成，氢氧化铁和氢氧化铝也是铬的良好吸附体。土壤对 Cr(Ⅲ) 的吸附还与黏土矿物类型有关，蒙脱石对 Cr(Ⅲ) 的吸附能力最大，高岭石最小，在硅铝氧八面体中，由于 Cr 与 Al 与原子的半径非常接近（Cr 为 0.65 nm，Al 为 0.57 nm），黏土矿物中 Cr^{3+} 的吸附是由 Al 的同晶体取代造成的，在水云母类的蛭石和黑云母中也有类似现象。在耗氧条件下，Cr(Ⅲ) 容易被氧化成 Cr(Ⅵ)，三价和四价锰是常见的氧化剂和电子受体，在中性和酸性溶液中 MnO_2 对 Cr(Ⅲ) 的氧化速度相近。在 pH 为 6.8~8.5 时，三价铬转化为六价铬的反应为

$$2Cr(OH)_2^+ + 1.5O_2 + H_2O \longrightarrow 2CrO_4^{2-} + 6H^+$$

不同形态的 Cr(Ⅲ) 在土壤中被氧化的能力是有差别的：有机络合 Cr(Ⅲ) 易于被氧化，随着 pH 的增高，Cr(Ⅲ) 被氧化的能力降低；Cr(Ⅲ) 的浓度增加，土壤中 Cr(Ⅵ) 形成的数量减少。

在一定条件下土壤中的 Cr(Ⅵ) 和 Cr(Ⅲ) 可相互转化。Cr(Ⅵ) 进入土壤体系后主要发生以下几个转化过程：土壤胶体吸附 Cr(Ⅵ)，使之从溶液转入土壤固体表面；Cr(Ⅵ) 与土壤组分反应，形成准溶物；Cr(Ⅵ) 被土壤有机质还原成 Cr(Ⅲ)。Cr(Ⅵ) 在土壤中的还原受土壤有机质含量、pH 等的影响。在土壤有机质等还原物质的作用下，Cr(Ⅵ) 很容易被还原成 Cr(Ⅲ)，且随 pH 的升高，有机质对 Cr(Ⅵ) 的还原作用增强。

土壤与底泥中的铬可分为水溶态、交换态、碳酸盐结合态、铁锰氧化物结合态、有机结合态、沉淀态和残渣态等 7 种形态。土壤中的铬主要以残渣态、沉淀态和有机结合态存在。土壤中大部分铬与矿物结合牢固，所以，其在土壤中水溶性含量非常低，一般难以测出；交换态铬（1 mol/L NH_4Ac 提取）含量也很低，一般小于 0.5 mg/kg，约为总铬的 0.5%。pH 对土壤中铬的形态有明显的影响，pH 降低时，水溶性和交换态铬含量显著增加。在吸附或吸附-沉淀区域内（pH 在 4~6 或以下）吸附的铬较易被提取出来，而在稳定沉淀区域（pH>6），Cr(Ⅲ) 容易形成稳定沉淀态，难以被水和乙酸铵（NH_4Ac）所提取，所以在高 pH 的条件下，残渣态铬含量也有所增加。

（2）铬对人体及生态环境的影响

① 铬的毒性：铬的毒性主要是 Cr(Ⅵ) 引起的，主要表现在引起呼吸道疾病、胃肠道疾病、皮肤损伤等，此外 Cr(Ⅵ) 有致癌作用。Cr(Ⅲ) 对鱼的毒性表现为当鱼受到 Cr(Ⅲ) 刺激时，分泌出大量黏液与 Cr(Ⅲ) 黏合，从而减少这些离子通过皮肤的扩散。腮分泌的黏液与 Cr(Ⅲ) 混凝，危害腮组织，从而干扰呼吸功能，使鱼窒息而死。

② 人体缺铬的危害：人体缺乏铬会抑制胰岛素的活性，影响胰岛素正常的生理功能，使

糖和脂肪的代谢受阻,扰乱蛋白质的代谢,造成角膜损伤、血糖过多和糖尿病、心血管疾病等。

③ 铬对作物的危害:过量铬会抑制作物生长,高浓度的铬不仅本身产生危害,而且会干扰植物对其他必需元素的吸收和运输。Cr(Ⅵ)能干扰植物中的铁代谢,产生失绿病。铬对植物的危害主要发生在根部,其直观症状是根部功能受抑,生长缓慢,叶卷曲、褪色。不同作物铬的耐受能力是不同的,对高浓度 Cr(Ⅲ)耐受能力较强的有水稻、大麦、玉米、大豆和燕麦;对高浓度 Cr(Ⅵ)耐受性强的有水稻和大麦。但低浓度的铬能刺激作物的生长,如在土壤中加 5 mg/kg 的铬可提高葡萄的产量,施用醋酸铬对胡萝卜、大麦、扁豆、黄瓜、小麦的生长都有益。

④ 铬对土壤生化代谢有影响:铬可抑制土壤纤维素的分解。当 Cr(Ⅵ)含量为 5 mg/kg 时,将抑制纤维素分解率的 36%;当含量大于 40 mg/kg 时,纤维素分解在短时间内将全部受到抑制。Cr(Ⅵ)明显地抑制土壤的呼吸作用,呼吸峰随 Cr(Ⅵ)含量增高而降低,Cr(Ⅵ)含量大于 100 mg/kg 时,短时间内将不出现明显的呼吸峰。Cr(Ⅵ)能抑制土壤中磷酸酯酶等酶的活性,从而影响氮、磷的转化。铬能影响硝化作用,当 Cr(Ⅵ)含量为 40 mg/kg 时,硝化作用几乎全部受到抑制。

7. 土壤中的砷

(1) 环境中的砷

① 砷的理化性质:砷的熔点为 817 ℃,相对密度为 5.78,为准金属,其理化性质和环境行为与重金属有相似之处。砷是变价元素,在自然界可以以 0 价(As)、-3 价(例如 AsH_3)、+3 价(例如 As_2O_3)和 +5 价(例如 Na_3AsO_4)存在,以后两者居多。在一般土壤环境中,砷主要以 +3 和 +5 两种价态存在。

② 土壤砷的来源:地壳中各种岩石矿物砷是土壤砷的主要天然来源。含砷矿物可分为 3 大类:硫化物,例如雄黄(AsS)、雌黄(As_2S_2)以及硫砷铁矿(FeAsS,即毒砂,是含砷量最高、分布最广泛的砷矿);氧化物及含氧酸砷矿物,例如砒霜(As_2O_3,即白砷矿)、毒铁石[$Fe_2(AsO_4)(OH)_3 \cdot 5H_2O$]、毒石[$Ca_4(AsO_4)_2 \cdot H_2O$]、砷灰石[$Ca_6(AsO_4)_3F$]、砷铋(BiAsO_4)、砷锌矿[$Zn_3(AsO_4)_2$];金属砷化物,例如砷锑铋矿(SbBiAs)、砷铁镍矿($NiFeAs_2$)、砷铜银矿[$(CuAg)_4As_3$]等。砷的人为源主要为含砷矿石的开采和冶炼、煤的燃烧、含砷原料的使用、含砷农药的使用。在矿石焙烧或冶炼中,含砷蒸气在空气中氧化形成 As_2O_3 进而凝结成固体颗粒在空气中散布,最终进入土壤和水体;由于煤的含砷量一般较高,在煤的燃烧过程中,燃煤可向大气中排放大量的砷,例如以烟雾闻名的伦敦,其大气中的砷含量为 0.04~0.14 μg/m³,布拉格上空砷的浓度为 0.56 μg/m³,在炼钢厂周围上空为 1.4 μg/m³,热电站附近大气砷含量甚至高达 20 μg/m³,大气中的砷相当部分将最终进入土壤;砷化物在冶金工业中常被作为添加剂,在制革工业中作为脱毛剂,在木材工业中作为木材防腐剂,在玻璃工业中用来脱色,在颜料工业中用于生产巴黎绿[$Cu(CH_2COOH)_2 \cdot 3Cu(AsO_2)_2$]等,这些工业企业在生产过程中将排放大量的砷进入土壤而污染环境;在含砷农药的施用过程中,砷可能直接或间接大量进入土壤,据美国调查,未施过含砷农药的土壤,含砷量极少超过 10 mg/kg,而重复施用含砷农药的土壤,砷含量可高达 2 000 mg/kg 以上。

③ 地壳和土壤中的砷含量:地壳含砷量为 1.5~2.0 mg/kg。世界土壤砷含量在 0.1~40.0 mg/kg,平均含量为 6 mg/kg。我国土壤砷元素环境背景值为 9.6 mg/kg,其含量范围

为 2.5~33.5 mg/kg,最高含量达 626 mg/kg。我国土壤砷背景值区域分布趋势是东部、东南部低于西部,这主要与我国区域性的生物、气候因素有关。土壤砷高背景值异常除发生在自然的原生环境外,与大量使用含砷农药有关。

④ 砷的地质大循环:砷从岩石圈经风化作用而释放到自然界,绝大部分将首先进入土壤,参与各种过程,再转移到生物、大气和水等圈层,部分砷最终进入海洋,沉积固结成岩石,并进行岩石→土壤→岩石的地质大循环。当前的砷循环,风化作用与沉积作用大体处于平衡状态。

⑤ 砷的生物小循环:砷在地质大循环基础上进行的土壤→植物→动物→土壤间的循环,属于砷的生物小循环,实质是砷的生物土壤化学过程。生物对砷的富集作用极为显著。一般砷主要分布在土壤剖面中的 A 层,且往往与腐殖质的含量呈正相关。生物的富集作用也发生在海洋和沉积物中。海水中砷的含量为 0.05~5 $\mu g/L$,海洋植物中砷的含量为 1~12 mg/kg,海洋动物中砷的含量通常为 0.1~50 mg/kg。生物在砷的迁移和转化过程中也有重要作用。在一些转化过程中,例如亚砷酸盐氧化成砷酸盐,有机体的存在能起催化作用,促进转化发生。而在另一些变化中,例如甲基化作用,只有在有机体存在时才可以发生。由于生物对砷的蓄积、迁移和转化过程发挥了积极作用,使分散在地壳中的砷通过含砷矿物岩石的风化,逐渐转移、富集到地壳表层的土壤之中,促进砷参与土壤的物理、化学和生物转化过程,使无机砷与有机砷得以相互联结。而土壤则成为了无机砷与有机砷相互转化的纽带,推动了砷的生物小循环。

(2) 土壤中砷的形态和迁移转化

土壤中砷的形态可分为水溶态、离子吸附态或结合态、有机结合态和气态,一般情况下土壤中水溶态砷极少,土壤中各种状态砷的含量主要与土壤的 pH 和氧化还原电位(E_h)有关。当土壤氧化还原电位(E_h)降低,pH 升高时,砷的可溶性显著增大。这是因为,随着 pH 的升高,土壤胶体上的正电荷减少,对砷的吸附量降低,可溶性砷的含量增大。同时随着 Eh 下降,砷酸被还原为亚砷酸:

$$H_3AsO_4 + 2H^+ \rightleftharpoons H_3AsO_3 + H_2O$$

其中,AsO_4^{3-} 的吸附交换能力大于 AsO_3^{3-},因此,砷的吸附量减少,可溶性砷的含量增大。用磷酸盐、柠檬酸盐及其他各种浸出剂,浸提吸附于土壤中的砷,发现被吸附的砷中,约有 1/3 处于交换态,其余的则为固定态,即为铁铝氧化物或钙化物的复合物。在我国土壤类型中,一般在钙质土壤中与钙结合的砷占优势,在酸性土壤中与铁铝结合的砷占优势。铁型砷(Fe—As)的含量比铝型砷(Al—As)含量高,其中氢氧化铁对砷的吸附力为氢氧化铝的 2 倍以上。砷在土壤中的运动与磷相似,特别是在酸性土壤中,吸附固定的砷和磷都强烈地转化为铁和铝的结合态。但磷的吸附量比砷大,磷置换砷的能力较强,磷对铝的亲和力也比砷大。因此一般土壤中磷比砷更易被土壤吸附,磷的吸附由土壤胶体的铁和铝引起,而砷主要由于铁吸附。

(3) 土壤砷的生物效应

① 砷对人和其他动物的影响:砷主要通过食物和饮水进入人和其他动物体内。高浓度 As^{3+} 可使中枢神经系统和末梢神经系统功能紊乱,形成多发性神经炎,其症状是肢体感觉异常,有麻木、刺激痛、灼痛、压痛感,进而表现为肌无力、行走困难、运动失调。As^{3+} 还可使血管中枢及外围小血管麻痹,急性中毒还可使血管扩张、血压下降、腹腔内脏充血、水肿,可使

心脏扩张,引起充血性心衰,并有三致作用。As^{3+}还可以与Se^{4+}一样取代蛋白质中的硫,从而引起体内硫代谢障碍,使含有大量硫的角质素分解或死亡。砷的生物化学作用及其毒性,主要由于砷与酶蛋白质中的巯基(—SH)、胱氨酸和半胱氨酸含硫氨基酸的氨基(—NH)有很强的亲和力,其中,As^{3+}的亲和力最大,而As^{5+}较小,所以As^{3+}的毒性也最大。

② 砷对植物的影响:砷是植物强烈吸收积累的元素。砷对植物的毒害主要是阻碍植物体内水分和养分的输送,其症状是,最初叶片卷起或枯萎,然后是阻碍根部发展,显著地抑制生长,进而破坏根及叶的组织,植物枯死。砷害症状不仅仅取决于砷的数量,也因不同植物而异。多年生植物中,桃树砷害症状是叶片边缘或叶脉间呈褐色以至出现红色斑点,不久,斑点部分枯死,叶缘呈锯齿状出现空穴,最后落叶。柑橘树砷害症状是叶脉生黄化病。苹果若从树皮发生急性砷害,树皮或木质部变色,叶片产生斑点。小麦的砷害症状类似于水稻,但比水稻的抗砷要大得多。扁豆砷害症状是叶片边缘组织坏疽,根软弱、带红色,砷浓度高时,粗根呈暗红色,组织破坏。一般来说,As^{3+}的易迁移性、活性和毒性都远高于As^{5+}。

适量的砷可以促进植物生长。据盆栽试验,施砷5~10 mg/kg,水稻生长良好。有人施用适量的Ca$_3$(AsO$_4$)$_2$使小麦、玉米、棉花、大豆增产;施用Pb$_3$(AsO$_4$)$_2$可降低果实酸度,起到优化品种的作用;适量砷还可刺激马铃薯、豌豆和萝卜的生长。

六、土壤中农药等有机污染物的迁移与转化

(一)土壤中农药的种类与性质

农药的品种多、功能各异。按照防治对象分为杀虫剂、杀菌剂、除草剂、杀线虫剂、杀软体动物剂、杀鼠剂、植物生长调节剂等。农药的成分主要是有机物,施用后,只有10%~30%对农作物起到保护作用,其余部分则进入大气、水、土壤。造成土壤农药污染的类型有有机氯、有机磷、氨基甲酸酯、苯氧羧酸等,这里主要介绍前两种。

1.有机氯农药

(1)滴滴涕

滴滴涕(DDT)化学名为双对氯苯基三氯乙烷,化学式为(ClC$_6$H$_4$)$_2$CH(CCl$_3$)。滴滴涕几乎不溶于水,易溶于多数有机溶剂和油脂,对空气、光和酸均稳定。滴滴涕对20世纪上半叶防治农业病虫害、减轻疟疾、伤寒等蚊蝇传播的疾病危害起到了较大作用,但在土壤中残留期长。

(2)林丹

林丹是"六六六"的异构体。"六六六"化学名为1,2,3,4,5,6-六氯环己烷,是一种有机氯杀虫剂,因分子中含6个碳原子、6个氢原子和6个氯原子而得名。工业产品为白色固体,是甲、乙、丙、丁等异构体的混合物。高丙体"六六六"含量在99%以上的称为林丹。林丹的性质稳定,但遇碱易分解,在水中溶解度极小,可溶于有机溶剂,不易降解,在土壤和生物体内造成残留积累。

(3)氯丹

氯丹是广谱性杀虫剂,不溶于水,易溶于有机溶剂,在环境中比较稳定,遇碱性物质能分解失效。在杀虫浓度范围内,对植物无药害。

（4）毒杀芬

毒杀芬是一种杀虫剂，不溶于水，易溶于有机溶剂。人们以前将其用于农业害虫和蚊虫的控制，现已被国家明令禁止使用。

2．有机磷农药

有机磷农药是为取代有机氯农药而发展起来的。有机磷农药比有机氯农药容易降解，所以对自然环境的污染及对生态系统的危害和残留没有有机氯农药突出。但是有机磷农药毒性较高，大部分对生物体内胆碱酯酶有抑制作用。随着有机磷农药使用量的逐年增加，其对环境的污染以及对人体健康等问题已经引起各国的高度重视。有机磷农药大部分是磷酸的酯类或酰胺类化合物，按结构可分为如下几类。

（1）磷酸酯

磷酸中 3 个羟基中的氢原子被有机基团置换所生成的化合物称为磷酸酯，例如敌敌畏、二溴磷等。

（2）硫代磷酸酯

硫代磷酸分子的氢原子被甲基等基团所置换而形成的化合物称为硫代磷酸酯，例如对硫磷、马拉硫磷、乐果等。

（3）膦酸酯和硫代膦酸酯

磷酸中 1 个羟基被有机基团置换，即在分子中形成 C—P 键，称为膦酸；如果膦酸中羟基的氢原子被有机基团取代，即形成膦酸酯；如果膦酸酯中的氧原子被硫原子取代，即为硫代膦酸酯，例如敌百虫。

（4）磷酰胺和硫代磷酰胺类

磷酸分子中羟基被氨基取代的化合物，为磷酰胺。而磷酰胺分子中的氧原子被硫原子所取代，即成为硫代磷酰胺，例如甲胺磷等。

3．农药污染土壤的途径

土壤中的农药主要来源于以下几个途径。

① 施于土壤的农药：将农药直接施入土壤或以拌种、浸种和毒谷等形式施入土壤，包括一些除草剂、防治地下害虫的杀虫剂和拌种剂，后者为防治线虫和苗期病害与种子一起施入土壤，按此途径这些农药基本上全部进入土壤。

② 施于作物的农药：向作物喷洒农药时，农药直接落到地面上或附着在作物上，经风吹雨淋落入土壤中，按此途径进入土壤的农药的比例与农药施用期、作物生物量或叶面积系数、农药剂型、喷药方法和风速等因素有关，其中与农作物的农药截留量的关系尤为密切。一般情况下，进入土壤的农药比例在作物生长前期大于生长后期，农作物叶面积系数小的大于叶面积系数大的，颗粒剂大于粉剂，大的农药雾滴大于小的雾滴，静风大于有风。

③ 大气中悬浮的农药：大气中悬浮的农药颗粒或以气态形式存在，农药经雨水溶解和淋失，最后落到地面上。

④ 动植物残体中的农药：死亡动植物残体或灌溉水将农药带入土壤。

进入土壤中的农药，将发生一系列物理、化学过程，如被土壤胶粒及有机质吸附、随水分向四周移动（地表径流）或者向深层土壤移动（淋溶）、向大气挥发扩散、被作物吸收、被土壤和土壤微生物降解等。

（二）土壤中的农药的移动性

土壤中的农药分布和移动性可以采用土壤淋滤装置(图 4.22)进行分析。土柱装好后用水淋溶,测定各层土壤中的农药分布情况,水量可参考降水量等气象条件。

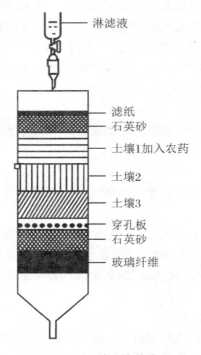

图 4.22　土壤淋滤装置

表 4.16 列出了一些农药在土壤中的移动性。

表 4.16　农药在土壤中的移动性

移动性能	农药品种
不移动	滴滴涕、毒杀芬、氯丹、艾氏剂、异狄氏剂、七氯、氟乐灵、百草枯、狄氏剂、代森锰
不易移动	敌稗、禾草特、扑草净、利谷隆
中等移动	莠去津、西玛津、甲草胺等
易移动	2甲4氯、杀草强、2,4-滴
极易移动	灭草平、麦草畏等

（三）农药在土壤中的降解

农药在土壤中的降解作用主要有微生物降解、光化学降解、化学降解、生成结合态等途径。

1. 微生物降解

某些农药的有效成分能成为土壤微生物的氮源和碳源,这些土壤微生物可直接降解农药,或通过代谢过程中释放的酶将农药降解。例如,烟曲霉、焦曲霉、黄曲霉等真菌能将阿特拉津分解,烟曲霉还能参与西玛津降解;黑曲霉、米曲霉等真菌能参与扑草津的降解;缠绕棒杆菌等土壤微生物能降解百草枯。到目前为止,国内外对滴滴涕(DDT)、滴滴滴(DDD)、艾氏剂、狄氏剂及林丹等有机氯农药的降解研究最多。土壤微生物对有机农药的降解途径和机制主要为水解作用、脱氯作用、氧化作用、还原反应作用、脱烷基作用以及环裂解作用等。

（1）水解作用

水解作用是微生物用来引发农药降解转化的第一个重要途径,这种反应可在任何环境条件下进行,而且能够催化这种降解反应的酶都是固有酶(即总是存在,尽管它们的活性水平是可调节的)。例如对氨基甲酸酯、有机磷和苯酰胺类具有醚、酯或酰胺键的农药的降解,有酯酶、酰胺酶、磷脂酶等水解酶参与。另外,非生物因子(例如 pH、温度等)也可引起这类农药水解。

（2）脱氯作用

有机氯农药滴滴涕(DDT)等化学性质稳定,在土壤中残留时间长,通过微生物作用脱氯,由滴滴涕形成滴滴滴(DDD),或是脱氢脱氯形成滴滴伊(DDE),而滴滴伊和滴滴滴都可进一步氧化为滴滴埃(DDA)。再如,林丹,即高丙体六六六,经梭状芽孢杆菌和大肠杆菌作用,脱氯形成苯与一氯苯。

（3）氧化作用

微生物降解有机化合物的另一途径是利用氧的亲电子特性氧化有机化合物,但是环境中绝大多数有机化合物不能直接被氧气氧化,微生物通过含金属的酶(例如加氧酶)和像 NAD(P)H 这样的辅酶使氧转变成比较活泼的氧化剂。因此氧化作用是微生物降解农药的重要酶促反应,其中有多种形式,例如羟基化、脱羟基、β 氧化、脱氢、醚键裂开、环氧化、氧化偶联等。以羟基化为例,微生物转化农药的第一步往往引入羟基到农药分子中,结果这种有机化合物极性加强,易溶于水,就容易被微生物作用。

（4）还原反应作用

还原反应是将电子转移到有机化合物的特定部位。微生物的还原反应在农药降解中非常普遍,例如把带硝基的农药还原成氨基衍生物,在氯代烷烃类农药滴滴涕、六六六的生物降解中发生还原性去氯反应。

（5）脱烷基作用

例如,三氯苯农药大部分为除草剂,微生物常使其发生脱烷基作用。但是脱烷基作用不一定导致去毒作用,例如,二烷基胺三氯苯形成的中间产物比它本身毒性还大,只有脱氨基和环破裂才转变为无毒物质。

（6）环裂解作用

许多土壤细菌和真菌都能使芳香环破裂,这是环状有机物在土壤中彻底降解的关键步骤。例如,2,4-滴(2,4-二氯苯氧乙酸,2,4-D)除草剂在无色杆菌作用下发生苯环破裂并彻底分解,反应过程为在同类化合物中,影响其降解速度的是这些化合物取代基的种类、数量、位置以及取代基分子大小的不同,取代基数量越多,取代基的分子越大,就越难分解。

2. 农药在土壤中的光化学降解

光化学降解指土壤表面接受太阳辐射能(包括紫外线)等能量而引起农药的分解作用。农药分子吸收光能,使分子具有过剩的能量而呈激发状态。这些过剩的能量可以通过荧光或热等形式释放出来,使化合物回到原来状态,但是这些能量也可产生光化学反应,使农药分子发生光分解、光氧化、光水解、光异构化等,其中,光分解反应是最重要的一种。由紫外线产生的能量足以使农药分子结构中的 C—C 键和 C—H 键发生断裂,引起农药分子结构转化,这可能是农药转化或消失的一个重要途径。例如,使杀草快光解生成盐酸甲胺;使对硫磷经光解形成对氧磷、对硝基酚等;3,4-二氯苯胺(DCA)生成 2-氯-5-氨基苯酚;五氯酚(PCP)先生成邻二羟基化合物、间二羟基化合物、对二羟基化合物,邻位产物再氧化成二元羧酸,并伴有开环;间位、对位产物在氧气(O_2)存在时氧化生成醌,随后发生开环,再进一步氧化成小分子,最终生成二氧化碳(CO_2)和氯(Cl^-)(图 4.23)。

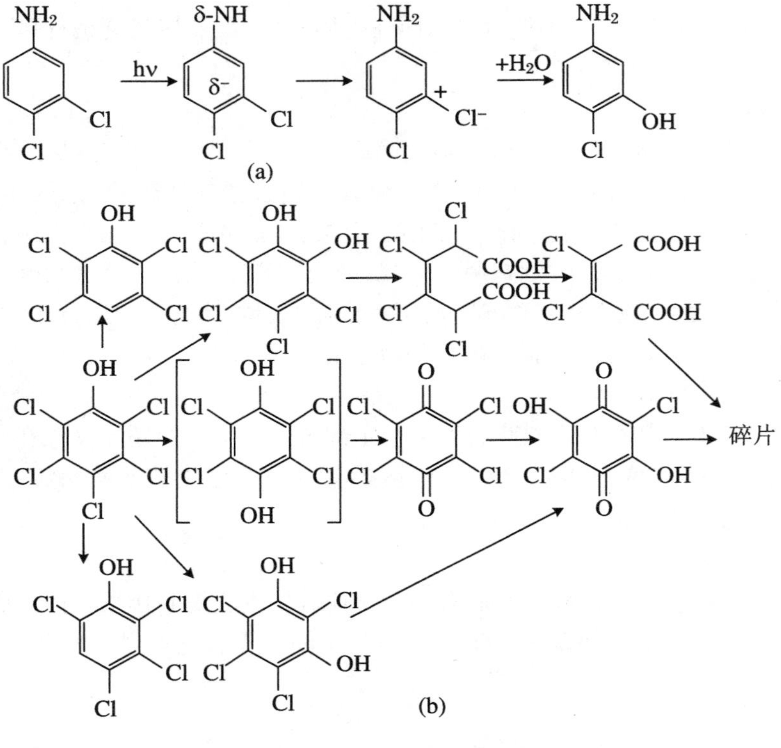

图 4.23　3,4-二氯苯胺(a)和五氯酚(b)的光化学降解机制

(王连生,2008)

3. 农药在土壤中的化学降解

化学降解以水解和氧化最为重要。有研究认为,在有机磷水解反应中,pH 和吸附是影响水解反应的重要因素,二嗪农(又名二嗪磷)在土壤中具有较强的水解作用,而且水解作用受到吸附及催化作用。有机氯农药、均三氮苯类除草剂多发生水解;许多含硫农药在土壤中容易受到氧化而降解,例如,萎锈灵能在土壤中氧化成它的亚砜,对硫磷能氧化成对氧磷,滴滴涕能氧化成滴滴滴（DDD）等。

农药在化学降解过程中可产生系列降解产物，在一般情况下，降解产物的活性与毒性逐渐降低或消失。但也有些农药降解产物的毒性与母体化合物相似或更高，例如涕灭威的降解产物涕灭威亚砜和涕灭威砜的毒性都很大，而且在环境中稳定性比母体化合物更强；又如杀虫脒在农药毒性分类中属于中等毒性（LD_{50} 为 178～220 mg/kg），但其代谢产物 4-氯邻甲基苯胺的致癌性比母体化合物还高 10 倍（代谢产物和母体的致癌物作用剂量分别为 2 mg/kg 和 20 mg/kg），在慢性毒性试验中能使小鼠体内组织产生恶性血管瘤。故杀虫脒现已禁止使用。在农药的降解研究中，对有毒的降解产物，应同时研究其环境行为特征。

4. 生成结合态

生成结合态农药是土壤中农药降解的特殊形式。结合态农药指的是那部分被常用有机溶剂反复萃取而不能提取出来的农药。结合态农药主要与土壤有机质相结合，其功能基团主要是-OH 和-COOH，物理吸附也起一定作用。与土壤有机质结合的残留占总结合态残留的 77.0%～93.0%，而在其他土壤组分中量很少。一些研究表明，土壤动物和植物吸收的结合态农药相当少，仅占总结合态量的 0.14%～5.10%，吸收的结合态农药大部分可转变为可被有机溶剂提取的形态。土壤中的结合态农药也可部分地矿化成二氧化碳（CO_2），但需要的时间很长。生成结合态农药一方面增加了农药在土壤中的残留时间，另一方面又降低了农药的活性、土壤中的移动性和被植物的吸收性。表 4.17 列出了一些农药的结合态残留水平，主要有有机磷类、拟除虫菊酯类和一些除草剂。

表 4.17　部分农药培养后结合态农药的比例

农　药	土壤类型	有机质含量	培养时间(d)	农药浓度(mg/kg)	结合态比例
2,4-滴	砂壤	4.0%	35	2	28%
五氯酚	黏壤	2.3%	24	10	45%
敌稗	黏壤	4.1%	25	6	73%
氟乐灵	粉砂壤	1.5%	360	10	50%
西维因	黏土	3.3%	32	2	32%
氯氰菊酯	壤土	2.4%	238	10	23%
甲基对硫磷	砂壤	4.2%	46	6	32%
对硫磷	砂壤	4.7%	7	4	26%

农药进入土壤后经受一系列物理作用、物理化学作用、化学反应和生物化学反应，其数量和毒性不断下降。其影响因素很多，有农药本身的性质，也有天然因素和人工环境条件等。就土壤而言，降水量、灌溉条件、土壤初始含水量、土壤酸碱度、有机质含量、土壤黏粒组成以及农药的分子结构、电荷特性及水溶性是影响农药迁移转化的主要因素。

各类农药在土壤中残留期长短的大致次序是：含重金属农药＞有机氯农药＞取代脲类、均三氮苯类和大部分磺酰脲类除草剂＞拟除虫菊酯农药＞氨基甲酸酯农药、有机磷农药。一些杂环类农药在土壤中的残留期也较短。

（四）农药残留对土壤环境、微生物及农作物的危害

农药残留是指农药施用后在环境及生物体内残存时间与数量的行为特征，它主要取决于农药的降解性能。农药残留期的长短一般用降解半衰期或消解半衰期表示。降解半衰期是农药在环境中受生物因素、化学因素、物理因素等的影响,分子结构遭受破坏,有半数的农药分子已改变了原有分子状态所需的时间。消解半衰期是指农药除农药的降解消失外,还包括农药在环境中通过扩散移动,离开了原施药区在内的农药的降解和移动总消失量达到一半时的时间。农药的降解又分为生物降解与非生物降解两大类,在生物酶作用下,农药在动植物体内或微生物体内外的降解为生物降解;农药在环境中受光、热及化学因子作用下引起的降解现象,称为非生物降解。

1. 农药对土壤微生物群落的影响

研究发现,不同农药对微生物群落的影响不相同,同一种农药对不同种微生物类群影响也不同。例如,3 mg/kg 的二嗪农处理 180 d 后细菌和真菌数并没有改变,而放线菌增加了 300 倍;5 mg/kg 甲拌磷处理使土壤细菌数量增加,而用椒菊酯处理则使细菌数量减少。

2. 农药对土壤硝化作用和氨化作用的影响

(1) 氨化作用、硝化作用的概念

氨化作用是指自然界存在的有机氮化合物,经过各种微生物的分解作用,释放出氨的过程。硝化作用是指氨化作用所产生的氨以及土壤中的铵态氮,在有氧条件下,经过亚硝酸细菌和硝化细菌的作用,氧化成硝酸的过程。

(2) 农药对土壤硝化作用的影响

氨化作用和硝化作用都必须在微生物的作用下才能完成。硝化作用对大多数农药都敏感,当某些杀虫剂按一定浓度使用时,对硝化作用影响较小或没有影响,而另一些杀虫剂则会引起长期显著抑制作用。例如,异丙基氯丙胺灵在 80 mg/kg 时完全抑制硝化作用,而灭草隆在 40 mg/kg 时硝化作用未受影响。

(3) 农药对土壤氨化作用的影响

一般说来,除草剂和杀虫剂对氨化作用没有影响,而熏蒸剂消毒和施用杀菌剂通常会导致土壤中铵态氮的增加。研究发现,10 mg/kg 的壮棉丹在 1 个多月的时间内完全抑制了硝化作用,而在 100 mg/kg 时对氨化作用却只有轻微影响。现在普遍认为氨化作用或矿化作用对化学物质的敏感性要比硝化作用小得多。

3. 农药对土壤呼吸作用的影响

部分农药对土壤微生物呼吸作用有明显的影响。研究表明,高度持留的氯化烃类化合物对土壤呼吸作用的影响极小,氨基甲酸酯、环戊二烯、苯基脲和硫代氨基甲酸酯虽然持留性小,但却抑制呼吸作用和氨化作用。当土壤用常规用量的 2 甲基-4 氯丙酸、茅草枯、毒莠定处理时,8 h 后二氧化碳的生成量就降低了 20%～30%,这表明了土壤微生物呼吸作用受到了抑制。具有这种抑制作用的农药还有杀菌剂敌克松及除草剂黄草灵、2,4-滴丙酸等。

4. 土壤农药对农作物的影响

土壤农药对作物的影响主要表现在两个方面,即土壤农药对农作物生长的影响和农作物从土壤中吸收农药而降低农产品产量和品质。其影响因素主要有以下 4 种。

(1) 农药种类水溶性

农药容易被作物吸收,而脂溶性被土壤强烈吸附的农药不易被作物吸收。

(2) 农药用量与作物吸收农药量的关系

作物从土壤中吸收农药的量与土壤中的农药量有关,一般是土壤浓度高的农药被作物吸收的药量也多,有时甚至呈线性关系。

（3）作物种类与药量吸收的关系

研究表明,胡萝卜吸收农药的能力相当强,而萝卜、烟草、莴苣、菠菜等也具有较强的吸收能力。蔬菜从土壤中吸收农药的能力的一般顺序是根菜＞叶菜＞果菜。

（4）土壤性质

农作物易从砂质土中吸收农药,而从黏土和有机质土中吸收农药比较困难。

七、土壤中多环芳烃的污染

（一）多环芳烃的结构和毒性

多环芳烃（PAH）也称为多核芳烃,是指 2 个以上苯环以稠环形式相连的化合物,是环境中存在很广的有机污染物,其化学结构见图 4.24。多环芳烃一般可分为两类,即孤立多环芳烃和稠环多环芳烃,后者对人类具有更大的威胁。

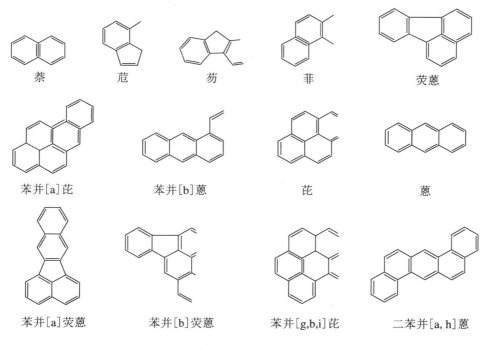

图 4.24　部分多环芳烃的化学结构

稠环多环芳烃是指苯环间互相以 2 个共同碳原子连接而成的多环芳香烃体系。具有环境意义的多环芳烃是从 2 个环（萘）到 7 个环（蔻）,例如萘、蒽、菲、苯并[a]蒽、二苯[a,h]蒽、苯并芘和蔻。迄今已经发现的多环芳烃有 200 多种,其中相当部分有致癌性,例如苯并[a]芘、苯并[a]蒽等,对人类危害较大。3 环以上的多环芳烃大都是些无色或淡黄色的结晶,个别为深色,其熔点及沸点较高,所以蒸气压很低。溶液具有一定荧光,在光和氧的作用下很快分解变质,不仅理化性质改变,致癌力也有明显下降,所以其必须被放于深棕色瓶中并放在暗处保存。苯并[a]芘[BaP]化学式为 $C_{20}H_{12}$,是一种五环多环芳香烃类。苯并[a]芘作为多环芳烃的重要代表,是迄今为止被研究最多的化合物,但是它的全部代谢过程仍未完全清楚。图 4.25 中列出的是其中的最重要途径。

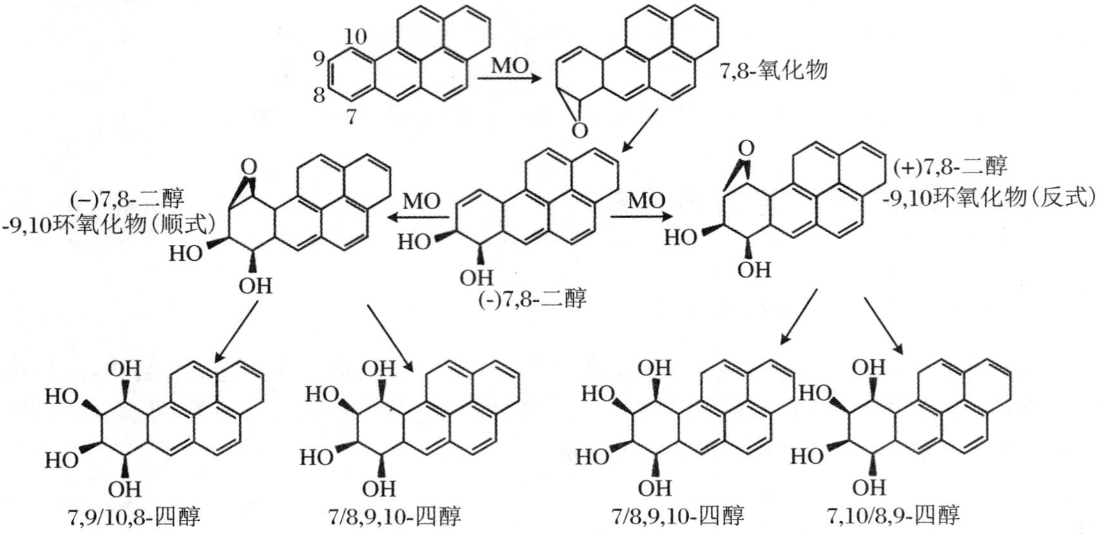

图 4.25　苯并[a]芘的代谢途径

在苯并[a]芘的各种代谢产物中,已证实有多种代谢产物可以与 DNA 发生共价结合。在初级环氧化物中,已证实 4,5-氧化物、7,8-氧化物和 9,10-氧化物。酚也可在再代谢后与 DNA 结合,但具活性中间体尚未被鉴定出来,只有 9-酚的代谢活性中间体已经被证实,9-羟基-4,5-氧化物。

苯并[a]芘被认为是环境材料中多环芳烃类化合物存在的典型代表,只要检测到多环芳烃,就从来没发现过不存在苯并[a]芘的。在多环芳烃污染严重的环境中,芘是一个有代表性的 PAH 类化合物,它在空气中的浓度和其他多环芳烃的浓度有很好的相关性。尿中的 1-羟基芘是多环芳烃生物监测的一个有用指标。因此用芘的代谢产物尿中 1-羟基芘可间接推算人体摄入多环芳烃的量。有研究表明,人吸入高浓度的多环芳烃后,其代表化合物芘的代谢产物 1-羟基芘的 7%～17% 在 24 h 内由尿中排出。因此在饮食情况类似的情况下,由空气中多环芳烃污染所吸入的芘就可由尿中的 1-羟基芘快速、灵敏地反映出来。大量研究表明,PAH 与人类的某些癌症有着密切的关系。强烈致癌的 PAH 大都是些含 4～6 个环的稠核化合物,本身并没有太大的化学活性,必须经过代谢酶的作用被活化后才能转化为在化学性质上活泼的化合物并与细胞内的 DNA 和 RNA 等大分子结合发挥致癌作用。

(二)多环芳烃的环境行为

1.多环芳烃的来源

多环芳烃的来源分为人为来源和自然来源。人为来源包括木材燃烧、汽车尾气、工业发电厂、焚化炉、煤石油天然气等化石燃料的燃烧、烟草等;有时候在一些煤焦油和石油产品的精炼过程中产生的一些残留成分中含有少量的带杂环原子(比如说含有 1 个或多个氮、氧或硫原子的)多环芳烃。自然来源主要包括火山爆发、森林大火等。

空气中的多环芳烃主要来自化石燃料的不完全燃烧、垃圾焚烧和煤焦油。人为来源是大气中多环芳烃的主要来源。在美国的高污染和工业化城区中,汽车尾气所排放的多环芳烃占总量的35%。地表和地下水中的多环芳烃主要来自空气中多环芳烃的沉降、城市污水处理、木材处理厂和其他工业的污水排放、油田溅洒物、石油精炼等。

2. 多环芳烃的迁移转化

多环芳烃进入到环境后,会在空气、水、土壤和沉积物中进行重新分配。近年来大量的文献都报道了这方面的研究成果。比较典型的例子包括多环芳烃在空气和悬浮颗粒相之间重新分配。

多环芳烃在环境中的行为大致相同,但是不同多环芳烃的理化性质差异较大。苯环的排列方式决定着其稳定性,非线性排列较线性排列稳定。多环芳烃在水中不易溶解,但是不同种类的多环芳烃的溶解度差异很大。通常可溶性随着苯环的数量的增多而减弱,挥发性也是随着苯环数量的增多而降低。并且在环境中的衰减量和苯环的数量呈现负相关。2环和3环多环芳烃容易被生物降解,而4环、5环和6环多环芳烃却很难生物降解。室内研究发现,2环的多环芳烃在砂土中极易被降解,半衰期为2 d;3环的蒽和菲的半衰期分别为13 d和134 d;而4环、5环和6环多环芳烃的半衰期则在200 d以上。

多环芳烃对土壤的污染主要在表层土壤中的富集。导致土壤中多环芳烃消失的因素有挥发作用、非生物降解作用和生物降解作用,其中生物降解作用为主要的作用。对2类土壤中的14种多环芳烃的研究发现,除了萘及其取代物之外,多环芳烃的挥发性很低。

八、土壤的多氯联苯污染

(一) 多氯联苯的结构和毒性

1. 多氯联苯的结构

多氯联苯(PCB)又称为氯化联苯,是一类具有两个相连苯环结构的含氯化合物,这类物质具有许多优良的物理化学性质(例如高化学稳定性、高脂溶性、高度不燃性、高绝缘性、高黏性等),使其在工业上有广泛的用途。多氯联苯一般不直接用于农药,而是广泛用于变压器和电容器的绝缘油、蓄电池、复写纸、油墨、涂料、溶剂、润滑油、增塑剂、热载体、防火剂、黏合剂、燃料分散剂、植物生长延缓剂等。联苯的氯化可以导致$1\sim10$个氢原子被氯取代;其结构通式为$C_{12}H_{10-n}Cl_n(n=1\sim10)$。取代位的常规编号见图4.26。在氯代芳香族化合物(aroclor)中含有$1\sim9$个氯取代基的多氯联苯的比例见表4.18。

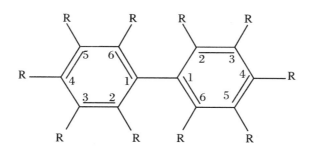

图4.26　PCB的结构及取代基的位置

对从环境中吸收多氯联苯的动物和人体组织样品的分析表明,虽然多氯联苯的主要产品含有 42%及以下的氯,但是组织样品的峰形却接近于含氯大于 50%的多氯联苯混合物,从而使人们相信多氯联苯的代谢速度随氯化程度的增加而降低。用含有 1~5 个氯原子的单一的多氯联苯的研究表明,它们比大多数含有 6 个或更多氯原子的多氯联苯更易于以代谢物的形式从哺乳动物和鸟的粪便中排出,并且在脂肪组织中存留时间较短。

表 4.18 氯代芳香族化合物的大致组成

分子中的氯原子数	氯的质量分数	氯代芳香族化合物				
		1221	1242	1248	1254	1260
0	0%	12.7				
1	18.8%	47.1	3			
2	31.8%	32.3	13	2		
3	41.3%		28	18		
4	48.6%		30	40	11	
5	54.4%		22	36	49	12
6	59.0%		4	4	34	38
7	62.8%				6	41
8	66.0%					8
9	68.8%					1

2. 多氯联苯的毒性

多氯联苯于 1881 年由德国人首先合成。1929 年美国第一个进行了工业生产。20 世纪 60 年代中期全世界的年产量大约为 1.0×10^5 t,现在已经超过 1.0×10^6 t,估计其中有 25%~35%直接进入了环境。早在 1966 年,人们就已经在环境中发现了多氯联苯的存在,由此促进了人们对多氯联苯的分析和对其毒性的认识,多氯联苯是环境中分布非常广泛的污染物,著名的日本"米糠油"公害事件就是由多氯联苯引起的。

多氯联苯是一类持久性有机污染物,具有生物难降解性和亲脂性,在食物网中呈现出很高的生物富集特性。动物试验表明,多氯联苯对皮肤、肝脏、胃肠系统、神经系统、生殖系统、免疫系统等都有诱导各种疾病的效应。一些多氯联苯同系物会影响哺乳动物和鸟类的繁殖,并且具有潜在致癌性。多氯联苯在使用过程中可以通过废物排放、储油罐泄露、挥发、干沉降、湿沉降等途径进入土壤及相连的水环境中,造成污染。陆生植物和水生生物可以吸收多氯联苯,并通过食物链传递和富集。美国、英国等许多国家都已在人乳中检出多氯联苯。多氯联苯进入人体后,有致毒、致癌性能,可引起肝损伤和白细胞增加症,并可通过母体传递给胎儿,使胎儿畸形,因此对人类健康危害极大,目前各国已普遍减少使用或停止生产多氯联苯。

毒性比高的多氯联苯同系物主要包括 PCB-74,PCB-77,PCB-105,PCB-118,PCB-126 和 PCB-156,这 6 种多氯联苯同系物占工业多氯联苯中总二噁英类似物(dioxin-like)毒性的

80%～99%。

（二）多氯联苯的环境行为

多数的多氯联苯原来是被密闭在容器中(例如电容器中或在增塑树脂中)，在储存介质被破坏之前不会被释放出来。多氯联苯从垃圾填埋场所扩散可能很慢，这是由于它的挥发性和水溶性低。多氯联苯进入环境的途径包括从增塑剂挥发、焚烧时蒸发、工业液体的渗漏和废弃、焚烧时的破坏、丢入垃圾堆放场和填埋。此外，尽管其他途径产生的多氯联苯量很小，但是影响其进入食物链。土壤中多氯联苯主要来源于颗粒沉降物，有少量来源于用污泥作肥料、填埋场的渗漏以及在农药配方中使用多氯联苯。PCB 的环境污染主要来自前 3 种途径。

1. 吸附

多氯联苯属于非离子型化合物，在水中的溶解度很低，其 K_{ow} 为 $10～10^8$，因此多氯联苯一旦进入水-底泥或水-土壤体系中，除小部分溶解外，大部分都附着在悬浮颗粒物上，因此吸附行为是控制其在环境中迁移归宿和污染修复的主要过程之一。不同多氯联苯具有不同的水溶解性。多氯联苯的同系物在土壤中的吸附能力也由于其氯的取代位置的不同而有可能相差很大。因此，进入土壤中的多氯联苯将因为其在水中溶解性的不同和吸附性能的不同而以不同的速率随降雨、灌溉等过程而随水流流失。

多氯联苯在不同土壤中的吸附等温线很难用线性 Freundlich 或 Langmuir 单一方程来描述。多氯联苯在土壤中的吸附分为两个部分，一部分是线性吸附，另一部分是 Langmuir 非线性吸附。随着土壤中有机碳含量增加，非线性吸附变得更明显。多氯联苯同系物在水-土壤体系中的吸附不但与土壤有机碳含量有关，而且和污染物的性质、污染物浓度等因素有关。

2. 挥发

在实际环境中，污染源多氯联苯进入环境中后，受到自然环境条件的影响其组成会发生明显的变化。首先是多氯联苯中不同化合物在常温下具有不同的挥发性。1～10 个氯取代的多氯联苯，其挥发性相差 6 个数量级，具有较高挥发性的多氯联苯则很容易随着空气迁移。

3. 降解

环境中的不同的多氯联苯，其光降解、微生物降解等的速率不相同，这就造成了环境样品中的多氯联苯和污染源组成的不同。通常在试验条件下，高氯代的多氯联苯不能随滤过的水从土壤中渗漏出来，而低氯代多氯联苯也只能缓慢地被去除，特别是从含黏土成分高的土壤中去除。通过蒸发和生物转化确实有多氯联苯的损失。蒸发速度随着土壤中黏土的含量和联苯氯化程度的增加而降低，但随着温度的增高而增高。生物转化在低氯代化合物从土壤的消失中起到一定作用。多氯联苯的性质很稳定，并且在环境条件下不容易通过水解或者类似的反应以明显的速度降解。但是在试验条件下，光分解可以很容易地使其降解。

九、土壤的石油污染

(一)石油污染土壤的途径与污染物的组成

1. 石油污染土壤的途径

石油对土壤的污染,主要有以下 3 种方式:

① 石油开采过程产生的落地原油;② 石油的开采、冶炼、使用和运输过程中的泄漏事故以及各种石油制品的挥发、不完全燃烧物飘落等引起一系列土壤石油污染;③ 石油在开采和生产过程中产生的大量废水,可造成土壤污染。据统计,我国每年约有十几亿吨采油废水需要处理。采油废水往往要回注再利用,但在回注过程中,经常会出现管线泄漏等事故,使含油废水对土地形成一定时间的淹灌,这就是所谓的油水淹地。以往对前两种石油污染途径较为重视,但近年来油水淹地问题越来越突出。例如,吉林油田现有油井 16 000 口,管线长 20 000 km 以上,一些管线已经使用 30 多年,极易漏水、漏油,油水淹地总面积高达 1 000 hm^2。

2. 石油污染物的组成

石油是一类物质的总称,其实是由上千种化学性质不同的物质组成的复杂混合物,主要是碳链长度不等的烃类物质,最少时仅含有 1 个碳原子,例如天然石油气中的甲烷;最多时碳链长度可超过 24 个碳原子,这类物质常常是固态的,例如沥青。有气体,有液体,还有固体,各种物质组分的物理性质、化学性质相差很远。同时不同物质的生物可降解性也相差很大,有的物质很难降解,进入土壤中可残留很长时间,造成长期污染。

石油污染中最常见的污染物质称为 BTEX,是 4 种污染物质——苯(benzene)、甲苯(toluene)、乙基苯(ethylbenzene)和二甲苯(xylene)的首字母。BTEX 是有机污染中很重要的污染物质,环境中的一部分可能是石油中的某些物质经过转化而形成的。

石油污染物中芳香烃物质对人及动物的毒性较大,特别是以多环和 3 环为代表的芳烃。许多研究表明,一些石油烃类对哺乳动物(包括人类)有致癌、致畸、致突变的作用。土壤的严重污染会导致石油烃的某些成分在粮食中积累,影响粮食的品质,并通过食物链危害人类健康。

油田废水的成分很复杂,含盐量、化学需氧量(COD)与悬浮颗粒物含量较高,还含有包括界面剂、破乳剂、混凝剂、絮凝剂、杀菌剂和残留石油等上千种结构复杂的有机物,由于其特殊的物理性质和化学性质以及难去除和残留时间长的特点,这些油田废水一旦进入土壤形成油水淹地后,土壤除了石油含量超标外,还具有明显的盐化特征,主要的盐分组成为 Na_2CO_3 和 $NaHCO_3$,土壤 pH、电导率、总碱度、碱化度、钠离子吸附比都明显高于正常土壤,盐胁迫特征明显,有效养分含量显著降低,微生物群落也受到不良影响,致使作物无法正常生长,唯有修复后才能再利用。

(二)石油污染物的降解

微生物对石油烃降解的过程是微生物将石油烃代谢成稳定的五毒产物(水、二氧化碳、醇、酸及自身的生物量)的过程。石油烃包括正构烷烃、支链烷烃、环烷烃、单环芳香烃、多环芳烃等,微生物降解不同石油烃的机制也有所差异。影响石油烃讲解速率的主要因素是分子中碳原子的数量、碳原子数越多,越难降解;碳原子数相同时,决定不同类石油烃组分的降解速率的因素是官能团。

1. 正构烷烃的微生物降解

微生物通过代谢和氧化反应将正构烷烃转化为醇,再通过脱氢酶的作用将醇通过氧化反应生成醛,最后在醛脱氢酶的作用下氧化成脂肪酸,氧化途径包括单末端氧化、双末端氧化和亚末端氧化。在耗氧代谢途径中常见的模式是末端氧化,主要方式如下:

(1) 单末端氧化

可表示为

$$CH_3CH_2R \longrightarrow OHCH_2CH_2R \longrightarrow HOOCCH_2R$$

(2) 双末端氧化

可表示为

$$CH_3CH_2RCH_2CH_3 \longrightarrow CH_2OHCH_2RCH_2CH_2OH \longrightarrow CHOCH_2RCH_2CHO$$

(3) 亚末端氧化

可表示为

$$RCH_2CH_3 \longrightarrow RCHOHCH_3 \longrightarrow RCOCH_3$$

双末端氧化中有一部分细菌和酵母菌可以利用烷烃产生细胞外产物(羧酸等),例如Pseudomonas,Corneybacterium 和 Candida 利用烷烃的种类积累二羧基酸。在以烷烃为唯一碳源和能源的细菌中,单末端氧化可能比亚末端氧化更为重要。另外,许多真菌和酵母菌是专门进行亚末端氧化的,在被氧化为酮以前仲醇就是亚末端氧化的第一产物,而判断是否为亚末端氧化的方法就是是否有这些中间产物的存在,非专一性酶初始氧化烷烃的产物也有可能是这些中间产物。

2. 异构烷烃的微生物降解

与正构烷烃相比,异构烷烃由于支链的存在而抗降解能力增强,因此异构烷烃的微生物降解较为困难。异构烷烃的支链数越多,就越不容易被微生物降解。在氧化初期异构烷烃的支链与正构烷烃的一样,通过单氧化酶的催化作用,首先将末端的甲基氧化,最终经过一系列的脱氢酶催化作用生成支链脂肪酸。正构烷烃氧化反应会抑制异构烷烃的氧化反应,导致其氧化反应速度受到影响。支链氧化促使形成烯烃、仲醇和酮(如烯烃的双键经细菌和真菌的作用氧化降解成 1,2 - 二醇)。

3. 环烷烃的微生物降解

石油烃中大部分的组成成分是环烷烃,其降解原理和方式与正构烷烃的亚末端氧化反应相似。在微生物的代谢作用下,环烷烃首先经过氧化酶的氧化变成环烷醇,继而脱氢生成酮,最后氧化成酯类或者直接开环形成脂肪酸。而且细菌可将环烷醇和环烷酮通过内酯中间体的分子断裂而进行代谢,一些可以和脂环化合物生长在一起的微生物也可以利用环醇。

4. 芳香烃的微生物降解

石油污染中的 BTEX 化合物存在多种耗氧降解途径,主要的降解产物为邻苯二酚。苯可以降解成为邻苯二酚。甲苯有许多降解途径,其中包括生成 3 - 愈创木酚的中间产物的降解方式以及产生乙基苯,然后进一步可以降解成为 3 - 乙基邻苯二酚。二甲苯分解成单甲基邻苯二酚。在上述的这些降解的方式中,芳香环最终都通过双加氧酶的作用断裂。

BTEX 的厌氧降解是一种重要的降解途径。因为石油污染物存在的环境中氧气的消耗速率常常要远远高于氧气的供应,自然水体沉积物、地下水及一些土壤中常常是这种情况。

通常并不是某种单一的微生物可以完成苯类化合物的所有的矿化作用,而是通过多种微生物的共代谢作用完成的。不论是甲苯还是乙苯在降解过程中都存在一种共同的中间体苯甲酰辅酶 A(benzoyl-CoA)(图 4.27)。这种化合物是苯环厌氧降解代谢的最常见的中间体。

苯甲酰辅酶 A 的苯环进一步降解而最终转化成乙酰辅酶 A(acetyl-CoA)。

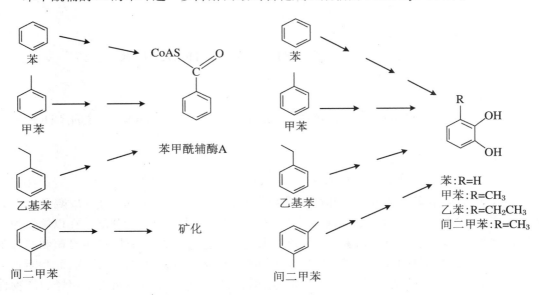

图 4.27　BTEX 的耗氧代谢途径(右)和厌氧代谢途径(左)

第四节　土壤污染控制及修复原理

污染物可以通过多种途径进入土壤,引起土壤正常功能的变化,从而影响植物的正常生长和发育。然而,土壤对污染物也能起净化作用,特别是进入土壤的有机污染物可经过扩散、稀释、挥发及光解、生物化学降解、化学降解等作用而得到净化。如果进入土壤中的污染物在数量和速率上超过土壤的净化能力,即超过土壤的环境容量,最终将导致土壤正常功能的失调,阻碍作物正常生长。

我国土壤污染问题已非常突出,因此开展土壤污染修复研究、发展土壤污染修复或缓解技术已十分紧迫。同时,目前存在许多大中型工厂或工业企业搬离城市而让出土地作为城市建设用地这一较普遍现象,城市工厂搬迁后的土地作为建筑用地存在很大的生态风险,必须进行科学的生态风险评价,并进行系统的清理与修复。缓解和修复土壤持久性有毒污染是环境科学亟待解决的重要问题,已经成为国内外环境科学乃至土壤科学的热点研究问题。

土壤与植物的生命活动紧密相连,污染物可通过土壤-植物系统及食物链,最终影响人体健康。因此,土壤污染的防治十分重要。首先要控制和消除污染源;对已污染的土壤,要采取一切有效措施,修复和缓解,消除土壤污染;或控制土壤污染物的迁移转化,使其不能进入食物链和地下水。

一、控制、消除土壤污染

控制和消除土壤污染源是防止污染的根本措施。控制土壤污染源,即控制进入土壤中污染物的数量和速率,使其在土体中缓慢地自然净化,以免产生土壤污染。

1. 控制、消除"三废"的排放

应大力开发和推广清洁工艺和绿色技术,以减少或消除污染源,对工业"三废"及城市垃圾必须处理与回收,即进行废物资源化。对排放的"三废"要净化处理,控制污染物的排放数量和浓度。

我国水资源短缺,分布又不均匀,近几年来水体污染日益严重,农业用水甚为紧张。因此,我国许多地方已发展了污水灌溉。这一方面解决了部分农田的用水;另一方面,污水中含有相当多的肥料成分,但也可以导致土壤污染。由于工矿企业废水未经分流处理而排入下水道与生活污水混合排放,从而造成污水灌溉区土壤重金属 Hg,Cd,Cr,Pb 等含量逐年增加。如淮阳污水灌溉区土壤 Hg,Cd,Cr,Pb,As 等重金属(类金属)在 1995 年已超过警戒线。其他污水灌溉区部分重金属含量也远远超过当地背景值。因此利用污水灌溉和施用污泥时,首先要根据土壤的环境容量,制定区域性农田灌溉水质标准和农田污泥施用标准,要经常了解污水中污染物的成分、含量及动态。

随着工业的发展及城镇环境建设的加快,污水处理正在不断加强。污泥产生量急剧增加,由于污泥含有较高的有机质和氮、磷养分,因此土壤成为污泥处理的主要场所。一般来说,污泥中 Cr,Pb,Cu,Zn,As 极易超过控制标准。如北京褐土施用燕山石化污泥 1 年后 Hg,Cd 含量分别达到 0.94 mg/kg 和 0.22 mg/kg。许多研究指出,污泥的施用可使土壤重金属含量有不同程度的增加,其增加的幅度与污泥中的重金属含量、污泥的施用量及土壤管理有关。必须控制灌溉污水量及污泥施用量,避免盲目滥用污水灌溉引起土壤污染。此外,工业固体废物也不能任意堆放。

2. 控制化学农药的使用

禁止或限制使用剧毒、高残留农药,如有机氯农药;发展高效、低毒、低残留农药,如除虫菊酯、烟碱等植物体天然成分的农药;大力开展微生物与激素农药的研究。

3. 合理使用化学肥料

要合理施用硝酸盐和磷酸盐等肥料,避免过多使用,造成土壤污染,成为水体农业面源。

二、增加土壤环境容量,提高土壤净化能力

1. 施用化学改良剂

化学改良剂包括抑制剂和强吸附剂。一般施用的抑制剂(针对重金属)有石灰、磷酸盐和碳酸盐等,它们能与重金属发生化学反应而生成难溶化合物以阻碍重金属向作物体内转移。施用强吸附剂(针对有机污染物)可使农药分子失去活性,也可减轻农药对作物的危害。

2. 控制氧化还原条件

控制土壤的氧化还原条件也能减轻重金属的危害。据研究,在水稻抽穗到成熟期,无机成分大量向穗部转移。淹水可明显地抑制水稻对镉的吸收,落干则能促进镉的吸收,糙米中镉的含量随之增加。镉、铜、铅、汞、锌等重金属在 pE 较低的土壤中均能产生硫化物沉淀,可有效地减少重金属的危害。但砷与其他金属相反,在 pE 较低时其活性较大,且三价砷的毒性大于五价砷的毒性。

3. 改变耕作制度

改变土壤环境条件,可消除某种污染物的毒害。如对已被有机氯农药污染的土壤,可通过旱作改水田或水旱轮作的方式予以改良,使土壤中有机氯农药很快分解排除。若将棉田改水田,可大大加速 DDT 的降解,一年可使 DDT 基本消失。稻棉水旱轮作是消除或减轻农药污染的有效措施。

4. 改良土壤

土壤一旦受到污染,特别是重金属污染,很难从中排除出去。为了消除土壤重金属等污染,常采用排去法(挖去污染土壤)和客土法(用非污染的土覆盖于污染土表面)进行改良。但是,这两种方法耗费劳力,易造成污染源扩散,且需要大量的客土源,所以在实际应用上,特别是对于大面积污染区土壤的改良有一定的困难,故不易实现。

为了减少污染物对作物生长的危害,也可采用耕翻土层,即采用深耕,将上下土层翻动混合,使表层土壤污染物含量降低。这种方法动土量较少,但在污染严重的地区不宜采用。

三、土壤污染的缓解及修复原理

2016 年《土壤污染防治行动计划》(简称"土十条")出台,充分体现了国家对土壤污染防治的重视程度。而土壤修复技术则成为"治土"的关键所在,究竟有多少土壤修复技术,每项土壤修复技术的原理及适用性是什么,请看下面介绍。

(一)原位固化/稳定化技术

1. 原理

通过一定的机械力在原位向污染介质中添加固化剂/稳定化剂,在充分混合的基础上,使其与污染介质、污染物发生物理、化学作用,将污染土壤固封为结构完整的具有低渗透系数的固化体,或将污染物转化成化学性质不活泼形态,降低污染物在环境中的迁移和扩散(图 4.28)。

2. 适用性

适用于污染土壤,可处理金属类、石棉、放射性物质、腐蚀性无机物、氰化物以及砷化合物等无机物;农药/除草剂、石油或多环芳烃类、多氯联苯类以及二噁英等有机化合物。不宜用于挥发性有机化合物,不适用于以污染物总量为验收目标的项目。

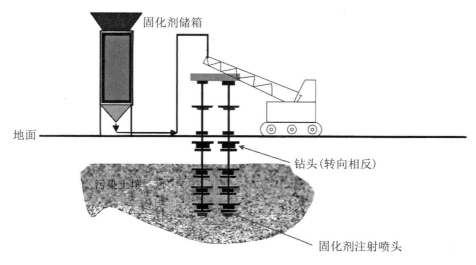

图 4.28 原位固化/稳定化技术

（二）异位固化/稳定化技术

1. 原理

向污染土壤中添加固化剂/稳定化剂,经充分混合,使其与污染介质、污染物发生物理、化学作用,将污染土壤固封为结构完整的具有低渗透系数的固化体,或将污染物转化成化学性质不活泼形态,降低污染物在环境中的迁移和扩散。

2. 适用性

适用于污染土壤,可处理金属类、石棉、放射性物质、腐蚀性无机物、氰化物以及砷化合物等无机物;农药/除草剂、石油或多环芳烃类、多氯联苯类以及二噁英等有机化合物;不适用于挥发性有机化合物和以污染物总量为验收目标的项目。当需要添加较多的固化剂/稳定化剂时,对土壤的增容效应较大,会显著增加后续土壤处置费用。

（三）原位化学氧化/还原技术

1. 原理

通过向土壤或地下水的污染区域注入氧化剂或还原剂,通过氧化或还原作用,使土壤或地下水中的污染物转化为无毒或相对毒性较小的物质(图 4.29)。常见的氧化剂包括高锰酸盐、过氧化氢、芬顿试剂、过硫酸盐和臭氧。常见的还原剂包括硫化氢、连二亚硫酸钠、亚硫酸氢钠、硫酸亚铁、多硫化钙、二价铁、零价铁等。

2. 适用性

适用于污染土壤和地下水,其中,化学氧化可处理石油烃、BTEX(苯、甲苯、乙苯、二甲苯)、酚类、MTBE(甲基叔丁基醚)、含氯有机溶剂、多环芳烃、农药等大部分有机物;化学还原可处理重金属类(如六价铬)和氯代有机物等;受腐殖酸含量、还原性金属含量、土壤渗透性、pH 变化影响较大。

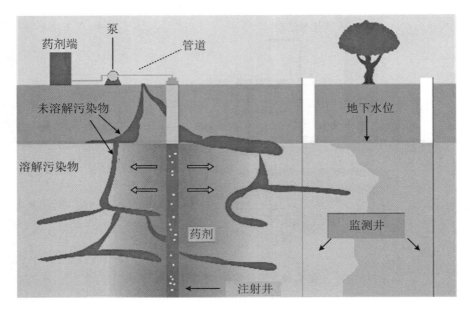

图 4.29　原位化学氧化/还原技术

（四）异位化学氧化/还原技术

1. 原理

向污染土壤添加氧化剂或还原剂，通过氧化或还原作用，使土壤中的污染物转化为无毒或相对毒性较小的物质。常见的氧化剂包括高锰酸盐、过氧化氢、芬顿试剂、过硫酸盐和臭氧。常见的还原剂包括连二亚硫酸钠、亚硫酸氢钠、硫酸亚铁、多硫化钙、二价铁、零价铁等。

2. 适用性

适用于污染土壤，其中，化学氧化可处理石油烃、BTEX（苯、甲苯、乙苯、二甲苯）、酚类、MTBE（甲基叔丁基醚）、含氯有机溶剂、多环芳烃、农药等大部分有机物；化学还原可处理重金属类（如六价铬）和氯代有机物等。

异位化学氧化不适用于重金属污染土壤的修复，对于吸附性强、水溶性差的有机污染物应考虑必要的增溶、脱附方式；异位化学还原不适用于石油烃污染物的处理。

（五）异位热脱附技术

1. 原理

通过直接或间接加热，将污染土壤加热至目标污染物的沸点以上，通过控制系统温度和物料停留时间有选择地促使污染物气化挥发，使目标污染物与土壤颗粒分离、去除（图 4.30）。

2. 适用性

适用于污染土壤，可处理挥发及半挥发性有机污染物（如石油烃、农药、多氯联苯）和汞；不适用于无机物污染土壤（汞除外），也不适用于腐蚀性有机物、活性氧化剂和还原剂含量较高的土壤。

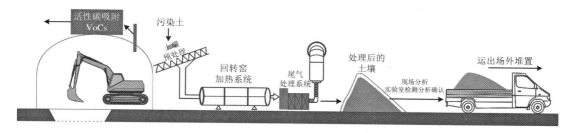

图 4.30 异位热脱附技术

（六）异位土壤洗脱技术

1. 原理

采用物理分离或增效洗脱等手段，通过添加水或合适的增效剂，分离重污染土壤组分或使污染物从土壤相转移到液相，并有效地减少污染土壤的处理量，实现减量化。洗脱系统废水应处理去除污染物后回用或达标排放（图 4.31）。

2. 适用性

适用于污染土壤，可处理重金属及半挥发性有机污染物、难挥发性有机污染物；不宜用于土壤细粒（黏/粉粒）含量高于 25% 的土壤。

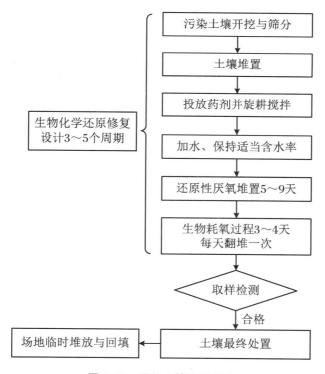

图 4.31 异位土壤洗脱技术

（七）水泥窑协同处置技术

1．原理

利用水泥回转窑内的高温、气体长时间停留、热容量大、热稳定性好、碱性环境、无废渣排放等特点，在生产水泥熟料的同时，焚烧固化处理污染土壤（图4.32）。

2．适用性

适用于污染土壤，可处理有机污染物及重金属；不宜用于汞、砷、铅等重金属污染较重的土壤，由于水泥生产对进料中氯、硫等元素的含量有限值要求，在使用该技术时需慎重确定污染土壤的添加量。

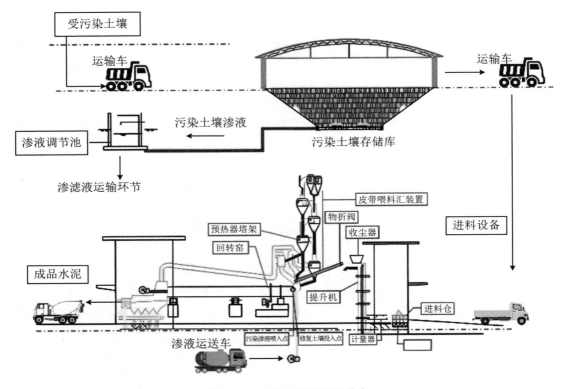

图4.32　水泥窑协同处置技术

（八）土壤植物修复技术

1．原理

利用植物进行提取、根际滤除、挥发和固定等方式移除、转变和破坏土壤中的污染物质，使污染土壤恢复正常功能（图4.33）。

2．适用性

适用于污染土壤，可处理重金属（砷、镉、铅、镍、铜、锌、钴、锰、铬、汞等）以及特定的有机污染物（如石油烃、五氯酚、多环芳烃等）。

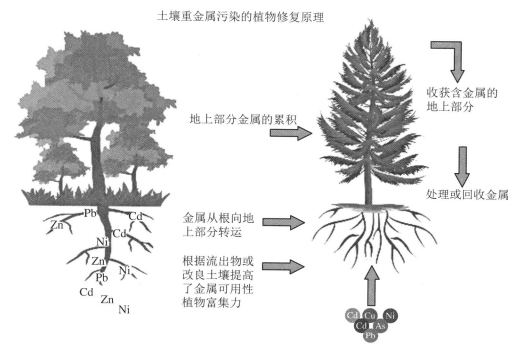

土壤重金属污染的植物修复原理

收获含金属的
地上部分

地上部分金属的累积

处理或回收金属

金属从根向地
上部分转运

根据流出物或
改良土壤提高
了金属可用性
植物富集力

图 4.33　土壤植物修复技术

（九）土壤阻隔填埋技术

1. 原理

将污染土壤或经过治理后的土壤置于防渗阻隔填埋场内,或通过敷设阻隔层阻断土壤中污染物迁移扩散的途径,使污染土壤与四周环境隔离,避免污染物与人体接触和随土壤水迁移进而对人体和周围环境造成危害(图 4.34)。

2. 适用性

适用于重金属、有机物及重金属有机物复合污染土壤的阻隔填埋;不宜用于污染物水溶性强或渗透率高的污染土壤,不适用于地质活动频繁和地下水水位较高的地区。

图 4.34　土壤阻隔填埋技术

（十）生物堆技术

1. 原理

对污染土壤堆体采取人工强化措施，促进土壤中具备降解特定污染物能力的土著微生物或外源微生物的生长，降解土壤中的污染物（图 4.35）。

2. 适用性

适用于污染土壤，可处理石油烃等易生物降解的有机物；不适用于重金属、难降解有机污染物污染土壤的修复，黏土类污染土壤修复效果较差。

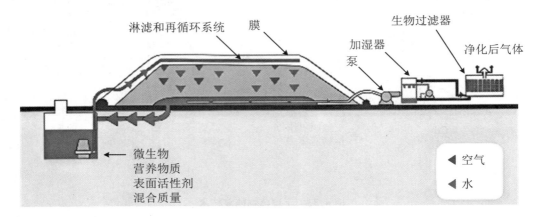

图 4.35　生物堆技术

（十一）地下水抽出处理技术

1. 原理

根据地下水污染范围，在污染场地布设一定数量的抽水井，通过水泵和水井将污染地下水抽取至地面进行处理（图 4.36）。

2. 适用性

适用于污染地下水，可处理多种污染物；不宜用于吸附能力较强的污染物以及渗透性较差或存在 NAPL（非水相液体）的含水层。

图 4.36　地下水抽出处理技术

（十二）地下水修复可渗透反应墙技术

1. 原理

在地下安装透水的活性材料墙体拦截污染物羽状体，当污染羽状体通过反应墙时，污染物在可渗透反应墙内发生沉淀、吸附、氧化还原、生物降解等作用得以去除或转化，从而实现地下水净化的目的（图 4.37）。

2. 适用性

适用于污染地下水，可处理 BTEX（苯、甲苯、乙苯、二甲苯）、石油烃、氯代烃、金属、非金属和放射性物质等；不适用于承压含水层，不宜用于含水层深度超过 10 m 的非承压含水层，对反应墙中沉淀和反应介质的更换、维护、监测要求较高。

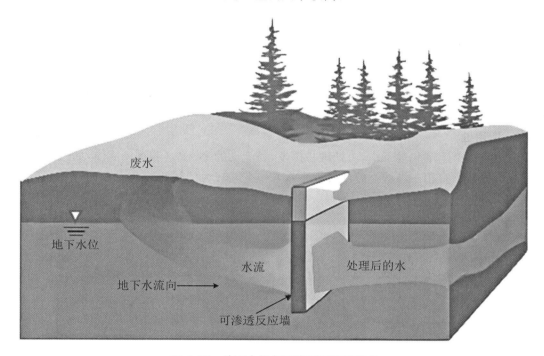

图 4.37　地下水修复可渗透反应墙技术

（十三）地下水监控自然衰减技术

1. 原理

通过实施有计划的监控策略，依据场地自然发生的物理、化学及生物作用，包含生物降解、扩散、吸附、稀释、挥发、放射性衰减以及化学性或生物性稳定等，地下水和土壤中污染物的数量、毒性、移动性降低到风险可接受水平（图 4.38）。

2. 适用性

适用于污染地下水，可处理 BTEX（苯、甲苯、乙苯、二甲苯）、石油烃、多环芳烃、MTBE（甲基叔丁基醚）、氯代烃、硝基芳香烃、重金属类、非金属类（砷、硒）、含氧阴离子（如硝酸盐、过氯酸）等；只有在证明具备适当环境条件时才能使用，不适用于对修复时间要求较短的情况；对自然衰减过程中的长期监测、管理要求高。

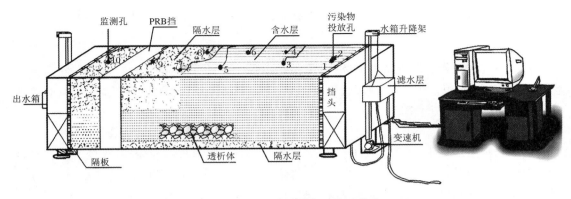

图 4.38　地下水监控自然衰减技术

（十四）多相抽提技术

1. 原理

通过真空提取手段,抽取地下污染区域的土壤气体、地下水和浮油等到地面进行相分离及处理(图 4.39)。

2. 适用性

适用于污染土壤和地下水,可处理易挥发、易流动的 NAPL(非水相液体,如汽油、柴油、有机溶剂等),不宜用于渗透性差或者地下水水位变动较大的场地。

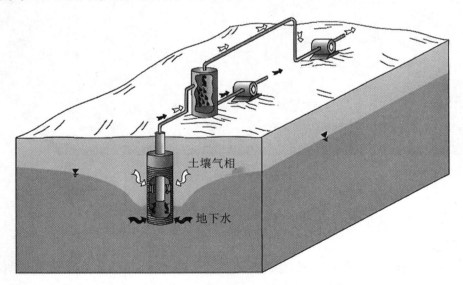

图 4.39　多相抽提技术

（十五）原位生物通风技术

1. 原理

通过向土壤中供给空气或氧气,依靠微生物的耗氧活动,促进污染物降解;同时利用土壤中的压力梯度促使挥发性有机物及降解产物流向抽气井,被抽提去除。可通过注入热空气、营养液、外源高效降解菌剂的方法对污染物去除效果进行强化(图4.40)。

2. 适用性

适用于非饱和带污染土壤,可处理挥发性、半挥发性有机物;不适合于重金属、难降解有机物污染土壤的修复,不宜用于黏土等渗透系数较小的污染土壤修复。

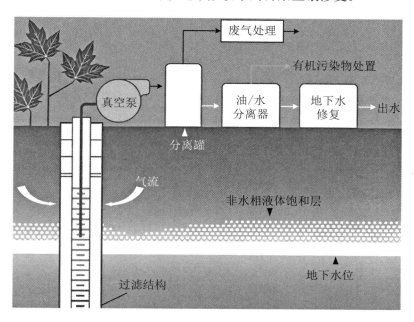

图4.40　原位生物通风技术

以上的15种土壤修复技术适用于各种不同程度的污染土壤,但还是要具体问题具体分析,选择更适合我国土壤的修复技术才是最实用的。

土壤污染案例

在××××年6月5日世界环境日前夕,QJ区公安局环保支队接到辖区居民举报,称在QJ区D镇X村的山坡上有人擅自倾倒灰渣,散发刺鼻的气味,周边的植物大面积死亡。QJ区公安局环境安全保卫支队和生态环境局,一起到现场进行走访和调查后认定,倾倒的灰渣属于铝灰。

铝是地壳中最丰富的金属元素,也是组成土壤无机矿物的主要元素。通常情况下,土壤铝主要以无毒的氧化铝和铝硅酸盐形态存在。

但在酸性条件下,尤其当pH低于5.5时,铝会从固相释放进入土壤溶液。铝在土壤溶液中以各种形态存在:低相对分子质量和高相对分子质量的有机复合态铝、无机复合态铝、无机铝单体。其中对植物产生毒害的铝形态一般为无机铝单体。

铝的毒性很强,在几分钟或几小时内,微摩尔浓度的三价铝,便可抑制大多数植物根系生长,继而影响钙、镁、锌、锰等养分和水分的吸收,导致生长不良,产量下降。因此,铝毒害被认为是酸性土壤上植物生长的主要限制因素之一。

一、铝对土壤的影响

铝对土壤的影响主要有以下 3 个方面:

1. 促进土壤酸化

铝离子可以与水中的氢氧根结合形成氢氧化铝,从而释放出氢离子,促进土壤酸化。

2. 抑制植物生长

高浓度的铝离子对植物的根系造成伤害,主要是因为:① 铝离子能够穿透植物根的细胞膜,累积在根的末梢处,破坏细胞壁和细胞间质,导致根系纤维化和缩短,影响植物对水分和营养的吸收能力;② 铝离子会抑制植物中的一些重要酶的活性,影响植物的生理代谢,导致植物生长缓慢和产量降低;③ 导致叶片边缘焦枯,叶片呈现明显的黄化和褪绿。

3. 影响土壤结构

铝离子可以与黏土颗粒结合,从而影响了土壤的构成。

二、铝对植物危害的防治方法

为了减少铝对植物造成的影响,可以采用以下方法:

1. 调节土壤 pH

通过添加石灰等碱性物质调节土壤 pH,减少土壤酸化,降低铝离子的浓度。

2. 选择耐铝植物

不同品种的植物对铝离子的敏感程度不同,选择种植耐铝植物可以减少铝对植物的影响。

3. 合理施肥

合理施肥可以增加土壤含水量和养分含量,缓解土壤酸化,同时也有益于植物的正常生长。

4. 使用铝离子吸附剂

在土壤中添加一定量的铝离子吸附剂,可以促进对铝离子的吸附,减少对植物的影响。

第五章　污染物的生物及生态效应

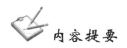

内容提要

1. 污染物在生物体内的运输方式；
2. 污染物在生物体内的转化与累积形式。

环境化学污染物通过多种途径和方式透过生物膜进入生物体内，与生物体内源化学物质相结合后，运输到不同组织和器官，在生物体内不同酶的催化作用下发生一系列生物化学反应，从生物大分子、细胞、器官、个体及生态系统等不同水平上表现出各种生物效应和生态效应。

本章简要介绍污染物在生物体及环境间的迁移转化关系，阐述污染物的生物吸收及在生物体内的运输、分布、转化、富集与积累等特征，分析污染物的生物效应和生态效应及其构效关系。

第一节　污染物与环境及生物体之间的关系

污染物、环境及生物体之间主要包括 3 方面的关系：一是在污染物到达机体之前，环境将以何种方式修改污染物；二是环境如何影响生物体对污染物的响应；三是污染物如何修改环境的，包括物理修改、化学修改和生物修改。图 5.1 所示为污染物在环境中的迁移、转化示意图。

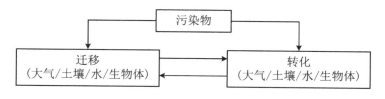

图 5.1　污染物在环境中的迁移、转化示意图

生物有机体是污染物影响和作用的对象，环境是污染物暴露的介质，污染物与环境之间的相互作用包括污染物的环境行为及污染物对环境的影响。污染物在环境中的物理分布主要表现在土壤/水、沉积物/水、水/大气、大气/土壤界面之间的行为，这些界面行为主要涉及污染物在环境中的迁移过程，而污染物的转化则表现为化学反应、生物代谢及其结构和形态的变化。在一般的研究工作中,为了便于了解污染物在环境中的迁移转化过程,将这两种行为分开描述,实际上他们往往是同时发生的。

第二节 污染物的生物吸收

一、生物膜的组成与结构

细胞膜又称质膜,是指围绕在细胞最外层,由脂质和蛋白质组成的生物膜。细胞膜不仅是细胞结构上的边界,使细胞具有一个相对稳定的内环境,同时在细胞与环境之间进行的物质和能量交换及信息传递过程中起着决定性的作用。细胞内的膜系统与细胞膜统称为生物膜。

(一)生物膜的结构

1972 年,Singer 和 Nicolson 提出了生物膜的流动镶嵌模型,如图 5.2 所示。该模型主要强调膜的流动性(膜蛋白和膜脂可侧向移动)和膜蛋白分布的不对称性(膜蛋白镶在膜表面,或嵌入、横跨磷脂双分子层)两个方面。目前对生物膜结构的认识可归纳如下:① 具有极性头部和非极性尾部的磷脂分子在水相中具有自发形成封闭的膜系统的性质;② 蛋白质分子以不同方式镶嵌在磷脂双分子层中或结合在其表面,蛋白质的类型、分布的不对称性及其与磷脂分子的协同作用赋予生物膜独特的性能与功能;③ 生物膜可看成是蛋白质在磷脂双分子层中的二维溶液,但在膜蛋白与膜脂之间、膜蛋白之间及其与膜两侧其他生物大分子的复杂的相互作用,在不同程度上限制了膜蛋白和膜脂的流动性。

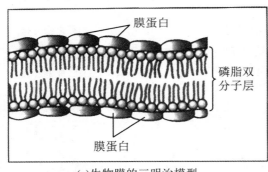

(a)生物膜的三明治模型

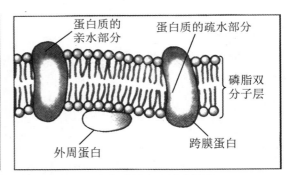

(b)生物膜的流动镶嵌模型

图 5.2 生物膜的结构模型

(二)生物膜的基本组成

1. 膜脂

膜脂是生物膜的基本组成成分,主要包括磷脂、糖脂和胆固醇 3 种类型。

磷脂是构成膜脂的基本成分,占膜脂的 50% 以上;组成生物膜的磷脂分子的主要特征是具有1个极性头和2个非极性的尾。磷脂可分为甘油磷脂和鞘磷脂两类,甘油磷脂又包括磷脂酰胆碱(卵磷脂)、磷脂酰丝氨酸、磷脂酰乙醇胺和磷脂酰肌醇等。

糖脂普遍存在于原核和真核细胞的生物膜上,其含量占膜脂总量的5%以下,不同的细胞中所含糖脂种类不同。在糖脂中,一个或多个糖残基与鞘氨醇骨干的伯羟基连接。

胆固醇存在于真核细胞膜上,其含量一般不超过膜脂的1/3。胆固醇在调节膜的流动性,增加膜的稳定性及降低水溶性物质的通透性等方面都起着重要作用。

2. 膜蛋白

生物膜所含的蛋白叫膜蛋白(图5.3),是生物膜功能的主要承担者。根据蛋白分离的难易及在膜中分布的位置基本可分为3大类:外在膜蛋白或称外周膜蛋白、内在膜蛋白或称整合膜蛋白以及脂锚定蛋白。膜蛋白包括糖蛋白、载体蛋白和酶等。通常在膜蛋白外会连接着一些糖类,这些糖相当于会通过糖分子结构变化将信号传到细胞内。

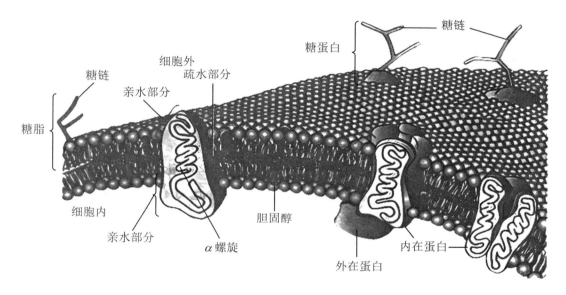

图5.3　膜蛋白

(Solomon,2002)

二、污染物跨膜运输方式

污染物通过细胞膜的运输方式主要有以下3种途径:

(一) 被动运输

被动运输是指通过简单扩散或协助扩散实现物质由高浓度向低浓度方向的跨膜运输,其动力来自物质的浓度梯度,无需细胞提供能量。

1. 简单扩散

简单扩散也称为被动扩散。疏水的小分子或不带电荷的极性分子在以简单扩散的方式跨膜运输中,不需要细胞提供能量,也没有膜蛋白的协助。小分子物质跨膜运输的速率差异较大,即不同分子的通透系数有很大区别,如氧气、氮气、水分子、苯等极易通过细胞膜。一一般认为在简单扩散的跨膜运输中,涉及跨膜物质溶解在膜脂中,再从膜的一侧扩散到膜的另一侧,最后进入细胞质水相中。因此,跨膜运输的通透性主要取决于分子大小与极性:小分子较大分子容易穿膜,非极性分子较极性分子容易穿膜。物质对膜的通透性(P)可根据该物质的辛醇-水分配系数(K_{ow})、扩散系数(D)及膜的厚度(L)来计算,即

$$P = K_{ow} \frac{D}{L}$$

2. 协助扩散

协助扩散是各种极性分子和无机离子等沿其浓度梯度或电化学梯度减小方向的跨膜运输,该过程不需要细胞提供能量,与简单扩散相同,两者都称为被动运输。但在协助扩散中,特异的膜蛋白"协助"物质运输可使其速率增加和特异性增强。

细胞膜上的膜运输蛋白负责无机离子和水溶性有机小分子的跨膜运输,可分为两类:一类称载体蛋白,它既可介导被动运输,又可介导逆浓度梯度或电化学梯度的主动运输;另一类称为通道蛋白,它只能介导沿浓度梯度或电化学梯度减小方向的被动运输。

载体蛋白是几乎所有类型的生物膜上普遍存在的多次跨膜蛋白分子。每种载体蛋白能与特定的溶质分子结合,通过一系列构象改变介导溶质分子的跨膜运输,其过程具有类似于酶与底物作用的饱和动力学曲线,既可被底物类似物竞争抑制,又可被某种痕量的抑制剂非竞争性抑制及对 pH 依赖等,与酶不同的是载体蛋白可以改变过程的平衡点,加快物质沿自由减少的方向跨膜运输的速率,此外载体蛋白对所运输的溶质分子不作任何共价修饰。

通道蛋白所介导的被动运输不需要与溶质分子结合,横跨膜而形成亲水通道,允许适宜大小的分子和带电荷的离子通过,所以又称为离子通道,离子通道具有两个显著特征:一是具有离子选择性,离子通道对被运输离子大小与电荷有高度选择性,且运输速率高;二是离子通道是门控的,离子通道的活性由通道开关的两种构象所调节,并通过通道开关应答于适当信号。

(二)主动运输

主动运输是指物质沿着逆化学浓度梯度差(即物质从低浓度区移向高浓度区)的运输方式,主动运输不但要借助于镶嵌在细胞膜上的一种特异性的传递蛋白质分子作为载体(即每种物质都由专门的载体进行运输),而且还必须消耗细胞代谢所产生的能量来完成,其吉布斯自由能变为正值。

离子泵是镶嵌在细胞膜磷脂双分子层中具有运输功能的 ATP 酶,不同的 ATP 酶运输不同的离子,故称为离子泵,如 $Na^+ - K^+$ 泵、Ca^{2+} 泵等,离子泵直接利用 ATP 作为能源。

ATP 是许多生物化学反应的初级能源,其水解可放出较大的能量:

$$ATP + H_2O \longrightarrow ADP + P_i^- + H^+$$

式中,ADP 为二磷酸腺苷;

P_i^- 为无机酸的磷酸盐($H_2PO_4^-$)。

一个 ATP 分子末端的一个磷酸根断裂水解而生成 ADP。在人体 pH 为 7.0、体温为 310 K 的条件下,ATP 水解反应的吉布斯自由能变为 $\Delta G^0 = -30$ kJ/ mol,焓变 $\Delta H = -20$ kJ/ mol,熵变 $\Delta S = 34$ J/mol。同时由于 ΔS 较大,根据 ΔG 与 ΔS 的关系($\Delta G = \Delta H - T\Delta S$),当温度升高(或降低)时,对 ΔG 的影响较敏感。ADP 和腺苷一磷酸(AMP)在适当

的酶催化下,还可以继续水解:

$$ADP + H_2O \longrightarrow AMP + P_i$$

式中,$\Delta_r G_m^\ominus \approx -30 \text{ kJ/mol}$。

$$AMP + H_2O \longrightarrow adenosine + P_i$$

式中,$\Delta_r G_m^\ominus \approx -14 \text{ kJ/mol}$。

ATP 的水解反应能和另一些需要吉布斯自由能的反应耦合,促进了反应的发生。ATP 消耗后,可通过另外的途径再生,如在糖酵解反应过程中可再产生 ATP。

钠钾泵(Na^+-K^+ 泵)又称 Na^+ 泵或 Na^+ / K^+ 交换泵(图 5.4)。实际上是一种 Na^+ / K^+-ATP 酶,也是一种跨膜蛋白。其工作原理是在膜内侧,Na^+,K^+ 与酶结合,激活了 ATP 酶的活性,使 ATP 水解,高能磷酸根与酶结合,引起酶构象发生变化,于是与 Na^+ 结合的部位转向膜外侧,这种磷酸化酶对 Na^+ 的亲和力低,对 K^+ 的亲和力高,因而在膜外侧释放 Na^+,而与 K^+ 结合,K^+ 与磷酸化酶结合后,促使酶磷酸化,磷酸根快速解离,酶的构象又恢复原状,于是 K^+ 的结合部位又转向膜内侧,这种去磷酸化的构象与 Na^+ 的亲和力高,与 K^+ 的亲和力低,使 K^+ 在膜内被释放,而又与 Na^+ 结合,每水解一个 ATP,运出 3 个 Na^+,运进 2 个 K^+。该反应过程可简述如下:

$$K^+ + P \longrightarrow KP$$
$$KP + ATP \longrightarrow P_i^- + ADP + K^+$$

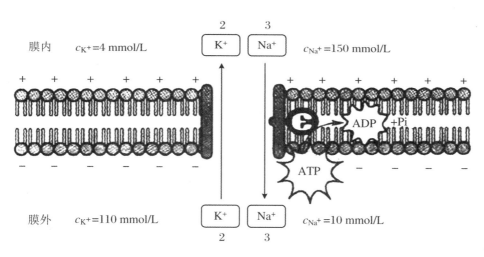

图 5.4　钠钾泵示意图

Ca^{2+} 泵是一种 Ca^{2+}-ATP 酶,存在于细胞膜、内质网和线粒体膜上,偶联 ATP 水解与 Ca^{2+} 活化运输。它能将 Ca^{2+} 泵出细胞质,使 Ca^{2+} 在细胞膜内维持低水平。Ca^{2+} 泵的工作原理类似于 Na^+-K^+ 泵。每一个 ATP 分子水解,运输 2 个 Ca^{2+},并可逆向运输 1 个 Ca^{2+}。

质子泵(是细胞内参与 H^+ 运输的一种运输蛋白)分为 3 种类型:

(1) P 型质子泵

结构与 Na^+-K^+ 泵类似,存在于真核细胞的细胞膜上,在转运 H^+ 的过程中涉及磷酸化和去磷酸化。

（2）V 型质子泵

存在于溶酶体膜和植物液泡膜上，转运 H^+ 的过程中不形成磷酸化的中间体。

（3）H^+-ATP 酶

存在于线粒体内膜、植物类囊体膜和多数细菌细胞膜上，运输方式是 H^+ 沿浓度梯度运动，将释放的能量与 ATP 合成偶联。

协同运输又称伴随运输，是主动运输的一种方式。协同运输需要能量，但不直接消耗ATP，而是间接利用 ATP 的能量，并且也是逆浓度梯度的运输。这种运输的机理是载体蛋白上有两个结合点，可分别与 Na^+、糖等结合。由于 Na^+ 泵需要 ATP 供能，并不断将 Na^+ 输出细胞外，造成胞外 Na^+ 的浓度高于胞内，由此产生电化学梯度。Na^+ 和糖等分别与载体结合后，借助电化学梯度的能量，使 Na^+ 与糖等共同进入膜内侧，再与载体脱离，Na^+ 又被泵出细胞外。

综上所述，主动运输需要消耗能量，所需能量可直接来自 ATP 或来自离子电化学梯度，同样也需要膜特异性载体蛋白，这些载体不仅具有结构特异性（各种特异的结合位点），而且具有结构可变性（构象变化影响其亲和力的改变）。细胞运用各种不同方式，通过不同体系，并在不同条件下完成小分子物质的跨膜运输。

（三）胞吞作用

当较大分子或颗粒进入体内时，细胞可通过细胞膜的变形移动和收缩，将其包围起来，最后摄入细胞内。在运输过程中，物质包裹在磷脂双分子层膜围绕的囊泡中，因此又称膜泡运输，在这种形式的运输过程中涉及膜的融合与断裂，因此也需要消耗能量。这种运输方式可转运一种或一种以上数量不等的大分子和颗粒物质，因此也称为"批量运输"。根据所形成胞吞泡的大小和不同胞吞物，胞吞作用可分为"吞噬作用"和"胞饮作用"两类。

三、污染物跨膜运输的物理化学机理

对于大多数有机污染物，跨膜运输主要是被动扩散（简单扩散）作用。从热力学来看，污染物的被动扩散是指污染物沿其化学势减小的方向，即由其化学势高的一面向化学势低的一面扩散的过程。以水生生物为例，假设化学污染物在水中的化学势为 μ_w，浓度为 c_w，该污染物在水生生物的生物膜中的化学势为 μ_m，浓度为 c_m（其中污染物在膜外侧的化学势为 μ_{me}，浓度为 c_{me}，在膜内侧的化学势为 μ_{mi}，浓度为 c_{mi}），该污染物在水生生物体内的化学势为 μ_f，浓度为 c_f。根据化学势与化学物质浓度的关系有：

$$\mu_w = \mu_w^{\ominus} + RT\ln c_w$$
$$\mu_{me} = \mu_m^{\ominus} + RT\ln c_{me}$$
$$\mu_{mi} = \mu_m^{\ominus} + RT\ln c_{mi}$$
$$\mu_f = \mu_f^{\ominus} + RT\ln c_f$$

式中，$\mu^{\ominus}$ 为标准化学势，其大小与温度、化学物质及所处介质的性质有关。污染物透过生物膜的热力学条件如下：

在膜外侧：$\Delta\mu_1 = \mu_w - \mu_{me} = \mu_w^{\ominus} - \mu_m^{\ominus} + RT\ln \dfrac{c_w}{c_{me}} > 0$

在膜内侧: $\Delta\mu_2 = \mu_{mi} - \mu_f = \mu_m^\ominus - \mu_f^\ominus + RT\ln\dfrac{c_{mi}}{c_f} > 0$

在膜内: $\Delta\mu_3 = \mu_{me} - \mu_{mi} = RT\ln\dfrac{c_{me}}{c_{mi}} > 0$

所以,污染物在生物膜上发生被动扩散的条件是

$$\Delta\mu = \Delta\mu_1 + \Delta\mu_2 + \Delta\mu_3 > 0$$

如果污染物在生物膜内外的传递达平衡状态,即 $\Delta\mu_1 = 0$,$\Delta\mu_2 = 0$,$\Delta\mu_3 = 0$,则由 $\Delta\mu_1 = 0$ 与 $\Delta\mu_2 = 0$ 可得

$$\frac{c_{me}}{c_w} = \exp\left(-\frac{\mu_m^\ominus - \mu_w^\ominus}{RT}\right) = K_1$$

$$\frac{c_f}{c_{mi}} = \exp\left(-\frac{\mu_f^\ominus - \mu_m^\ominus}{RT}\right) = K_2$$

式中,K_1,K_2 为分配系数,其值与污染物及其介质的亲和性(即 $\mu^\ominus$ 的值)有关,它决定了污染物在两种不同介质中的平衡浓度。

如果污染物在生物膜内外两侧能很快达到分配平衡,则污染物透过生物膜的速率就取决于污染物在膜层中的扩散速率。根据 Fick 定律,单位时间通过单位截面的污染物的量即扩散速率为

$$v = -DAK\frac{c_{me} - c_{mi}}{L} = -DAK\frac{\left(K_1 c_w - \dfrac{1}{K_2}c_f\right)}{L}$$

式中,K 为污染物透过生物膜的机理常数;

D 为污染物透过生物膜的扩散系数;

A 为生物膜的表面积;

L 为生物膜的厚度。

当膜外侧浓度高于膜内侧浓度($c_{me} > c_{mi}$)时,负号表示污染物从膜外侧扩散到膜内侧。污染物的脂溶性愈大,其辛醇-水分配系数 K_{ow} 则愈大;生物膜的表面积愈大,化学物质透过膜的速率也愈快。对于小分子污染物,由于其具有较高的扩散系数,透过生物膜的扩散速率较大分子污染物要快。因子 DAK/L 通常被称为渗透常数(记作 P),将渗透常数 P 代入可得

$$v = -P(c_{me} - c_{mi})$$

对于同一污染物在同一渗透常数下,污染物透过生物膜的扩散速率仅与污染物在生物膜两侧的浓度差成正比。

第三节　污染物在生物体内的运输及分布

污染物进入生物体后,分布到各组织和器官,污染物通常需要与生物体内的某种内源化学物质结合,再通过体液进行长距离运输。在分布过程中,污染物自身的物理化学性质及生物体内各组织的环境条件,如 pH、离子化程度、细胞膜的通透性等都会影响污染物的分布。

一、污染物在动物或人体内的运输及分布

（一）污染物在动物或人体内与蛋白质的结合

污染物被动物或人体吸收进入血液，在血液中一部分与血浆蛋白结合成为结合型状态，一部分在血液中呈游离型状态存在，可溶于"血浆水"，并随血浆水自由地向血管外扩散，渗入组织中。

进入组织中的游离型状态污染物又可与组织蛋白结合，成为结合型状态，不能自由转运。但污染物分子与蛋白质的结合是可逆的，血浆中污染物分子的游离型和结合型之间保持着动态平衡。当游离型随转运、代谢浓度降低时，结合型中的一部分转化成游离型，使血浆及其作用部位在一定时间内保持一定的浓度。污染物分子与动物或人体内蛋白质结合的动态模型可用图 5.5 表示。

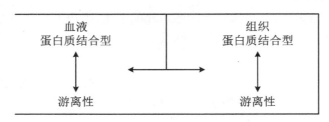

图5.5 污染物分子与动物或人体内蛋白质结合的动态模型

一般而言，进入动物或人体内的污染物分子游离型与动物或人体内蛋白质的结合型呈平衡状态，即污染物分子游离型 + 蛋白质空白结合位点 $\underset{k_2}{\overset{k_1}{\rightleftharpoons}}$ 污染物分子蛋白质结合型，式中：k_1 为污染物分子游离型与蛋白质结合的反应速率常数；k_2 为污染物分子蛋白质结合型的解离速率常数。

进入动物或人体内的污染物分子与血浆蛋白的结合是决定其在组织中分布的重要因素，只有在动物或人体内游离的、未结合的污染物分子才易通过毛细血管进入组织液中，高度结合的污染物分子贮留在血液中，使污染物分子在血液中浓度较高，而在组织中浓度较低。

污染物分子在动物或人体内与血浆蛋白和组织蛋白的结合对动物或人体内污染物分子运输和分布的影响，取决于体内被结合的污染物分子的百分数和体内游离污染物分子的分布容积。血浆中游离污染物分子质量浓度 $\rho_f(\mu g/mL)$ 与体液中其他的游离污染物分子质量浓度达到平衡时，ρ_f 可按下式计算：

$$\rho_f = \frac{A_t}{V_f + 9\gamma V_f \xi} \tag{5.1}$$

式中，A_t 为进入体内的污染物总量；

V_f 为表观分布容积；

γ, ξ 分别为血浆和组织中结合的与游离的污染物分子质量浓度的比。

血浆中结合污染物分子质量浓度 $\rho_b(\mu g/mL)$ 为

$$\rho_b = \rho_f \cdot \gamma$$

动物或人体内游离污染物分子的总量 $A_f(\mathrm{mg})$ 为

$$A_f = \rho_f \cdot V_f$$

总血浆质量浓度 $\rho_t(\mu g/\mathrm{mL})$ 为

$$\rho_t = \rho_f + \rho_b$$

表观分布容积为

$$V_{app} = \frac{A_t}{\rho_t} \ 或 \ V_f = \frac{A_f}{\rho_f}$$

体内游离污染物分子百分数为

$$\rho_f = \frac{A_f}{A_t}$$

污染物分子与血浆蛋白、组织蛋白的结合对动物或人体内游离污染物分子百分数是有影响的,如果某污染物进入动物或人体内的 50% 与体内蛋白质结合,常被认为在体内游离的污染物量将以同样的百分比减少。实际上并非如此,因结合作用而被血管外容积缓冲,当污染物的 50% 被血浆蛋白结合时,仅使体内游离污染物量减少 3%～20%,若要使得体内游离污染物量减少 50%,则其结合率必须要大于 80%。而增加组织结合,将使体内游离污染物百分数产生更大的减少。

污染物进入人体内后与蛋白质的结合方式,直接影响了污染物在体内的运输及分布,污染物与蛋白质的结合方式主要有 3 类:

（1）离子键

主要发生在两种电荷不等的带电荷离子之间,如金属离子与蛋白质的结合。此外,还有某些呈弱酸性的污染物带负电荷基团与蛋白质氨基酸中的 $\mathrm{NH_3^+}$ 的结合。某些呈弱碱性的污染物带正电荷基团与蛋白质氨基酸的 $\mathrm{COO^-}$ 结合也属此种结合形式。

（2）氢键

含有羟基、氨基、羧基、咪唑基及氨基甲酰基等的蛋白质分子侧链均可形成氢键结合,且只有 O、N 和 F 等电负性较强的原子才可形成氢键。

（3）范德华力

污染物分子与体内蛋白质的结合作用力是分子间的范德华力,这种结合力虽较为微弱,但若有大量参与结合的分子同时存在,且集合在一起,则对污染物分子与蛋白质的结合具有重要意义。

进入动物或人体内的污染物分子与血浆蛋白结合后,通过体内血液循环而流动。在一定条件下,结合型分子还可发生解离,如在其他生物大分子或组织成分与污染物分子的亲和力大于其与血浆蛋白亲和力的情况下,即可发生解离。因此,一方面,从体内长距离运输考虑,污染物分子与蛋白质最初的结合力应具有一定强度。但另一方面,此类结合力强度也不能过大。只有适当的结合强度,才能保证在外界环境发生改变时,污染物结合型分子解离,并与其他亲和力较高的蛋白质或亲和力虽不高但有较高浓度的蛋白质结合。这种适当强度的结合较为松散,当体内离子强度或温度发生改变时,污染物结合型分子的解离平衡常数也将发生变化。从血浆蛋白解离出来的污染物分子使污染物在动物和人体内的运输及其分布过程得以持续进行。

血浆蛋白的结合部位有限,且选择性较差,当两种化学物质与血浆蛋白的同一结合部位均具有亲和力时,则发生竞争反应。进入机体内污染物分子可与正常情况下结合在血浆蛋白上的某些化合物分子发生竞争反应,并置换这些化合物分子。

进入机体内的污染物分子还可与体内的某些多肽结合。由于多肽与蛋白质均由氨基酸构成,因此其结合在本质上与蛋白质的结合并无多少差别。

(二)污染物在动物或人体内的运输及分布

污染物在动物或人体内长距离运输的主要途径是循环系统,在血管和淋巴管中进行。吸收进入血液的污染物仅少数呈游离态,大部分与血浆蛋白结合,随血液到达所有器官和组织。因此,污染物在体内分布的初始阶段,血液供应越丰富的器官,其污染物分布愈多,污染物的起始浓度很高;但随着时间的延长,污染物在器官和组织中的分布愈来愈受到污染物与组织器官亲和力的影响而形成污染物的再分布过程。

外源污染物在机体内的分布受许多因素影响。有些因素可以促进由吸收进入机体的外源污染物在体内的分布,而另一些因素则可以阻止它们向某些器官组织分布。其中,外源污染物透过细胞膜的能力和与各组织的亲和力则是影响其分布的重要因素。

大量研究结果显示,同一类外源污染物在机体不同组织间的分布有较大差异。表 5.1 列出氯化烃类长效杀虫剂狄氏剂在动物体内各组织中的残留量。显然,进入动物体内的狄氏剂大部分被运输到网膜脂肪中,较少部分被运输到血清、脾和睾丸等组织中。

表 5.1　狄氏剂在动物体内各组织中的残留量

组　织	残留量(占组织湿重的质量分数)($\times 10^{-6}$)
脑	0.050
肝	1.968
网膜脂肪	2.321
肾	0.045
肾上腺	0.287
脾	0.028
睾丸	0.031
血清	0.013

(朱蓓蕾,1989)

1. 细胞膜的通透性的影响

细胞膜的通透性大小对外源污染物在组织中的分布影响很大。肝的细胞膜通透性高、内皮细胞不完整。外源污染物是通过血窦进入肝,血窦是一种高度多孔性的膜,几乎任何小于蛋白质分子的离子或分子都能从血液循环进入肝细胞外液。而且肝细胞的细胞膜是一类脂质孔膜,虽然其孔比血窦稍小,但其通透性大于其他组织的质膜。这些特征使得肝具有能够接纳血液中大量外源污染物的能力。另外,细胞通透性低则会阻止或减缓外源污染物的分布。

2. 外源物质的脂溶性的影响

外源污染物的脂溶性是影响其在体内分布的另一重要因素。许多有机物及脂溶性代谢产物如狄氏剂和多氯联苯等容易分布到脂肪组织中。由表5.1可知,动物网膜脂肪组织含有较大量的狄氏剂与其具有较高的脂溶性有关。DDT进入动物体后,也会大量分布到脂肪组织中,这些脂溶性外源污染物通过简单溶解于中性脂肪的方式贮存其中。肥胖者体内中性脂肪可占体重的50%,而体瘦者则约占20%。由于脂肪的贮存作用,肥胖者常对脂溶性外源污染物有较强的耐受性。但若这种外源污染物的毒性作用部位恰好是含脂肪较多的组织,则多脂肪者容易中毒。如果因饥饿或其他原因,机体动用大量脂肪,贮存在脂肪组织中的外源污染物可能大量释放出来,进入血液导致中毒。

血脑屏障对于辛醇-水分配系数较高的外源污染物常失去屏障作用。由于该屏障具有高度亲脂性膜结构,脂溶性的非极性分子极易透过膜进入脑组织,而辛醇-水分配系数较低者则不易透过。如无机汞与有机汞透过血脑屏障的能力相差很大,若给实验动物分别口服无机汞和有机汞,服用有机汞者脑组织中的汞含量较服用无机汞者高出几个数量级,这是由于有机汞脂溶性高,易透过血脑屏障所致。

二、污染物在植物体内的运输及分布

(一)污染物与植物体内蛋白质的结合

许多污染物在植物体内也是与蛋白质或多肽结合,并被运输至各个部分。在高等维管植物中,发现由植物根部吸收的重金属在许多情况下是与体内蛋白质或多肽结合,并被运输到地上茎、叶部分。植物体内与重金属结合的蛋白质和多肽被称为植络素,它们在植物体内运输重金属的过程中发挥着重要的作用。

与动物及人体内的血浆蛋白相似,植物体内某些蛋白质与污染物的结合也有类似作用。铁蛋白在植物体内对铁的贮存就是一个例子。铁是植物生长发育所必需的营养元素之一。但铁能与氧反应生成有毒的物质,铁过量后会严重损害植物,并表现出各种形态上的病害症状。

(二)污染物在植物体内的运输途径及方式

污染物在植物体内的运输一般分为长、短距离运输两种方式:

1. 植物体内污染物的短距离运输

植物体内污染物的短距离运输可通过细胞内的运输途径,运输到细胞内的各个部分;也可与邻近细胞进行细胞间的运输,将物质运输到不同的细胞。

(1)细胞内运输

细胞实际上是一个膜系统,除了细胞膜和核膜之外,细胞内的各种细胞器如线粒体、质体、内质网、液泡等都各自具有流动膜。膜上通常有50~90 nm直径的微孔,能透过各种无机物和有机物。细胞内的物质在细胞核与细胞器之间运输主要是通过扩散和布朗运动进行的,也可通过原生质体运动使细胞器移位实施。各种物质在细胞内运输的速度是不同的。具有双层膜的叶绿体和线粒体,其外膜对小分子的透性较大,内膜则透性较小,并具选择透性。

（2）细胞间运输

在植物细胞间，污染物的运输主要通过两条途径，即质外体运输和共质体运输。质外体是一个开放性的连续自由空间，即表现自由空间，没有原生质层及其他屏障阻隔，物质在质外体的运输是物理性的被动过程，速度很快。共质体是通过胞间连丝把无数原生质体联系起来形成一个连续的整体。其中胞间连丝在植物体内物质运输过程中发挥着重要作用，胞间连丝是贯穿细胞壁的管状结构物，内有连丝微管，其两端与内质网连接。因此，连丝微管将相邻细胞与原生质体联系起来运输有机物和无机物，并传递刺激。

2．植物体内污染物的长距离运输

外源污染物在植物体内的长距离运输主要由维管系统完成，其运输通道包括向上的木质部导管和向下的韧皮部筛管。从根表面吸收的污染物横穿根的中柱，被送入导管，进入导管后随蒸腾拉力向地上部移动。一般认为，穿过根表面的无机离子到达内皮层可能有两种通路。第一种通路为非共质体通道，即无机离子和水横向迁移，到达内皮层是通过细胞壁和细胞间隙等质外空间；第二种通路是共质体通道（图 5.6），即通过细胞内原生质体流动和通过细胞之间相连接的细胞质通道。如镉主要以共质体方式在玉米根内横向迁移，铅主要以非共质体的方式在玉米根内移动。通过叶片吸收的污染物也可从地上部向根部运输，如将硝酸铅涂在白菜的叶片上，发现该白菜根中铅的含量增加。

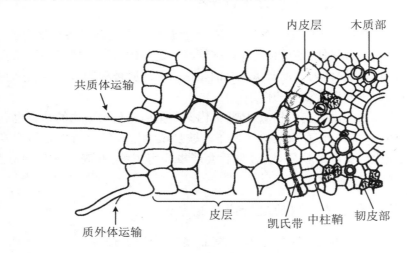

图 5.6　植物根部共质体通道

（李和生，2002）

在植物根部外皮层与内皮层之间有一特殊结构，称为凯氏带，可以控制被根系吸收的外来物的运输。

（三）污染物在植物体内的分布

在植物的根、茎、叶、果实和种子等不同器官中，外源物质的含量有相当大的差异，如表 5.2 所示。一般情况下，从根部吸收的金属大部分分布在根部，其次为茎、叶，种子和果实中最少。若由叶片吸收，则在叶组织中的含量较高，而在其他组织中的较少。这种分布格局显然与金属在植物体内的长距离运输有关。

表 5.2 松树不同部位的金属含量(质量分数) (×10⁻⁶)

部位	铝	钴	铬	铜	铁	锰	镍	铅	钛	钒
针叶	400	0.9	4.8	4.2	150	430	6.0	0.2	15	0.6
枝条	400	0.6	1.6	3.0	650	430	1.1	0.6	25	1.8
节	120	0.2	0.8	1.2	78	185	0.3	0.1	6	0.8
树皮	230	0.4	1.0	2.0	100	123	0.4	0.3	15	2.8
木材	7	0.1	0.3	0.6	5	61	0.3	0.1	1	0.2
根	1 430	0.1	0.9	3.5	7 171	134	1.1	0.3	46	0.6

(Kabata,Pendias,1984)

第四节 污染物的生物转化

一、污染物的生物转化

一般情况下,外源性物质经生物转化后,其极性和水溶性增加,易于排出,生物活性减弱或消失,此过程称为生物解毒(生物失活)。生物转化具有二重性,有些外源性物质经生物转化后其代谢产物(衍生物)的毒性更强,被称为生物活化。

二、污染物的生物转化过程和反应类型

环境化学污染物的生物转化一般可分为两个阶段。

1. 第一阶段反应

或称第一相反应,该阶段包括氧化、还原和水解反应,在外源性物质分子上引入极性基团,使其水溶性增加,更重要的作用是使其成为适合于第二阶段反应的底物。

2. 第二阶段反应

或称第二相反应,该阶段反应为结合反应,即发生了变化的外源性物质与内源底物结合,生成一种易从体内排出的水溶性结合产物。

另外某些外源性物质也可能不经过第一阶段而直接与内源底物发生结合反应,形成水溶性结合产物排出体外。还有部分高度亲脂的外源性物质由于不能与生物转化中的酶系统结合而不能进行生物转化(如 PCB 等)。

(一)氧化反应

污染物生物转化过程的氧化反应分为两种:一种为微粒体混合功能氧化酶系(mix-function oxidase system,MFOS)催化;另一种为非微粒体混合功能氧化酶系催化。

1. 微粒体混合功能氧化酶系催化氧化反应

由 MFOS 催化的氧化反应在进入生物体的各种化学污染物所发生的生物转化中起主

要作用。微粒体是指将肝细胞磨成匀浆后,内质网所形成的碎片,粗面和滑面内质网形成的微粒体均含有 MFOS,且滑面微粒体的 MFOS 活性更强。MFOS 是由多种酶构成的多酶系统,其中包括细胞色素 P450 依赖性单加氧酶、还原型辅酶Ⅱ(NADPH)细胞色素 P450 还原酶、细胞色素 b_5(cyt b_5)依赖性单加氧酶、还原型辅酶 I(NADH)细胞色素 b_5 还原酶以及氧化物水化酶等。与细胞色素 P450 相似,还有细胞色素 P448,其催化氧化反应更易形成有致突变性和致癌性的活性代谢物。此外微粒体还含有 FAD 单加氧酶(又称黄素蛋白单加氧酶或黄素单加氧酶),不依赖细胞色素 P450,而依赖黄素腺嘌呤二核苷酸(FAD),在单加氧反应中需要 NADPH 和氧分子。FAD 单加氧酶对底物的专一性要求不严格,可催化较多的化学物质进行氧化反应,此外它与细胞色素 P450 依赖性单加氧酶有些底物是共同的,只是反应过程不完全相同。混合功能氧化酶细胞色素 P450 催化氧化反应的模式过程如图 5.7 所示。

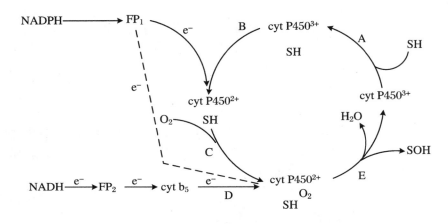

图 5.7　混合功能氧化酶细胞色素 P450 催化氧化反应模式图

(2＋或 3＋表示铁原子价态;e^- 表示电子;SH 表示底物;cyt 表示细胞色素)(Niessink,1996)

从图 5.7 可以区分下列反应步骤:一个底物(SH)结合到氧化型(Fe^{3+})细胞色素 P450 酶;由 NADPH 提供的一个电子通过 NADPH 细胞色素 P450 还原酶(图中的 FP_1)的黄素蛋白传递给酶-底物复合体;氧分子结合到还原型(Fe^{2+})酶-底物复合体;该酶-底物复合体接受第二个电子,该电子由 NADH 提供,经另一个黄素蛋白(FP_2 或 NADH 细胞色素 b_5 还原酶)和细胞色素 b_5 传递。如虚线所示,第二个电子也可以经 FP_1 由 NADPH 提供。对此,该系统只需要 NADPH 即可完成正常功能;上步的还原作用使氧分子活化,并最终导致酶-底物-氧复合体裂解成一个水分子、一个被氧化的底物及一个被氧化的细胞色素 P450。然后,释放出来的酶再次进入下次循环,重复上述各步反应。经上述一轮循环反应后,可完成如下总反应:

$$SH + NADPH + H^+ + O_2 \longrightarrow SOH + NADP^+ + H_2O$$

式中,SH 为待氧化底物;

SOH 为羟基化产物。

微粒体混合功能氧化酶系催化氧化反应主要有以下几种类型:

芳香族羟基化:苯环上的氢被氧化成—OH。

苯经此反应可氧化为苯酚,苯胺可氧化为对氨基酚和邻氨基酚。

脂肪族羟基化:脂肪族化合物侧链(R)末端倒数第一个或第二个碳原子发生氧化,形成羟基。如有机磷杀虫剂八甲磷(OMPA)在体内转化成 N－羟甲基 OMPA。

环氧化:外源性物质的两个碳原子之间与氧原子形成桥式结构,即环氧化物。环氧化物多不稳定,可继续分解。但多环芳烃类化合物(如苯并[a]芘)形成的环氧化物可与生物大分子发生共价结合,诱发突变或癌变。

苯并[a]芘 7,8－二醇－9,10－苯并[a]芘环氧化物

N－烷基化:胺类化合物氨基 N 上的烷基被氧化脱去一个,形成醛类或酮类。

此反应是药物及杀虫剂代谢中常见的反应,如氨基甲酸酯类杀虫剂(西维因)、致癌物偶氮色素奶油黄和二甲基亚硝胺皆可发生此类反应。二甲基亚硝胺在 N－脱烷基后可形成 $[CH_3^+]$,使细胞核内核酸分子上的鸟嘌呤甲基化(即烷基化)诱发突变或癌变。

O－脱烷基化:与 N－脱烷基化相似,氧化后脱去与氧原子相连的烷基,如农药甲基对硫磷经 O－脱烷基反应生成一甲基对硫磷而解除毒性。

S－脱烷基化:与 N－脱烷基化相似,氧化后脱去与硫原子相连的烷基,此反应主要为醚类化合物,如甲硫醇嘌呤脱烷基后生成 6－巯基硫代嘌呤。

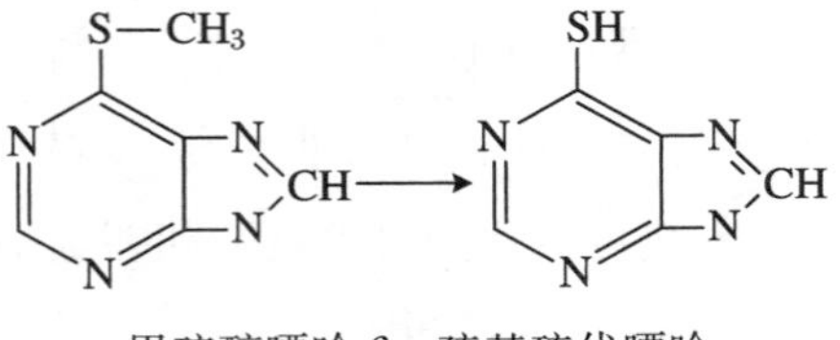

甲硫醇嘌呤 6－巯基硫代嘌呤

氨基化：伯胺类化合物在邻近氮原子的碳原子上进行氧化，脱去氨基，形成丙酮类化合物。

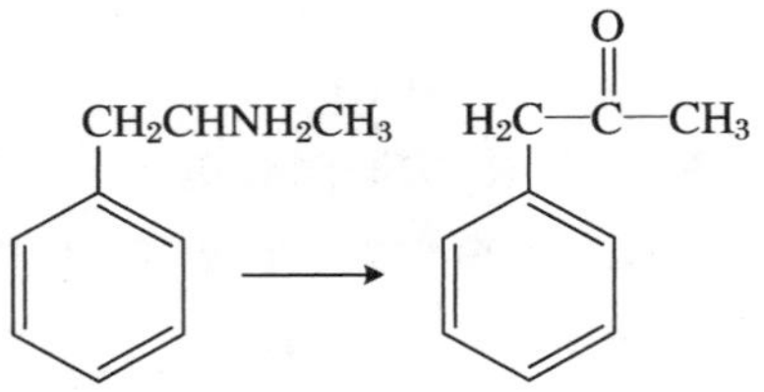

苯丙胺　　苯丙酮

N－羟基化：外源性物质的氨基（—NH_2）上的一个氢被氧化成—OH，如苯胺经 N－羟基化反应形成 N－羟基苯胺可使血红蛋白氧化成为高铁血红蛋白，具体反应如下：

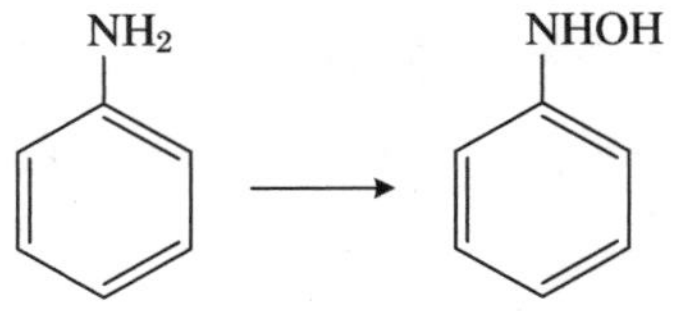

苯胺　　N-羟基苯胺

致癌物 2－乙酰氨基芴（AAF）也可发生 N－羟基化反应生成近致癌物 N－羟基－2－乙酰氨基芴，再转化为终致癌物；如 AAF 的羟基化反应发生在苯环上，其产物不具有致癌作用。

S－氧化：多发生在硫醚类化合物，代谢产物为亚砜，可继续氧化成砜类。

$$R—S—R' \longrightarrow R—\overset{O}{\overset{\|}{S}}—R' \longrightarrow R—\underset{\underset{O}{\|}}{\overset{\overset{O}{\|}}{S}}—R'$$

硫醚　　亚砜砜

这类反应在有机醚、氨基甲酸酯、有机磷与氯烃类农药中均可见到，如农药内吸磷（商品名为一 0 五九）在体内进行此类反应，其产物亚砜型内吸磷和砜型内吸磷毒性较母体高出 5～10 倍。

脱硫化：有机磷化合物可发生此类反应，使 P＝S 基变为 P＝O 基，如对硫磷可转化为对氧磷，可将对胆碱酯酶相对无活性的化合物转化为强效胆碱酯酶抑制剂，使毒性增强。

氧化脱卤：卤代烃类化合物可先形成不稳定的中间代谢物，即卤代醇类化合物，再脱去卤素。

$$R—CH_2X \longrightarrow R—\overset{X}{\overset{|}{C}}HOH \longrightarrow RCHO + HX$$

DDT 可氧化脱卤形成 DDE 和 DDA。DDE 具有较高脂溶性，可在脂肪组织中富集，DDA 主要由尿排出。

2. 非微粒体混合功能氧化酶系催化氧化反应

非微粒体混合功能氧化酶主要催化具有醇、醛、酮官能团的外源性物质的氧化反应,包括醇脱氢酶、醛脱氢酶、胺氧化酶类。此类酶主要在肝细胞线粒体和细胞液中存在,在肺、肾中也有。非微粒体混合功能氧化酶系催化氧化反应主要有以下几种类型:

醇脱氢酶催化氧化:醇脱氢酶可催化伯醇类(如甲醇、乙醇、丁醇)进行氧化反应形成醛类,催化仲醇类氧化形成酮类。在反应中需要辅酶 I(NAD)和辅酶 II(NADP)为辅酶。在有 NADP 存在的条件下,反应以较慢的速率可逆进行;而在机体内,此反应是向右进行的,因醛可以进一步氧化成酸。

$$RCH_2OH \xrightarrow{NAD} RCHO + NADH + H^+$$

醛脱氢酶催化氧化:醛脱氢酶以 NAD 为辅酶催化醛类氧化形成相应的酸类。醛通常是有毒的,由于其脂溶性,不易排出体外。醛通过醛脱氢酶氧化成酸是一种生物解毒反应。

$$RCHO \xrightarrow{NAD} RCOOH$$

胺氧化酶催化氧化:胺氧化酶主要存在于线粒体上,可催化单胺类和二胺类氧化反应形成醛类。因其底物不同,可分为单胺氧化酶和二胺氧化酶催化氧化反应。单胺氧化酶(MAO)是位于肝线粒体部分的黄素蛋白酶,也存在于血小板和小肠黏膜内,是一大类具有重叠底物特异性和抑制方式相似的酶。MAO 可对伯胺、仲胺和季铵进行脱氢,伯胺脱氢反应速率较快,仲胺和季铵则较慢。苯环上有释出电子的取代基可增加其脱氢速率。在 α-碳原子上有一个甲基取代基化合物不能被 MAO 系统代谢(如苯氨基丙烷和麻黄碱)。其一般催化反应为

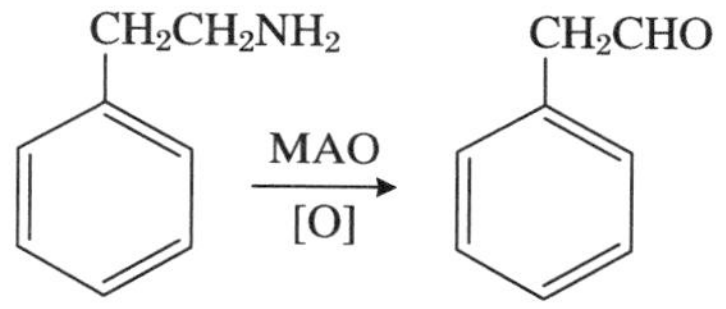

在氧存在条件下,二胺氧化酶(DAO)可将二胺氧化为相应的醛。DAO 是含铜的磷酸吡哆醛蛋白,存在于肝、小肠、肾和胎盘的可溶组分内。典型的 DAO 反应是四亚甲基二胺的氧化反应。

$$H_2N(CH_2)_4NH_2 \xrightarrow{DAO} H_2N(CH_2)_2CHO + NH_3$$

(二)还原反应

在正常情况下,生物机体组织细胞处于有氧状态,在生物转化过程中的微粒体混合功能氧化酶起主导作用,以其催化氧化反应为主。但在一定局部情况下,生物机体中的某些组织细胞处于低氧张力状态,可发生还原反应,某些外源性物质可被还原。还原反应可在下述条件下发生:

① 某些还原性化合物或代谢物在一定组织细胞内积聚形成局部还原环境,使还原反应能够进行。

② 在外源性物质的生物转化过程中,即使在细胞色素 P450 依赖性单加氧酶系催化氧化反应中,也有电子的转移,有些外源性物质存在接受电子的可能性,进而被还原,如 NADPH 细胞色素 P450 还原酶就与此类还原反应有关。

3．还原反应

可催化还原反应的酶主要存在于肝、肾和肺的微粒体和胞液中。此外，体内还存在非酶促还原反应。

根据外源性物质的结合和还原机理，还原反应可分为以下几类：

① 硝基还原：催化硝基化合物还原的酶主要是微粒体 NADPH 依赖性硝基还原酶、胞液硝基还原酶、肠菌丛的细菌 NADPH 硝酸还原酶，NADPH 和 NADH 是供氢体，前者比后者更有效。此反应需无氧的条件，充氧可抑制这一反应，而 FMN 和 FAD 可激活该反应。

② 偶氮还原：偶氮还原酶可催化此类反应，脂溶性偶氮化合物在肠道易被吸收，其还原作用主要在肝微粒体及肠道中进行。水溶性偶氮化合物在肠道不易被吸收，主要被肠道菌丛还原，而肝微粒体较少参与。偶氮还原酶反应所需的条件和硝基还原酶相似，即需要无氧条件和 NADPH，并且由还原型黄素所激活。

③ 羰基还原：醇脱氢酶的可逆反应可使醛和酮发生还原作用，伯醇和仲醇分别是主要还原产物。

$$RCHO \longrightarrow RCH_2OH$$
$$RCOR' \longrightarrow RCHOHR'$$

④ N－氧化物还原：N－氧化物的主要代表是烟碱和吗啡，N－羟基化反应中形成的烟碱 N－氧化物和吗啡 N－氧化物在生物转化过程中可被还原。

⑤ S－还原：二硫化物、亚砜化合物等可在体内被还原，如杀虫剂三硫磷可被氧化成三硫磷亚砜，在一定条件下可被还原成三硫磷。

⑥ 还原性脱卤：在此类反应中，与碳原子结合的卤素被氢原子所取代。$CHCl_3$、CCl_4、碳氟化物、六氯苯等可在微粒体酶的催化下发生还原性脱卤反应。CCl_4 在体内被 NADPH 细胞色素 P450 还原酶催化还原，形成三氯甲烷自由基（$\cdot CCl_3$），对肝细胞膜脂结构有破坏作用。

⑦ 五价砷还原为三价砷：三价砷的毒性较五价砷更强。

⑧ 双键还原：某些芳香族化合物可被肠道菌群所还原。

$$C_6H_5 = CHCO_2H \xrightarrow{2H} C_6H_5CH_2CH_2OH$$

（三）水解反应

大量外源性物质如酯类、酰胺类或由酯键组成的取代磷酸酯，易发生水解反应。水解反应是在水解酶的作用下，外源性物质与水发生化学反应而引起化合物分解的反应。水解反应是唯一的一种不需要利用能量的第一相反应。在血浆、肝、肠黏膜、肌肉及神经组织内存在大量水解酶，酯酶、酰胺酶等是广泛存在的水解酶。

根据外源性物质的结构和反应机理，水解反应可分为以下几类：

1．酯类水解

酯类在酯酶催化下发生水解反应生成相应的酸和醇。

水解作用形成的酸和醇能直接从体内排出或进行第二相结合反应。组织中的酯酶可分为 A，B 两种类型，A 型酯酶对有机磷酸酯的抑制作用不敏感，而 B 型酯酶则对有机磷酸酯的抑制作用敏感。A 型酯酶包括芳基酯酶，B 型酯酶包括血浆胆碱酯酶、红细胞和神经组织的乙酰胆碱酯酶、羧酸酯酶和脂。

2．酰胺类水解

酰胺的通式为 $R—\overset{\overset{\displaystyle O}{\|}}{C}—NH_2$，其中氨基中的 H 也可被其他烷基所取代。

酰胺酶与酯虽有一定区别，但两者很难严格区分。一般来说，酰胺类似物的水解速率比相应的酯慢。

3．水解脱卤

DDT 在生物转化中形成 DDE 是典型的水解脱卤反应。DDT 脱氯化氢酶可催化 DDT 和 DDD 转化为 DDE。DDT 脱氯化氢酶是一种还原型谷胱甘肽（GSH）依赖性酶，虽然酶的中间反应需要 GSH，但在反应终止时，GSH 的含量并未变化。DDE 的毒性较 DDT 低，且 DDE 可继续转化为易于排泄的代谢物。DDT 和 DDE 均易于在脂肪中贮存。

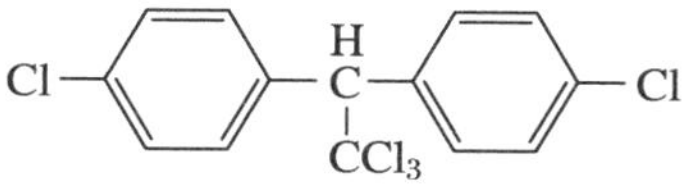

DDT 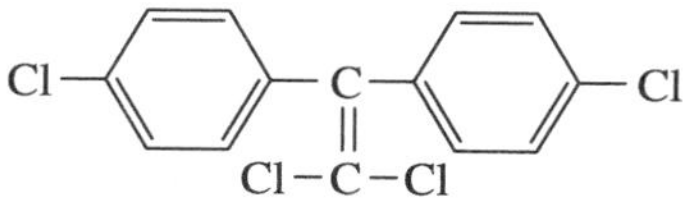　　　　　　　　　　　DDE

4．环氧化物水合

含有不饱和的双键或三键的化合物在相应酶的催化作用下，与水分子化合的反应称水合反应。芳烃类和脂肪烃类化合物经氧化作用形成的环氧化物，在环氧化物水合酶的催化下通过水合反应可生成相应的二氢二醇化合物，环氧化物水合酶是一种微粒体酶，主要分布于肝中。

（四）结合反应

结合反应也是一种酶促反应，需要相应的转移酶和辅酶参加。同时结合反应是一种需能反应，由生物代谢产生的 ATP 提供能量。结合反应主要发生在肝，在肾、肺、肠、脾、脑中也可进行。

外源性物质经过第一相反应后，分子中出现极性基团，水溶性增加，易于排出体外，生物活性或毒性降低或丧失；经过结合反应，外源性物质的物理化学性质和活性进一步发生变化，特别表现在极性增强、水溶性提高等，从而易于从体内排泄，原有的生物活性或毒性进一步减弱或消失。由于生物转化的双重性，某些外源性物质经结合反应后脂溶性增高、水溶性降低，不易排出体外，有些甚至形成终致癌物或近致癌物，毒性增强。根据与外源性物质结合的结合剂不同，结合反应可分为以下几类：

1．葡萄糖醛酸结合

葡萄糖醛酸结合在结合反应中占有重要地位，许多外源性物质如醇类、酚类、羧酸类、硫醇类和胺类均可发生结合反应。

2．硫酸结合

外源性物质及其代谢产物中的醇类、酚类或胺类化合物可与硫酸形成硫酸酯。内源性硫酸来自含硫氨基酸的代谢产物，但必须先经 ATP 活化，成为 $3'-$磷酸腺苷$-5-$磷酸硫酸（PAPS），再在磺基转移酶的催化下与醇类、酚类或胺类化合物结合为硫酸酯，因此该结合反应需大量能量。

硫酸结合反应多在肝、肾、肠、胃等组织中进行。由于体内硫酸来源有限，不能充分提供,故较葡萄糖醛酸结合反应少。

3．谷胱甘肽结合

在谷胱甘肽 S 转移酶的催化下,环氧化物卤代芳烃、不饱和脂肪烃类及有毒金属能与谷胱甘肽(GSH)结合而解毒,产生谷胱甘肽结合物。

许多化学致癌物在其生物转化过程中可形成环氧化物,其细胞毒性增大。通过与 GSH 结合可解毒并易排出体外,因此 GSH 与环氧化物的结合反应显得非常重要。如溴苯经环氧化反应生成的环氧溴苯毒性大,可引起肝坏死,与 GSH 结合即可解毒。由于 GSH 在体内含量有限,如短期内形成大量环氧化物,可出现 GSH 耗竭。

乙酰结合:在 N－乙酰转移酶的催化下,芳香伯胺、酰肼、磺胺类和一些脂肪胺类化合物可与乙酰辅酶 A 作用生成乙酰衍生物。N－乙酰转移酶主要分布在肝、脾和肺的网状内皮细胞和肠黏膜中。

4．氨基酸结合

含有羧基的外源性物质,如有机酸类化合物可与氨基酸结合,反应的本质是在 ATP 和乙酰辅酶 A 存在的条件下,对外源性羧酸进行活化作用而形成酰化乙酰辅酶 A 衍生物。然后,这些衍生物使某些氨基酸中的 α－氨基进行酰化,形成结合物。结合物易排出体外,如苯甲酸与甘氨酸结合生成马尿酸排出体外。

5．甲基结合

各种酚类、硫醇类、胺类及含氮杂环类化合物(如吡啶、喹啉等)在体内可与甲基结合,也称甲基化。甲基主要由 S－腺苷蛋氨酸提供。蛋氨酸的甲基经 ATP 活化成为 S－腺苷蛋氨酸,再经甲基转移酶催化,发生甲基化反应。甲基化一般是一种解毒反应,是体内生物胺失活的主要方式。

此外,环境中有毒元素的生物甲基化作用是一个重要的生物转化机理。汞、铅、锡、铂、铊、金等各种金属均可以被甲基化,硒、砷、碲、硫等类金属和非金属也能被甲基化。而作为生物甲基化的甲基供体的辅酶是 S－腺苷蛋氨酸和维生素 B_{12}。

（五）污染物生物转化中的多酶协同作用

对于大多数污染物来说,生物转化过程是多步骤的生物化学反应,在整个反应过程中需要多种酶的参与,而不是由一种酶将整个过程进行到底。由多种酶参与的 DDT 微生物转化过程如图 5.8 所示。

从图 5.8 中可以看出,微生物对 DDT 的代谢主要包括脱氯还原和羟基化,各步骤分别由不同的酶系统催化,由于在转化过程中还缺乏一些酶的作用,DDT 只能进行不完全的降解,目前至少有 20 种 DDT 的不完全降解产物被分离出来。研究表明,不仅污染物的完全生物转化需要多种酶的参与,一些简单的生物转化反应也需要复杂酶系统的作用。

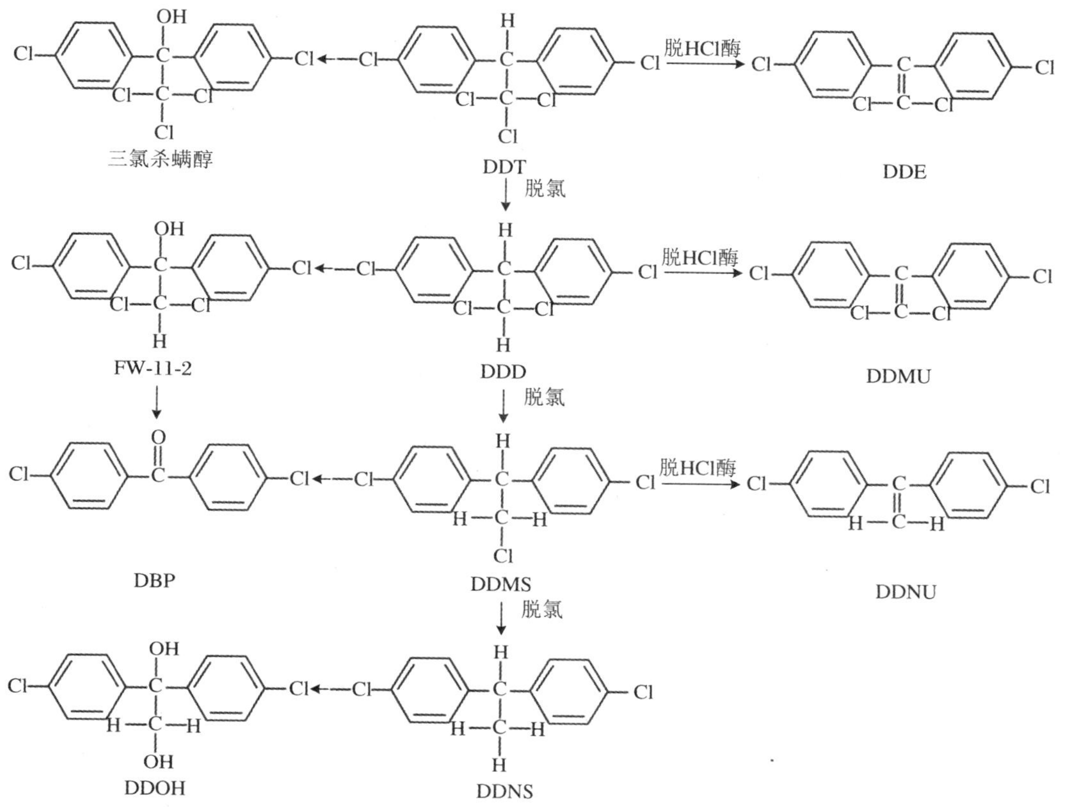

图 5.8 微生物降解 DDT 的过程

三、影响生物转化的因素

影响生物转化的实质是对催化生物转化的各种酶的功能和活性进行影响,从而使外源性物质生物转化的途径和速率发生变化,从而导致其对机体的生物学作用和机体对该物质的反应等发生改变。

(一)代谢酶的诱导和抑制

1. 酶的诱导

有些外源性物质可使某些代谢酶系的活性增强或酶的含量增加,并因此促进生物转化过程,凡具有诱导效应的物质称为诱导物。诱导的结果是对生物转化产生促进作用,但若使外源性物质的毒性增强而不是降低,则应依具体反应而定。

如许多化合物对微粒体混合功能氧化酶有诱导作用,使其活性增强或含量增加。该酶的主要诱导物有:巴比妥类诱导物(可促使巴比妥类化合物的羟基化反应、对硝基茴香脑的 O-脱甲基反应、苄甲苯丙胺的 N-脱甲基反应及有机氯杀虫剂艾氏剂的环氧化反应等增强);多环芳烃类诱导物(可增强多环芳烃羟基化酶的活性,使苯并[a]芘等多环芳烃类化合物的羟基化反应增强);多氯联苯类诱导物(具有上述二类诱导物的特点,又促进巴比妥类和多环芳烃类化合物的代谢过程）。

2．酶的抑制

一种外源性物质可抑制另一种外源性物质的生物转化过程，抑制现象的发生与参加生物转化的酶有关。酶的抑制有两种类型：一是竞争性抑制；二是特异性抑制。

（二）生物物种与个体差异

1．物种差异

研究表明，生物转化反应类型和反应速率在不同物种之间均存在显著差异。主要表现在两个方面：一是代谢酶的种类不同，同一外源性物质在不同种生物体内的代谢情况可完全不同，如大鼠和狗的体内具有 N-羟基化酶和磺基转移酶，故可将 2-乙酰氨基芴（AAF）羟基化并与硫酸结合生成具有强烈致癌作用的硫酸酯，而豚鼠体内缺乏 N-羟基化酶，不能将 AAF 转化为硫酸酯；二是代谢酶的活性不同，不同物种具有相同酶类，但活性不同，转化外源性物质的速率不同，毒性作用程度也不同，如苯胺在小鼠体内的生物半衰期为 35 min，而在狗体内则为 167 min。

2．个体差异

外源性物质在生物转化上的个体差异主要是由于某些参与代谢的酶类在个体内的活性不同，而不是某种酶的有无。如芳烃羟基化酶可使芳烃类化合羟基化，并产生致癌活性，其活性在个体之间有明显差异。同一物种不同品系个体由于遗传差异，其生物转化差异更加明显，如欧洲人 40% 是快乙酰化者，而爱斯基摩人 96% 是快乙酰化者。

（三）年龄、性别等生理差异

1．年龄差异

年龄对于外源性物质的生物转化有重要影响。随着年龄增长，某些代谢酶的活性也在变化。初生及未成年机体微粒体混合功能氧化酶功能尚未发育成熟，成年则达到高峰，然后开始逐渐下降，进入老年又较为减弱。故生物转化功能在初生、未成年和老年均较成年为低。此外，还有一些酶的活性变化在出生后急剧增强，然后迅速下降到成年水平；还有些酶的活性可能随年龄从出生到成年的增长而呈线性增强。

2．性别差异

生物转化的性别差异是由性激素决定的，故从性发育成熟的青春期开始出现性别差异，并持续整个成年期，直到老年期。

第五节　污染物的生物富集与积累

一、生物富集

（一）生物富集的基本概念

1. 生物富集定义

生物富集又称生物浓缩,是生物有机体或处于同一营养级上的许多生物种群,从周围环境中蓄积某种元素或难分解化合物,使生物有机体内该物质的浓度超过环境中的浓度的现象。如在水环境中,某些有机污染物在水生生物体内的浓度比水体中的浓度高出几个数量级,从而造成了某种污染物对于那些以水生生物为食的哺乳动物(包括人类)的高暴露浓度。生物富集过程是进行环境化学物质暴露分析的一个不容忽视的方面。

2. 生物富集系数

环境化学物质生物富集程度用生物富集系数(bioconcentration factor, BCF)来表示,即

$$\mathrm{BCF} = \frac{C_f}{C_e} \tag{5.2}$$

若在水环境中,则有

$$\mathrm{BCF} = \frac{C_f}{C_w} \tag{5.3}$$

式中,BCF 为生物富集系数;

C_f 为某种元素或难降解物质在生物体中的浓度;

C_e 为某种元素或难降解物质在生物体周围环境中的浓度;

C_w 为某种元素或难降解物质在水中的浓度。

3. 生物富集速率

从动力学观点来看,水生生物对水中难降解物质的富集速率是水生生物对其吸收速率、消除速率及由生物体质量增长引起的物质稀释速率的代数和,吸收速率 r_a、消除速率 r_e、稀释速率 r_g 的表示式分别为

$$r_a = k_a C_w \tag{5.4}$$

$$r_e = k_e C_f \tag{5.5}$$

$$r_g = k_g C_f \tag{5.6}$$

式中,k_a, k_e, k_g 为生物吸收、消除和稀释速率常数;

C_w, C_f 为水中及生物体内的瞬时物质浓度。

于是水生生物富集速率为

$$r = \frac{\mathrm{d}C_f}{\mathrm{d}t} = r_a - r_e - r_g = k_a C_w - k_e C_f - k_g C_f = k_a C_w - (k_e + k_g)C_f \tag{5.7}$$

如果在富集过程中生物质量增长不明显,则 r_g 可忽略不计,则上式简化为

$$r = \frac{dC_f}{dt} = r_a - r_e = k_a C_w - k_e C_f \tag{5.8}$$

通常,当水体足够大时,水中化学物质浓度 C_w 可视为恒定。设 $t = 0$ 时,$C_{f,0} = 0$,在此条件下求解,水生生物富集速率方程为

$$C_f = \frac{k_a C_w}{k_e + k_g} \{ 1 - \exp[-(k_e + k_g)t] \} \tag{5.9}$$

则此种情况下,联立式(5.3)可得水生生物富集系数(生物浓缩系数或生物浓缩因子)为

$$\mathrm{BCF} = \frac{C_f}{C_w} = \frac{k_a}{k_e + k_g} \{ 1 - \exp[-(k_e + k_g)t] \} \tag{5.10}$$

若忽略 r_g,则水生生物富集速率方程为

$$C_f = \frac{k_a C_w}{k_e} [1 - \exp(-k_e t)] \tag{5.11}$$

则此种情况下,联立式(5.3)可得水生生物富集系数(生物浓缩系数或生物浓缩因子)为

$$\mathrm{BCF} = \frac{C_f}{C_w} = \frac{k_a}{k_e} [1 - \exp(-k_e t)] \tag{5.12}$$

当 $t \to \infty$ 时,由式(5.10)、式(5.12)知生物富集系数分别为

$$\mathrm{BCF} = \frac{C_f}{C_w} = \frac{k_a}{k_e + k_g} \tag{5.13}$$

$$\mathrm{BCF} = \frac{C_f}{C_w} = \frac{k_a}{k_e} \tag{5.14}$$

由此可知,在一定条件下,生物富集系数有个阈值。此时,生物富集达到动态平衡。生物富集系数常指生物富集达到平衡时的 BCF,并可由实验测得。在控制条件的实验中,可用平衡法测定水生生物体内及水中的物质浓度,也可用动力学方法测定 k_a,k_e 和 k_g,然后用式(5.3)或式(5.13)和式(5.14)求出 BCF。

水生生物对水中物质的富集是一个复杂过程,但对于较高脂溶性、较低水溶性,且以被动扩散方式通过生物膜的难降解有机污染物,可简单地看作是该类物质在水和生物脂肪组织两相间的分配作用。人们以正辛醇作为水生生物脂肪组织替代物,发现这些有机污染物的辛醇-水分配系数的对数($\lg K_{ow}$)与其在水生生物体中富集系数的对数(($\lg \mathrm{BCF}$)之间有良好的线性正相关关系,其通式为

$$\lg \mathrm{BCF} = a \lg K_{ow} + b \tag{5.15}$$

(二)生物富集机理

1. 化学污染物在生物组织中的富集机理

本部分主要以动物组织(如鱼组织)为例,说明化学污染物在生物组织中的富集机理。化学污染物可以通过动物呼吸、饮食和表皮吸收等途径从环境进入动物体内。进入动物体的化学污染物又通过血液循环分散至动物体的各个部位,被动物体的各种器官和组织吸收富集。

对动物组织来讲,其生物富集机理模型如图 5.9 所示。

设 Q 为血液通过该组织的流量,C_{Bi} 和 C_{Bo} 为进、出该组织的血液中化学污染物的浓度,V_B 和 V_T 分别为血管和动物组织的体积,C_B 和 C_T 分别为化学污染物在血液和组织中的浓

度，k_2 为化学污染物的释放速率常数。

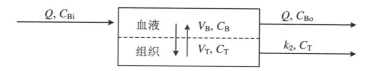

图 5.9　动物组织生物富集机理模型

如果在一定条件下，血液流量 Q，进、出动物组织的化学污染物浓度 C_{Bi} 和 C_{Bo} 恒定，则由物料平衡可得该组织的生物富集速率方程，即

$$V_T \frac{\mathrm{d}C_T}{\mathrm{d}t} = Q(C_{Bi} - C_{Bo}) - V_T k_2 C_T \tag{5.16}$$

式(5.16)变形得

$$\frac{\mathrm{d}C_T}{\mathrm{d}t} = \frac{Q}{V_T}(C_{Bi} - C_{Bo}) - k_2 C_T \tag{5.17}$$

式(5.17)积分得

$$C_T = \frac{Q}{k_2 V_T}(C_{Bi} - C_{Bo})(1 - \mathrm{e}^{-k_2 t}) \tag{5.18}$$

可见，当 Q，C_{Bi} 和 C_{Bo} 一定时，k_2 越小，持续时间越长，化学污染物在该组织中的富集量越大，当 $t \to \infty$ 时，则

$$C_T(\infty) = \frac{Q}{k_2 V_T}(C_{Bi} - C_{Bo}) \tag{5.19}$$

此时，动物组织中化学污染物浓度除了与该污染物在该组织中的释放速率常数有关外，还与进、出组织血液中的污染物浓度差成正比。而浓度差 $(C_{Bi} - C_{Bo})$ 恰恰反映了动物组织及血液对化学污染物的亲和性差异。假设该污染物在该动物组织和血液中的分配达到平衡，则有 $C_T^* / C_B^* = K$ 或 $C_T^* = C_B^* K$，其中 C_T^* 和 C_B^* 为化合物在动物组织和血液中的平衡浓度，K 为分配系数。因 $C_T(\infty) \propto C_T^*$，$C_T^* \propto K$，故 $(C_{Bi} - C_{Bo}) \propto K$。

分配系数 K 的大小反映了化学污染物与动物组织和血液的亲和性，所以进、出动物组织血液中化学污染物的浓度差与动物组织和血液对化学污染物的亲和性密切相关。

事实上，动物组织和血液中的化学污染物浓度是变化的。由于动物体的代谢作用，动物组织和血液中的化学污染物浓度会发生变化。在动物组织中的化学污染物代谢模型如图 5.10 所示。图中 k_1，k_2 和 k_3 分别为化学污染物的吸收、释放和代谢速率常数。

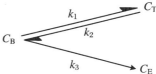

图 5.10　动物组织中的化学污染物代谢模型

由图 5.10 可得在动物组织和血液中化学污染物浓度及其代谢产物浓度的变化速率方程如下：

$$\frac{\mathrm{d}C_B}{\mathrm{d}t} = k_2 C_T - (k_1 + k_2)C_B \tag{5.20}$$

$$\frac{\mathrm{d}C_T}{\mathrm{d}t} = k_1 C_B - k_2 C_T \tag{5.21}$$

$$\frac{\mathrm{d}C_E}{\mathrm{d}t} = k_3 C_B \tag{5.22}$$

当 $t=0$ 时，$C_{B,0}=0$，$C_{T,0}=0$，$C_{E,0}=0$，联立解式(5.20)、式(5.21)和式(5.22)，可得

$$C_B(t) = \frac{r_1+k_1+k_3}{r_1-r_2}C_{B,0}\exp(-r_2 t) - \frac{r_2+k_1+k_3}{r_1-r_2}C_{B,0}\exp(-r_1 t) \tag{5.23}$$

$$C_T(t) = \frac{(r_1+k_1+k_3)(r_2+k_1+k_3)}{k_2(r_1-r_2)}C_{B,0}\left[\exp(-r_2 t) - \exp(-r_1 t)\right] \tag{5.24}$$

$$C_E(t) = \frac{k_3 C_{B,0}(r_1+k_1+k_3)}{r_2(r_1-r_2)}\left[1-\exp(-r_2 t)\right]$$
$$- \frac{k_2 C_{B,0}(r_2+k_1+k_3)}{r_1(r_1-r_2)}\left[1-\exp(-r_1 t)\right] \tag{5.25}$$

式中，$r_1 = \dfrac{\alpha-\sqrt{\alpha_2-4\beta}}{2}$，$r_2 = \dfrac{\alpha+\sqrt{\alpha_2-4\beta}}{2}$，$\alpha=k_1+k_2+k_3$，$\beta=k_2 k_3$。

C_B，C_T 和 C_E 随时间变化曲线示于图5.11。

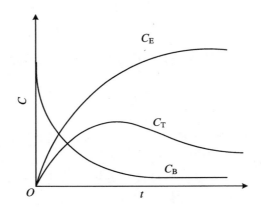

图 5.11　C_B，C_T 和 C_E 随时间变化曲线

由图5.11可见，动物组织中化学污染物的浓度 C_T 在某一时刻有最大值，将式(5.24)对 t 求导后再求极值，可得动物组织中化学污染物浓度最大时刻为

$$t_{max} = \frac{\ln\dfrac{r_2}{r_1}}{r_2-r_1} \tag{5.26}$$

2. 生物富集模型

为了探讨生物富集的机理和开展生物富集速率理论研究，人们常用模型和模型的组合来模拟生物富集的自然过程。疏水模型认为，生物富集是环境化学物质在其暴露的水中和生物体类脂物两相的分配过程，无生理障碍阻止化学物质的富集。假设富集速率主要由化学物质浓度梯度和在水及类脂物两相的分配决定的，疏水模型从数学上讲是一室模型，由进入和迁出生物体的吸收速率常数(k_1)和释放速率常数(k_2)来描述，生物富集可以认为是吸收和释放速率竞争的结果。疏水模型的基本假设为富集和释放为一级反应，生物富集系数与其暴露浓度无关，富集速率仅由扩散速率限制，在生物体与水两相的平衡仅由化学物质的疏水性和类脂物含量控制，并忽略其代谢作用。

（三）生物富集的定量研究方法

生物富集的定量研究方法包括实验测定方法和估算方法。

1. 生物富集系数的实验测定方法

生物富集系数（BCF）反映了环境化学物质被生物体富集时可能达到的程度，一般用鱼作为实验生物来测定 BCF。在稳定状态下，实验鱼体内受试物质浓度与溶液中受试物质浓度的比即为该物质在鱼体内的 BCF。

经济合作与发展组织（OECD）提出了测定生物富集系数的多种方法，大致可以将其分为以下 3 类：

（1）静水法

将鱼暴露在溶解有环境化学物质的静态水体中，不断监测水体与鱼体中的化学物质浓度，直至平衡。

（2）半静水法（换水法）

每两天换 1 次水，不断监测水体与鱼体中的化学物质浓度，直至平衡。

（3）流水法

实验水体是不断流动的，保证水体中化学物质浓度恒定，监测鱼体中化学物质浓度，直至平衡。

这 3 种方法都是保持水相中化学物质浓度不变，测定达到平衡时水相和生物体的富集浓度，以二者之比求出 BCF。

1957 年 Branson 等人提出了一种简单的生物富集过程动力学模型，并在此模型基础上建立了一种通过测定动力学参数获得生物富集系数的方法，此模型基本关系如下：

$$C_w \underset{k_2}{\overset{k_1}{\rightleftharpoons}} C_f \tag{5.27}$$

则

$$\frac{dC_f}{dt} = k_1 C_w - k_2 C_f - \frac{dC_w}{dt} = k_1 C_w - k_2 C_f \tag{5.28}$$

式中，C_w 为水体中的化学物质浓度；

C_f 为鱼体中化学物质浓度；

k_1 为学物质从水体向鱼体富集的动力学常数；

k_2 为化学物质从鱼体向水体清除的动力学常数。

第一阶段　当富集实验刚开始时，鱼体内化学物质浓度为零，即 $t = 0$ 时，$C_{f,0} = 0$，则

$$\frac{dC_f}{dt} = k_1 C_w \tag{5.29}$$

$$-\frac{dC_w}{dt} = k_1 C_w \tag{5.30}$$

对式（5.30）积分，则

$$\ln C_w = -k_1 t + K \tag{5.31}$$

式中，K 为积分常数。

以 $\ln C_w$ 对时间 t 作图，直线的斜率是 $-k_1$，从而可求得 k_1。

第二阶段　以上生物富集实验进行到一定程度后，将鱼转移到不断流动的清水中。即

$t = 0$ 时,$C_{w,0} = 0$,则

$$\frac{\mathrm{d}C_f}{\mathrm{d}t} = -k_2 C_f$$

或者

$$\frac{\mathrm{d}C_w}{\mathrm{d}t} = k_2 C_f \tag{5.32}$$

将式(5.32)积分得

$$\ln C_f = -k_2 t + K \tag{5.33}$$

将 $\ln C_f$ 对 t 作图,可得 k_2。

第三阶段 富集达到平衡,$\dfrac{\mathrm{d}C_f}{\mathrm{d}t} = 0$,由式(5.28)可得,$k_1 w = k_2 C_f$,则

$$\mathrm{BCF} = \frac{C_f}{C_w} = \frac{k_1}{k_2} \tag{5.34}$$

该方法不仅可获得生物富集过程的动力学参数,而且在测定时,富集过程不必达到稳态,从而避免了生物富集未达稳态给测定结果带来的误差,同时也节省了时间。

2. 生物富集系数的估算方法

生物富集系数(BCF)具有重要的环境意义,准确估算 BCF 不仅可以为合成新的高效、低毒化合物提供指导,而且可以节约不必要测试带来的浪费。估算生物富集系数的方法一般可分为以下 3 类:

(1) 用辛醇-水分配系数(K_{ow})估算 BCF

一般认为,生物富集过程是化学物质在水体和生物体所含脂肪间的分配过程。因此,BCF 与 K_{ow} 间应有较好的相关性,最早的 BCF 与 K_{ow} 的关系方程是 Neely 于 1974 年提出的,即

$$\mathrm{BCF} = 0.542\,\lg K_{ow} + 0.124 \tag{5.35}$$

相对来讲,应用较为广泛的估算方法是 Veith 于 1980 年提出的,即

$$\lg \mathrm{BCF} = 0.76\,\lg K_{ow} - 0.23 \tag{5.36}$$

方程(5.36)是 Veith 等人用一系列鱼种和 84 种不同化合物经实验得到的。

在众多生物富集系数估算方法中,通过 K_{ow} 估算 BCF 效果最好,研究最深入,应用也最广泛。但通过 K_{ow} 估算 BCF 也有一定的局限性,主要表现在对于易代谢转化的化学物质往往得到较高的估算值,这是因为用 K_{ow} 估算 BCF 时,仅将生物富集过程作为一个简单分配过程来看待,对于化学物质进入生物体后的代谢转化作用并未考虑。此外,对于 $\lg K_{ow}$ 大于6.0 的化学物质,其 BCF 估算值也往往偏高,原因可能与以下几个方面有关:① 体内的大部分化合物被转移,并排出体外;② 水中的有机质降低了高分配系数化合物的生物有效性;③ 高分配系数化合物具有较大的分子体积和质量,在通过细胞膜时受到了限制;④ 对于高分配系数的化合物,在正辛醇中的溶解度与在脂肪中的溶解度相差较大。总之,生物富集过程并不是一个简单和机械的分配过程,而是受到众多因素制约和影响的。只有应用多参数分析的方法,在大量实验数据基础上,才能寻找出更为合理的估算方法。

(2) 用水溶解度(S_w)估算 BCF:

如果已知化学物质在水中的溶解度 S_w(mg/L),则式(5.37)可用来估算 BCF:

$$\lg \mathrm{BCF} = 2.79 - 0.56\,\lg S_w \tag{5.37}$$

该方程由 Kenaga 和 Goring 在实验室通过对各类鱼种和 36 种有机化合物进行一系列研究所推得,它揭示了水溶解度和生物富集之间的本质联系。

（3）用土壤吸附分配系数（k_∞）估算 BCF

土壤吸附分配系数（k_∞）和生物富集系数（BCF）之间的关系是经验性的。式（5.38）是由 Kenaga 和 Goring 自有关的少量土壤吸附分配系数的测定值所推得:

$$\lg BCF = 1.12 \lg K_\infty - 1.58 \tag{5.38}$$

3. 影响生物富集的因素

生物富集是一个复杂的过程,有许多影响因素,其主要影响因素如下:

（1）类脂物含量

生物体的类脂物含量是生物富集的一个重要决定因素,进入生物体的化学物质主要富集在类脂物组织中。在生物体中,疏水性有机物浓度与生物体中类脂物的含量显著相关。为了消除种群内部、外部及种群之间类脂物含量的差异,应对 BCF 的测定值用类脂物含量进行标化:

$$BCFs = \frac{BCF}{类脂物含量} \tag{5.39}$$

式中,BCFs 为标化后的生物富集系数。

（2）生理因素

一般情况下,疏水性有机物将以扩散方式穿过细胞膜（渗透）,而不是穿过细胞间或细胞通道（过滤）,由此,表皮和其他组织等生物膜的渗透性构成了化学物质吸附和迁移的障碍。因此生物富集化学物质的过程可以认为是由一系列步骤组成的,每一步都可能控制其富集速率。所以用疏水模型预测 BCF 时应考虑其生理因素的影响。

（3）空间障碍

在决定化学物质生物活性和归趋中,化学物质的电学性质、疏水性质和空间性质等物理化学性质是非常重要的参数,其中空间参数如疏水性物质分子的大小和形状等能促进或阻碍化学物质的富集。随着分子的增大,扩散速率减小,在给定时间内不能达到富集平衡,使测定鱼体中化学物质浓度偏低,BCF 减小。

（4）生物转化

虽然同种酶的含量和活性可能不同,但在水环境中鱼和其他水生生物都具有代谢各种化学物质的能力。生物转化增加了化学物质的消失速率,使生物富集化学物质的平衡水平降低。许多疏水性有机物的生物转化可能是生物富集的主要决定因素。

（5）物种

许多疏水性有机物的生物富集与物种有关。Davies 和 Dobbs 认为,一些疏水性化学物质生物富集的差异是由鱼的大小不同所致,随着生物体积增大,类脂物含量增多,对污染物富集缓慢,富集能力降低。因类脂物分布与鱼的大小有关,随着鱼体的增大,单位质量鱼体对 DDT 的富集能力也随之降低。用类脂物含量进行标化后的 BCFs 应与物种无关。

（6）环境条件

生物富集可以简单地认为是富集和释放速率竞争的结果,因此影响富集和释放速率的环境条件将会直接影响 BCF。但温度和其他环境条件对生物富集影响的研究不多见。一般情况下,随着温度的升高,富集和释放速率随之增加。有机物的富集也可以受其他与温度有关变量的影响,如通过细胞溶液的扩散、溶解、蛋白质键合常数、组织膜中渗透性的变化及类脂物组成的变化等影响 BCF。

水中离子组成(如盐度)可能对生物富集影响较小,但也有例子说明几种氯代有机物在淡水鱼中的 BCF 较海水鱼大 4～10 倍。虽然离子和非离子形式的弱电解质均可被吸附,但非离子形式的富集一般较快,因此,水中的 pH 将通过影响非离子化学物质的浓度而影响弱电解质的富集。

由于生物转化受环境条件的影响,故环境条件对化学物质毒性和富集的影响在很大程度上是不可预见的。因此,建立与生理和生物化学有关的模型预测温度和其他环境条件对化学物质富集和积累的影响是很有必要的。

(7) 生物有效性

水中可利用的有机化合物只有一部分能被水生生物富集。影响疏水性化学物质生物有效性的因素包括其在水中的暴露浓度和在颗粒物上的结合及溶解的有机质(DOM)。一般来说,疏水性化学物质必须是溶液状态(每个分子均具有水合层),以便通过所吸附的表皮。因此,暴露在过饱和的溶液中,将使 BCF 的估计值偏低,一些强疏水性化学物质由于在水中的不溶解性,可能不被富集,在足够低的水平下,暴露浓度对 BCF 将不产生影响。这是因为在低毒性水平时,溶解度大小是控制其迁移的主要过程。

许多有机物对颗粒物和溶解的有机质(DOM)有较高的亲和性,这可能会减少未结合的生物可利用部分而降低疏水性有机物的富集。对许多疏水性有机物,从颗粒物上的解吸可能决定着生物富集速率,在穿过鱼鳞的富集过程中,化学物质的生物转化降低了母体化学物质的量,这也可减少生物对这些化学物质的可利用性。因此,水中含有颗粒物和 DOM 也会使 BCF 的测定值偏低。设在含有颗粒物和 DOM 的水中测得的生物富集系数用 BCF* 表示,则

$$BCF^* = \frac{C_f}{C_w^*} \tag{5.40}$$

$$C_w^* = C_w + C_s S \tag{5.41}$$

式中,C_w^* 为水相有机物总浓度;

C_w 为水相有机物浓度;

C_s 为颗粒物和 DOM 上有机物的浓度;

S 为颗粒物和 DOM 含量。

因为

$$K_p = \frac{C_g}{C_w}$$

式中,K_p 为有机物在颗粒物和 DOM 上的吸附分配系数。由式(5.40)和式(5.41)得

$$\frac{BCF}{BCF^*} = \frac{\dfrac{C_f}{C_w}}{\dfrac{C_f}{C_w^*}} = 1 + K_p S \tag{5.42}$$

因 $K_p S > 0$,$1 + K_p S > 1$,$BCF^* < BCF$,故颗粒物和 DOM 的存在,使所测的 BCF 偏低。

二、生物放大与生物积累

（一）食物链的基本概念

将来自植物的食物能转化为一连串重复取食和被取食的有机整体称为食物链。能量在食物链中的每一次转化,其中大部分的潜在能量都被转化为热量而散失掉。根据环境状态及生物之间的食物联系,可将食物链分为以下 4 种基本类型。

1. 捕食性食物链

生物之间以捕食的关系构成食物链。在该食物链中,由较小的生物开始逐渐到较大的生物,较小的生物个体数量大于较大生物个体数量。这种食物链既存在于水域,也存在于陆地环境。

2. 寄生性食物链

生物之间以寄生和宿主的关系存在,并由较大的生物开始逐步到较小的生物,后者寄生在前者的机体上,并索取食物,如哺乳类或鸟类→跳蚤→原生动物→细菌→过滤性病毒。

3. 腐生性食物链

由腐烂的动植物机体被微生物分解利用而构成的食物链。

4. 碎食性食物链

经过微生物分解的野草或树叶的碎屑以及微小的藻类被小动物和大动物相继利用而构成的食物链。

在环境化学研究中,上述第一种类型食物链的生态学意义较为重要,反映了环境化学物质在环境与生物以及生物之间的传输过程。

食物链实质上是一种能量转换链。在食物链的不同营养级上,能量之间的比率具有重要的理论和实践意义。物质和能量在食物链的生物群落中的传递情况是极为复杂的,参与传递的物质和能量既有来自群落本身成员的,也有来自生态系统中的非生物成分。通过非生物成分的转运,自养型生物利用光合作用合成了自身的有机质,合成的生物有机质在异养型生物的营养过程中,被改造和转化为下一个营养级。在此过程中,大部分能量消耗于生物的呼吸过程。所以在食物链的能量转换过程中,每通过一个营养级均有能量的损耗发生。光能通过绿色植物的光合作用或化学反应被转化为化学能,并储存于植物体中,其效率一般为 0.2%;食草动物所保存的能量为其摄取量的 5%～20%。在食物链中,最低营养级的生物个体数量最多,随营养级的升高,个体数量逐渐减少,呈金字塔形。

（二）生物放大和生物积累

1. 生物放大

生物放大是指在同一食物链上的高营养级生物,通过吞食低营养级生物蓄积某种元素或降解物质,使其在生物机体内的浓度随营养级数提高而增大的现象。生物放大的程度也用生物富集系数表示。生物放大的结果,可使食物链上高营养级生物体内这种元素或物质的浓度超过周围环境中的浓度。

生物放大并不是在所有条件下都能发生,有些物质只能沿食物链传递,不能沿食物链放大；有些物质既不能沿食物链传递，也不能沿食物链放大。这是因为影响生物放大的因素是多方面的，不同食物链一般均较为复杂，相互交织成网状，同一种生物在不同发育阶段或相同阶段有可能隶属于不同的营养级而具有多种食物来源，这就扰乱了生物放大。不同生物或同一生物在不同的条件下，对物质的吸收及消除等均有可能不同，也会影响其生物放大状况。

2. 生物积累

无论是生物放大还是生物富集都属于生物积累的现象。所谓生物积累，指生物食用或体表吸收生活环境中的某些化学物质，这些物质没办法被代谢，便累积于生物体内，经食物链中各阶层消费者的食性关系而累积，越高级消费者的体内其累积浓度越高的现象。

三、生物富集

生物富集是指元素或难降解物质在机体中的浓度超过周围环境中浓度的现象。生物富集与生物放大都是属于生物积累的一类情况。在研究生物积累时，应首先弄清其与生物放大和生物富集之间的关系。生物积累是同一生物个体在整个代谢活跃期的不同阶段，机体内来自环境的元素或难降解化合物的生物富集系数不断增加的现象，其积累程度可用生物富集系数表示。任何生物体在任何时刻，其机体内某种元素或难降解化合物的浓度水平取决于摄取和消除两个相反过程的速率，当其摄取量大于消除量时，就会发生生物积累。

生物积累系数（bioaccumulation factor，BAF）是来自水和食物链的生物体内化学物质浓度与水中该化学物质浓度的平均比值，可表示为

$$N = \frac{C_B}{C_w} \tag{5.43}$$

式中，N 为以类脂物为基础标化了的 BAF；

C_B 为以类脂物为基础标化了的生物体内化学物质的浓度，单位为 $\mu g/kg$（类脂物）；

C_w 为该化学物质在水中的质量浓度，单位为 $\mu g/L$。

化学物质的生物积累系数 BAF 与该化学物质的辛醇-水分配系数 K_{ow} 具有很好的相关性，Veith 等人建立了两者的相关式如下：

$$\lg BAF = 0.85 \lg K_{ow} - 0.70 \tag{5.44}$$

在大多数情况下，式(5.44)中直线的斜率接近于 1。在少数情况下，影响化学物质 BAF 的因素被归结为除 K_{ow} 外该化学物质的某些类型，如 PCBs 的 BAF 取决于其同系物的形状和亲脂性。

应当指出，BAF 与 BCF 的意义是不同的。BCF 是生物体内仅来自于水的化学物质浓度与水中化学物质浓度的平衡比，可表示为

$$N_w = \frac{C_{B,w}}{C_w} \tag{5.45}$$

式中，N_w 为以类脂物为基础的 BCF，单位为 $\dfrac{\mu g/kg（类脂物）}{\mu g/L}$；

$C_{B,w}$ 为以类脂物为基础的生物体内仅来自于水的化学物质浓度，$\mu g/g$（类脂物）；

C_w 为水中化学物质的质量浓度，单位为 $\mu g/L$。

N/N_w 是生物体分别从食物链和水中摄取的化学物质积累程度的量度。如果体系达到

平衡(稳态)时 $N/N_w>1$,则说明该体系存在食物链的积累作用。

由于生物放大和生物积累作用,进入环境中的有毒化学物质,即使是极微量的也会使生物尤其是处于高营养级的生物受到危害,直至威胁到人体健康。因此,深入研究生物放大和生物积累作用,对探讨化学物质在环境中的迁移转化,并确定化学物质在环境中的安全浓度具有重要的理论和现实意义。

3. 食物链的生物积累模型

对于第 $i(i=2,3,4)$ 级营养级,生物从水和食物链吸收化学物质的一般方程为

$$\frac{\mathrm{d}C_i}{\mathrm{d}t} = k_{ai}C_w + \alpha_{i,i-1} \times W_{i,i-1} \times C_{i-1} - (k_{ei} + k_{gi})C_i \tag{5.46}$$

式中,C_i 为食物链 i 级营养级生物中该物质浓度;

C_w 为水生生物生存水中某物质浓度;

C_{i-1} 为食物链 $(i-1)$ 级营养级生物中该物质浓度;

$W_{i,i-1}$ 为 i 级营养级生物对 $(i-1)$ 级营养级生物的摄食率;

$\alpha_{i,i-1}$ 为 i 级营养级生物对 $(i-1)$ 级营养级生物中该物质的同化率;

k_{ai} 为 i 级营养级生物对该物质的吸收速率常数;

k_{ei} 为 i 级营养级生物体中该物质消除速率常数;

k_{gi} 为 i 级营养级生物的生长速率常数(稀释速率常数)。

此式表明,水生生物对某物质的积累速率等于其从水中的吸收速率、食物链的吸收速率及本身消除(稀释)速率的代数和。

当生物积累达平衡时,$\mathrm{d}C_i/\mathrm{d}t=0$,解得

$$C_i = \frac{k_{ai}}{k_{ei} + k_{gi}}C_w + \frac{\alpha_{i,i-1} \times W_{i,i-1}}{k_{ei} + k_{gi}} \tag{5.47}$$

设 $C_{wi} = \dfrac{k_{ai}}{k_{ei} + k_{gi}}C_w$,$C_{\varphi i} = \dfrac{\alpha_{i,i-1} \times W_{i,i-1}}{k_{ei} + k_{gi}}$

则

$$C_i = C_{wi} + C_{\varphi i} \tag{5.48}$$

以上分析表明,在生物积累物质浓度中,第一项(C_{wi})是从水中摄取的浓度,另一项 $C_{\varphi i}$ 是从食物链传递得到的浓度,这两项的对比反映出相应的生物富集和生物放大在生物积累达到平衡时的贡献大小。

此外,可知 $C_{\varphi i}$ 与 C_{i-1} 的关系为

$$\frac{C_{\varphi i}}{C_{i-1}} = \frac{\alpha_{i,i-1} \times W_{i,i-1}}{k_{ei} + k_{gi}} \tag{5.49}$$

显然,只有在式(5.49)的右端项大于1时,食物链从饵料生物至捕食生物才会呈现生物放大。通常 $W_{i,i-1} > k_{gi}$,因而对于同种生物来说,k_{ei} 越小和 $\alpha_{i,i-1}$ 越大的物质,生物放大越显著。

综上所述,生物积累、生物放大和生物富集可在不同侧面为探讨环境化学物质迁移、污染物排放及可能造成的危害以及利用生物对环境进行监测和净化提供了重要的科学依据。

参 考 文 献

［1］　戴树桂.环境化学［M］.2 版.北京:高等教育出版社,2018.

［2］　朱利中.环境化学［M］.北京:高等教育出版社,2011.

［3］　刘国琴,张曼夫,等.生物化学［M］.北京:中国农业大学出版社,2016.

［4］　叶常明,王春霞,金龙珠.21 世纪的环境化学［M］.国家自然科学基金委员会化学科学部.北京:科学出版社,2004.

［5］　程曼.黄土丘陵区典型植物枯落物分解对土壤有机碳、氮转化及微生物多样性的影响［D］.咸阳:西北农林科技大学,2015.

［6］　谷保静.人类-自然耦合系统氮循环研究:中国案例［D］.杭州:浙江大学,2011.

［7］　杨赛,朱琳,魏巍.土壤生态系统硝化微生物研究进展［J］.中国土壤与肥料,2018(6):1-10.

［8］　杨杉,吴胜军,蔡延江,等.硝态氮异化还原机制及其主导因素研究进展［J］.生态学报,2016,36(5):1224-1232.

［9］　高范.基于厌氧水解-硝化-反硝化/厌氧氨氧化技术的城市污水脱氮工艺研究［D］.大连:大连理工大学,2013.

［10］　王海涛,郑天凌,杨小茹.土壤反硝化的分子生态学研究进展及其影响因素［J］.农业环境科学学报,2013,32(10):1915-1924.

［11］　MANAHAN S E.Environmental Chemistry［M］.7th.Boca Raton:CRC PRESS LLC,2000.

［12］　何燧源.环境化学［M］.上海:华东理工大学出版社,2004.

［13］　王凯雄,徐冬梅,胡勤海.环境化学［M］.2 版.北京:化学工业出版社,2018.

［14］　杨景辉.土壤污染与防治［M］.北京:科学出版社,1995.

［15］　刘帅仁.大气气溶胶在云下雨水酸化过程中的作用［J］.环境科学学报,1993,13(1):1-10.

［16］　逯博延.基于 WRF-Chem 模式的华北夏季气溶胶排放对降水影响的模拟研究［J］.南京信息工程大学学报,2022:1-55.

［17］　陈静生.环境污染与保护简明原理［M］.北京:商务印书馆,1981.